大数据与人工智能技术丛书

Python网络编程
（Linux）

◎ 赵宏 包广斌 马栋林 编著

清华大学出版社

北京

内 容 简 介

本书选用各项性能指标优良的 Ubuntu 作为 Linux 系统实例，以 Python 为编程语言，理论结合实践，系统地讲解网络各层次的功能、所包含的常用协议、数据报文格式，并给出实际操作的程序实例。本书包括 Linux 系统介绍、Python 语言基础、TCP/IP 协议簇、Socket 原理、进程和线程、网络应用程序实例、Web 应用程序开发等内容。本书内容也适用于其他版本的 Linux。

本书可作为普通高等院校信息类专业本科生和研究生教材，也可作为广大 Linux 用户、网络管理员、程序员的自学用书和参考手册。

版权所有，侵权必究。举报：010-62782989，beiqinquan@tup.tsinghua.edu.cn。

图书在版编目(CIP)数据

Python 网络编程：Linux/赵宏，包广斌，马栋林编著. —北京：清华大学出版社，2018(2025.1重印)
(大数据与人工智能技术丛书)
ISBN 978-7-302-50483-2

Ⅰ.①P… Ⅱ.①赵… ②包… ③马… Ⅲ.①Linux 操作系统—程序设计—高等学校—教材 ②软件工具—程序设计—高等学校—教材 Ⅳ.①TP316.85 ②TP311.561

中国版本图书馆 CIP 数据核字(2018)第 131741 号

责任编辑：郑寅堃 李 晔
封面设计：刘 键
责任校对：李建庄
责任印制：曹婉颖

出版发行：清华大学出版社
网　　址：https://www.tup.com.cn, https://www.wqxuetang.com
地　　址：北京清华大学学研大厦 A 座　　　邮　编：100084
社 总 机：010-83470000　　　　　　　　　　邮　购：010-62786544
投稿与读者服务：010-62776969, c-service@tup.tsinghua.edu.cn
质量反馈：010-62772015, zhiliang@tup.tsinghua.edu.cn
课件下载：https://www.tup.com.cn, 010-83470236

印 装 者：三河市龙大印装有限公司
经　　销：全国新华书店
开　　本：185mm×260mm　　　印　张：14　　　字　数：342 千字
版　　次：2018 年 10 月第 1 版　　　　　　　　印　次：2025 年 1 月第11次印刷
印　　数：10801～11600
定　　价：39.00 元

产品编号：073742-01

前 言

　　Linux系统与互联网相伴而生,共同成长,成为现代信息技术高速发展的重要支撑和驱动力。Python作为一种开源、跨平台、面向对象的新型计算机程序设计语言,语法简洁,语义清晰,有丰富、强大的库的支持,广泛应用在网络编程、科学计算、人工智能等各个领域。Linux与Python的结合能够使读者快速理解基础理论,掌握实践技能,提高学习和工作的效率。

　　本书选用Ubuntu Desktop为实践平台,以Python语言为编程工具,针对互联网所使用的TCP/IP协议簇进行分层介绍和解析,并给出实际操作的程序实例。

　　全书共分为7章。第1章介绍Linux的历史、特点、组成、常见发行版本以及Linux常用的各种安装方式,由马栋林编写。第2章讲解Python语言的特点、开发环境安装、数据类型、语法规则、语句、函数、模块、类、对象、异常、文件等内容,由赵宏编写。第3章分层讲解TCP/IP各层主要协议、数据报文格式、层间数据交换规则、常见网络应用与各层协议的对应、程序实例等内容,由包广斌编写。第4章讲解Socket原理、SOCK_STREAM、SOCK_DGRAM、SOCK_RAW等内容,并通过程序实例演示Socket在C/S结构编程和网络嗅探中的实际应用,由赵宏和马栋林编写。第5章讲解多进程和多线程技术在网络编程中的应用,通过实例对比多进程与多线程实现方案的异同,并介绍了利用socketserver编写多进程和多线程程序的方法,最后通过GUI聊天室程序实例说明了多进程和多线程编程技术的实际应用,由包广斌和赵宏编写。第6章讲解网页内容获取、访问FTP服务器、访问DNS、收发E-mail、获取DHCP信息等实用程序的编写方法与过程,这些实例能够让读者进一步理解网络理论和工具软件的运行机制,由赵宏和包广斌编写。第7章介绍Python开发Web应用程序的方法,讲解WSGI工作原理,以流行的Web开发框架Django为例,演示Web应用程序开发工程,由赵宏和马栋林编写。

　　本书在编写过程中,得到兰州理工大学计算机与通信学院和信息中心各位老师的支持。硕士研究生韩泽宇、蒋家俊、张浩和王孝通帮助调试本书部分代码。

　　本书的编写受到兰州理工大学教学研究项目和CERNET下一代互联网技术项目(NGII20160311,NGII20160112)的资助。

　　因时间仓促,不足在所难免,请大家批评指正,读者可通过zhaoh@lut.edu.cn或594286500@qq.com与作者联系,也可以加入本书的QQ群643116956进行讨论。

　　为方便教学,作者开发了与本书相配套的多媒体课件、课后习题答案和程序代码,读者可扫描封底课件二维码下载或者向编者索取。

作　者
2018年6月于兰州理工大学

目 录

第 1 章 Linux 系统介绍 ·· 1
1.1 Linux 的诞生 ·· 1
1.2 Linux 的特点 ·· 2
1.3 Linux 的组成 ·· 4
1.4 Linux 的应用 ·· 6
1.5 常见 Linux 发行版本 ··· 7
1.6 Linux 的安装 ·· 9
    1.6.1 常用的安装方式 ··· 9
    1.6.2 安装前的准备 ··· 10
    1.6.3 虚拟机安装 Linux ··· 10
    1.6.4 多操作系统的安装 ·· 14
1.7 本章小结 ··· 14
习题 ·· 14

第 2 章 Python 语言基础 ·· 15
2.1 Python 语言简介 ··· 15
2.2 Python 语言解释器安装 ··· 15
    2.2.1 在线安装 ··· 15
    2.2.2 下载安装 ··· 16
    2.2.3 管理多个 Python 版本 ··· 16
    2.2.4 安装 Python 的 IDE 环境 ·· 17
    2.2.5 测试 Python IDE ··· 18
2.3 数据类型 ··· 18
    2.3.1 布尔型 ·· 19
    2.3.2 整型 ··· 20
    2.3.3 浮点型 ·· 20
    2.3.4 复数型 ·· 20
    2.3.5 字符串型 ··· 22
    2.3.6 列表型 ·· 27
    2.3.7 元组型 ·· 29
    2.3.8 字典型 ·· 29
    2.3.9 日期型 ·· 31

2.3.10 数组型	38
2.4 语法规则与语句	40
2.4.1 输出与输入	40
2.4.2 条件判断	41
2.4.3 循环	42
2.5 函数与模块	45
2.5.1 自定义函数	45
2.5.2 默认参数	45
2.5.3 可变参数	46
2.5.4 关键字参数	47
2.5.5 命名关键字参数	47
2.5.6 参数组合规则	48
2.5.7 实参与形参	48
2.5.8 递归	49
2.5.9 模块	50
2.6 类与对象	52
2.6.1 类的定义与实例化对象	52
2.6.2 类属性与实例属性	52
2.6.3 属性封装	55
2.6.4 类的继承	57
2.6.5 多态	58
2.7 异常和异常处理	60
2.7.1 异常捕获与处理	62
2.7.2 抛出异常	64
2.8 文件	65
2.8.1 读写文本文件	67
2.8.2 读写二进制文件	69
2.8.3 读写 JSON	71
2.8.4 读写 StringIO	73
2.8.5 读写 BytesIO	74
2.9 本章小结	74
习题	75

第 3 章 TCP/IP 协议簇 76

3.1 TCP/IP 协议簇介绍	76
3.2 链路层	77
3.3 网络层	79
3.3.1 IPv4	79
3.3.2 IPv6	82

3.3.3　网络层协议 ····· 84
　　　3.3.4　获取计算机 IP 地址实例 ····· 85
　　　3.3.5　获取局域网网关地址实例 ····· 86
　3.4　传输层 ····· 86
　　　3.4.1　UDP ····· 87
　　　3.4.2　TCP ····· 88
　　　3.4.3　主机收发数据统计信息程序实例 ····· 89
　3.5　应用层 ····· 90
　　　3.5.1　HTTP ····· 90
　　　3.5.2　HTTPS ····· 93
　　　3.5.3　FTP ····· 94
　　　3.5.4　DNS ····· 96
　　　3.5.5　SMTP ····· 99
　　　3.5.6　POP3 ····· 100
　　　3.5.7　DHCP ····· 101
　3.6　本章小结 ····· 104
　习题 ····· 104

第 4 章　Socket ····· 105

　4.1　Socket 介绍 ····· 105
　4.2　SOCK_STREAM ····· 108
　　　4.2.1　字符串转换实例 ····· 108
　　　4.2.2　文件下载实例 ····· 110
　　　4.2.3　扫描主机端口实例 ····· 113
　4.3　SOCK_DGRAM ····· 113
　　　4.3.1　获取服务器 CPU 使用情况实例 ····· 114
　　　4.3.2　获取服务器内存使用情况实例 ····· 117
　4.4　SOCK_RAW ····· 119
　　　4.4.1　ICMP 报文 ····· 119
　　　4.4.2　ICMP 报文校验和计算 ····· 121
　　　4.4.3　数据转换为 bytes 格式 ····· 121
　　　4.4.4　探测主机是否在线实例 ····· 123
　　　4.4.5　网络嗅探实例 ····· 125
　4.5　本章小结 ····· 127
　习题 ····· 127

第 5 章　进程与线程 ····· 128

　5.1　进程与线程介绍 ····· 128
　5.2　多进程编程 ····· 129

	5.2.1	多进程文件下载服务实例	129
	5.2.2	进程池扫描主机端口实例	130
	5.2.3	多进程返回服务器负载情况实例	132
5.3	多线程编程		134
	5.3.1	多线程文件下载服务实例	134
	5.3.2	线程池扫描主机端口实例	135
5.4	socketserver		137
	5.4.1	多进程 TCP 实例	137
	5.4.2	多进程 UDP 实例	139
	5.4.3	多线程 TCP 与多线程 UDP	141
5.5	GUI 聊天室实例		142
	5.5.1	Tkinter	142
	5.5.2	服务器端程序	147
	5.5.3	客户端程序	148
	5.5.4	程序运行结果	151
5.6	本章小结		152
习题			152

第 6 章 网络应用程序实例 153

6.1	网页内容获取		153
	6.1.1	通过 API 获取天气数据实例	153
	6.1.2	正则表达式	155
	6.1.3	通过爬虫获取天气数据实例	156
	6.1.4	通过爬虫下载网页中的图片实例	158
	6.1.5	爬虫获取需要验证用户身份的网站信息实例	159
	6.1.6	爬虫获取使用 HTTPS 网站信息实例	163
6.2	访问 FTP 服务器		166
	6.2.1	搭建 FTP 服务器	166
	6.2.2	访问 FTP 服务器的常用函数	166
	6.2.3	访问 FTP 服务器程序实例	168
6.3	访问 DNS		169
	6.3.1	DNS 记录类型	169
	6.3.2	访问 DNS 程序实例	170
6.4	收发 E-mail		171
	6.4.1	设置 QQ 邮箱授权码	171
	6.4.2	简单邮件发送实例	172
	6.4.3	HTML 格式邮件发送实例	175
	6.4.4	带附件的邮件发送实例	176
	6.4.5	带图片的邮件发送实例	177

		6.4.6 邮件接收实例	178
	6.5	获取 DHCP 信息	183
		6.5.1 Scapy 简介及安装	183
		6.5.2 获取 DHCP 信息程序实例	183
	6.6	本章小结	185
习题			186

第 7 章 Web 应用程序开发 187

7.1	WSGI	187
7.2	Django	189
	7.2.1 Django 安装与配置	190
	7.2.2 SQLite3 数据库	192
	7.2.3 向客户端回应简单信息	195
	7.2.4 向客户端回应 HTML 文件	196
	7.2.5 模板标签	197
	7.2.6 框架实例	201
7.3	本章小结	210
习题		211

参考文献 212

第 1 章 Linux 系统介绍

　　Linux 是一款开源的操作系统软件,是开源软件的代表,以高效性和灵活性著称。在桌面操作系统领域,Windows 仍占据主导地位,但是,在其他的大多数领域,Linux 的主导地位不可撼动。在服务器领域,Linux 以其安全性和稳定性成为众多管理员的首选;在嵌入式领域,Linux 以其可裁剪、可定制和高效性,备受嵌入式系统开发者的青睐,目前最为流行的手机操作系统 Android 就是基于 Linux 内核开发而成。当前,越来越多的组织和个人选择 Linux 系统作为工作和开发平台。本章介绍 Linux 的诞生、特点、组成、应用、常见发行版本和安装等。

1.1　Linux 的诞生

　　Linux 是一个完整的多用户、多任务的类 UNIX 操作系统,可以运行在如 Intel、Alpha、Power PC、Sun Sparc、ARM 等多种硬件平台上。

　　Linux 操作系统的诞生、发展和成长过程始终依赖着五个重要因素:UNIX 操作系统、Minix 操作系统、GNU(GNU is Not Unix)计划、POSIX(Portable Operating System Interface of UNIX)标准和 Internet 网络。

　　UNIX 操作系统是美国贝尔实验室的 Ken Thompson 和 Dennis Ritchie 于 1969 年夏在 PDP7 小型计算机上开发的一个分时操作系统。当时使用的是 BCPL(Basic Combined Programming Language)语言,后经 Dennis Ritchie 于 1973 年用移植性很强的 C 语言进行了改写,使得 UNIX 系统在大专院校得到了推广。但从版本 7 后,起源于贝尔实验室的 AT&T 公司为了商业利益,禁止在课程中研究 UNIX 源代码,使得 UNIX 的应用范围和用户群体大为缩减。

　　1987 年,荷兰 Amsterdam 的 Vrije 大学教授 Andrew Tanenbaum 为了方便教学,自己设计编写了一个在用户看来与 UNIX 完全兼容,但有全新内核的操作系统 Minix。Minix 主要是为教师进行教学研究和学生学习操作系统原理的目的而设计。为了能让学生在一个学期内就能学完并易于理解,Andrew Tanenbaum 教授没有接纳全世界许多人士对 Minix 进行扩展的要求,而坚定保持了 Minix 小型化的特点。

　　GNU 和 FSF(Free Software Foundation)由 Richard Stallman 于 1984 年创办,旨在开发一个类似 UNIX,并且是开放源代码,完全免费的完整操作系统,其中,GNU 是 GNU is Not Unix 的递归缩写。到 20 世纪 90 年代初,GNU 已经开发出许多高质量的自由软件,其中包括著名的 Emacs 编辑系统、BASH Shell 程序、GCC 系列编译程序、GDB 调试程序等。这些软件为 Linux 操作系统的开发创造了一个合适的环境，是 Linux 能够诞生的基础之一。以至于目前许多人将 Linux 操作系统称为 GNU/Linux 操作系统。

  1991 年初，芬兰 University of Helsinki 的学生 Linus Torvalds 开始在一台 386SX 兼容微机上学习 Minix 操作系统。通过学习，他不再满意 Minix 系统的现有性能，并开始酝酿开发一个新的免费操作系统。从 1991 年的 4 月开始，Linus 几乎花了全部时间研究 386-Minix 系统，并且尝试着移植 GNU 的软件(GCC、BASH、GDB 等)到该系统上。到了 1991 年的 10 月 5 日，Linus 在 comp.os.minix 新闻组上发布消息，正式向外宣布 Linux 内核系统的诞生(Free minix-like kernel sources for 386-AT)。这段消息可以称为 Linux 的诞生宣言，并且一直广为流传。因此，10 月 5 日对 Linux 社区来说是一个特殊的日子，许多后来的 Linux 新版本的发布时间都选择了这个日子。

  POSIX(Portable Operating System Interface for Computing Systems)是由 IEEE (Institute of Electrical and Electronics Engineers)和 ISO/IEC(International Organization for Standardization/International Electrotechnical Commission)开发的一簇标准。该标准基于现有的 UNIX 实践和经验，描述了操作系统的调用服务接口，用于保证编写的应用程序源代码可以在多种操作系统上移植运行。20 世纪 90 年代初，POSIX 标准的制定处在最后投票阶段的时间也是 Linux 刚刚起步的时间，使得 POSIX 这个为 UNIX 制定的标准，成了指导 Linux 开发的规范，导致 Linux 系统与 UNIX 系统的高度兼容。

  伴随着 Internet 的发展，在 Linus 本人和许多自由软件开发者努力下，Linux 不断完善，使越来越多的人认识 Linux，越来越多的人使用 Linux。直到现在，Linus 仍然在从事 Linux 内核开发与维护工作。2014 年，Linus 获得 IEEE-CS(Computer Society)计算机先驱奖(For pioneering development of the Linux kernel using the open-source approach)。

1.2 Linux 的特点

  Linux 之所以受到广大计算机从业人员的青睐，主要是因为 Linux 具有如下特点。

1. 开放性

  由于 Linux 遵循 GPL(GNU General Public License)约定，使得其可以通过 Internet，由全球众多的自由软件爱好者维护。在 Linux 中，几乎所有的源代码都是开放的，包括核心程序、设备驱动程序等，用户可以根据自己的实际需要来定制模块、修改源码，使系统满足自己的个性化需求。这个特点吸引了大量的专业用户。

2. 多用户

  在 Linux 系统中，可以创建多个用户账号，这些用户账号对相同资源(例如文件、服务等)具有不同的访问和操作权限，保证了用户对资源操作的个性。另外，多个用户可以同时登录到同一个 Linux 系统中同时工作，每个用户都能够按照自己的意愿定制工作环境，安排自己的桌面图标，访问操作权限许可下的文件，好像自己正在独占 Linux 系统。

3. 多任务

多任务是现代操作系统最主要的一个特点，一般将一个进程看作一个任务。在 Linux 系统中，单个用户就可以启动多个程序同时执行，使得系统内存在多个用户启动的众多程序同时执行。一个正在执行的程序可以形成一个或多个进程，使得同时执行的众多程序形成系统内的多个进程，而一个进程又可包括多个线程，因此，多任务的操作系统中同时存在多个进程和线程。Linux 系统按一定的策略调度这些进程和线程，使用户觉得这些进程和线程在同时执行，但实际上，这些进程和线程可能在相同的 CPU 上交替轮流执行，由于 CPU 的处理速度非常快，一般情况下用户感觉不到多个进程和线程的轮流执行。

4. 良好的图形用户界面

Linux 向用户提供了两种界面：字符界面和图形界面。Linux 的字符界面通过 Shell 实现，以高效、强大著称，其灵活多变的 Shell 脚本非常有利于对 Linux 服务器的管理，是 Linux 高级用户常用的界面。该界面除了支持命令行方式外，还具有很强的程序设计功能，通过编程，用户可通过程序调用系统提供的函数来实现相应的功能。

与 Windows 的图形化界面一样，Linux 也有自己的图形化界面，它主要由两部分组成：X-Window 系统以及 KDE、GNOME 或其他桌面环境（如 XFCE 等）。用户利用鼠标对其操作，给用户呈现一个直观、易操作、交互的图形化界面。与 Windows 系统不同，Linux 的图形界面仅仅是应用程序而不是系统的内核，因此，在启动 Linux 系统时，可选择不启动图形界面。

5. 设备的独立性

设备的独立性指系统屏蔽掉物理设备的具体细节，给用户提供统一的标准操作接口来使用设备，即系统给用户展现的是逻辑设备。用户通过标准操作接口使用设备，不需要了解设备的具体特性，由操作系统来完成逻辑设备到物理设备的映射。Linux 的所有设备都是以文件的方式命名，每一个设备是一个特殊类型的文件，用户访问设备就像访问文件一样方便。当增加新设备时，在系统内核中添加必要的驱动程序，以确保操作系统内核以合理的方式来操作这些设备。

Linux 的内核具有高度适应能力，已经包含了常用硬件的驱动程序。Linux 系统会自动识别、加载并管理硬件设备，供用户直接使用。对于驱动程序未包含在 Linux 系统中的设备，用户可以下载这些设备的驱动程序，并进行安装后即可使用。另外，由于 Linux 的内核源代码可以免费下载，高级用户可以通过修改内核源代码给系统添加新的设备，然后重新编译内核，使 Linux 系统能够自动识别和加载这些设备。

6. 丰富的网络功能

丰富并且完善的网络功能是 Linux 的一大特点。由于 Linux 与互联网相伴而生，因此，Linux 具有全套的网络服务，如 DNS(Domain Name Server)、FTP(File Transfer Protocol)、DHCP(Dynamic Host Configuration Protocol)等，与此同时，还提供了大量免费的 Internet 软件，例如，网络浏览器、FTP 工具、远程管理工具等，使用户可以方便地通过这些软件访问

Internet。此外，Linux还向用户提供了远程访问工具软件，例如，Telnet、SSH（Secure Shell）、VNC（Virtual Network Computer）等，用户可以通过这些工具软件，远程登录到Linux系统中，对Linux系统进行操作和维护。

7. 可靠的系统安全

Linux采取了许多安全技术措施，如文件读/写权限控制、用户授权、带保护的子系统、审计跟踪、核心授权等；还有开放源代码，大大减少了操作系统存在未知"后门"的可能性；这些都为整个系统提供了必要的安全保障。

8. 良好的可移植性

可移植性是指将操作系统从一个平台转移到另一个平台，仍然能按其自身的方式运行的能力。Linux符合POSIX标准，具有良好的可移植性，不仅可以运行在Intel系列CPU的计算机上，还可以运行在APPLE、AMD、ARM等系列CPU的计算机上。

Linux遵循标准的通信协议，为符合标准通信协议的计算机之间的通信提供了丰富的实现手段，且不需要额外增加特殊和昂贵的通信设备。

9. 丰富的应用软件支持

Linux与POSIX标准及其他应用程序接口兼容，因此，包括GNU在内的大量免费或共享软件都能够在Linux上运行，这些软件包括Shell类、编辑器类、编程工具类、数据库类、Internet应用类、办公软件类、游戏类等。

10. 内核完全免费

Linux的内核完全免费，用户可以通过网络或其他途径获得，并可以任意修改其源代码，这是其他的操作系统不具备的特点。正是由于这一点，来自全世界的无数程序员参与Linux的修改、编写工作，根据自己的兴趣和灵感对其进行改变，这让Linux吸纳了无数程序员的工作成果，不断壮大。

1.3 Linux的组成

Linux一般由四个主要部分组成，即内核、Shell、文件系统和实用工具。

1. Linux 内核

内核是Linux操作系统的核心，是运行程序和管理像磁盘和打印机等硬件设备的核心程序。它负责管理系统中的进程、内存、设备驱动程序、文件和网络子系统，决定整个系统的性能和稳定性。内核执行最底层任务，协调多个并发进程的运行，管理进程使用的内存，满足进程访问磁盘的请求等。用户的各种操作请求和命令最终都要传递给内核执行。

内核不是一套完整的操作系统，仅仅是Linux系统的核心模块。内核之上附加其他系统模块便形成了一套完整的Linux系统。

2. Linux Shell

Shell 是 Linux 系统的字符型用户操作界面,提供了用户与内核进行交互的命令接口。它接收用户输入的命令并将命令送入内核去执行,最后把内核执行的结果返回给用户。

Shell 既是一种命令解释器,它解释由用户输入的命令并把它们送到内核去执行;同时,它又是一种程序设计语言,可以定义各种变量和函数,并提供许多在高级语言中才具有的控制结构,包括循环和分支。Shell 虽然不是 Linux 系统核心的一部分,但它可以调用系统核心的功能来执行程序、创建文件并协调各个程序的运行。因此,对于用户来说,Shell 是最重要的实用程序,深入了解和熟练掌握 Shell 的特性和使用方法,是用好 Linux 系统的关键。可以说,Shell 使用的熟练程度反映了用户对 Linux 系统使用的熟练程度。

3. Linux 文件系统

文件系统是 Linux 系统的一个子系统,是文件存放在磁盘等存储设备上的组织方法,主要体现在对文件和目录的组织上。Linux 使用标准的多级树形目录结构,用户可以浏览整个目录树,进入任何一个已授权的目录,并访问其中的文件。Linux 文件系统提供用户设置目录和文件权限的功能,也能够按照事先设定的权限,允许或拒绝用户对文件或目录的访问,同时,还可以提供文件共享功能,实现多个用户对同一个文件进行操作。

在安装 Linux 时,安装程序就已经为用户创建了文件系统和完整而固定的目录,并指定了每个目录的作用和其中存放的文件,例如"/dev"目录存放设备文件,"/etc"目录存放配置文件等。

内核、Shell 和文件系统一起形成了基本的操作系统结构,它们使得用户可以运行程序,管理文件和使用系统。此外,Linux 还有许多实用工具,辅助用户完成一些特定的任务。

4. Linux 实用工具

每个版本的 Linux 系统都有一套自己的实用工具集,一般包括编辑器、过滤器、交互程序、网络工具等。

- 编辑器。用于编辑文件,Linux 的编辑器主要有 vi、ed、ex 和 Emacs。
- 过滤器。用于接收并过滤数据,Linux 的过滤器读取从用户文件或其他地方(如来自键盘)的输入,检查和处理数据,然后输出结果。过滤器可以相互连接,一个过滤器的输出可能是另一个过滤器的输入。用户可以根据需要编写自己的过滤器。
- 交互程序。允许用户发送信息或接收来自其他用户的信息,交互程序是用户与计算机的信息接口。Linux 是一个多用户系统,它必须和所有用户保持联系,实现信息的发送或接收。信息的发送有两种方式:一种方式是用户一对一地建立连接进行对话,另一种方式是一个用户对多个用户建立连接进行通信,即所谓分组或广播式通信。
- 网络工具。如网络浏览器、远程连接、桌面共享、数据下载等工具软件。

1.4　Linux 的应用

自 Linux 诞生以来，得到了世界上数以万计的编程高手和计算机爱好者们的共同开发和维护，新功能不断增加，应用范围不断扩展，大大推动了 Linux 的发展。如今，Linux 已经成为一个稳定可靠、功能完善、性能卓越的操作系统。在目前的市场上，Linux 的占有率越来越高，已经对 Windows 系列操作系统造成了很大的冲击。各国政府和企事业机构越来越多地采用 Linux 系统，在一些特定的领域，如服务器端、集群计算机、嵌入式系统等，Linux 都占据主导地位。

1. 桌面系统应用

目前，Linux 桌面操作系统的性能有了很大提高。Linux 的文字处理、图片编辑、办公软件、网络通信、多媒体工具等有了长足的发展，并且具有一个能够与 Microsoft Office 相媲美的 Open Office 办公应用软件。

从 Linux 桌面系统所涉及的行业来看，其使用范围已经逐渐扩展到各行各业，如政府、教育、金融、制造业等，尤其在国内电子政务的发展上，国家已经明确提出要以 Linux 为核心平台，采用以 Linux 为主的解决方案。

2. 服务器端应用

Linux 由于具有运行稳定、安全性好、性能卓越、易于维护等特点，被广泛应用在服务器端，现在的云计算平台绝大多数采用 Linux 系统。Linux 在服务器端领域的市场份额已经超过三分之二，伴随着计算机技术的发展，Linux 一定会继续占据绝对重要的地位。

3. 嵌入式系统

随着应用领域的不断扩大，为了适应不同的应用场合，考虑到系统的灵活性、可伸缩性以及可裁剪性，一种以应用为中心，以计算机技术为基础，软件硬件可裁剪，适应应用系统对功能、可靠性、成本、体积、功耗等严格要求的专用计算机系统——嵌入式系统便应运而生。

嵌入式系统的涵盖面非常广泛，其中家电市场包括机顶盒、智能电视、可视电话、家庭网络等信息家电；工业市场包括工业控制设备、智能仪器、智能仪表；商用市场包括智能手机、平板电脑、POS 终端、可穿戴设备等。

由于 Linux 具有开放源代码、内核可随需裁剪、支持多种硬件平台、应用软件丰富等优点，使得 Linux 成为嵌入式系统的首选操作系统。目前广泛运行在智能手机上的 Android 系统就是基于 Linux 系统开发而来。

4. 集群计算机

集群就是利用商品化的工业标准互联网络，将各种服务器连接起来，通过特定的方法，向用户提供更高的系统计算性能、存储性能和 I/O 性能，并具备单一系统映像（Single System Image，SSI）特征的分布式/并行计算机系统。与对称多处理系统（Symmetrical Multi-Processing，SMP）、大规模并行处理（Massively Parallel Processing，MPP）及 Beowulf

集群相比，采用 Linux 的集群在性价比、可靠性、可扩展性、可管理性和应用支持性等方面有着更为明显的优势。著名的搜索引擎 Google 就是在 Linux 集群平台上实现的。

1.5 常见 Linux 发行版本

Linux 的版本号分为两部分：内核(Kernel)与发行套件(Distribution)版本。内核版本是指在 Linus 领导下的开发小组开发出的某个版本的系统内核；而发行版本指的是一些组织或厂家将 Linux 的内核与应用软件和文档包装起来，并提供安装界面、系统设定与管理工具、应用软件等而形成的 Linux 发行套件版本，例如，Ubuntu、Red Hat 等，Linux 的内核是开源并且免费的，但 Linux 的发行套件不一定开源和免费。

Linux 的发行版本实际上是一个大的软件包，核心软件就是 Linux 内核。Linux 发行套件的版本号与 Linux 内核版本号是相对独立的，不同的 Linux 发行套件所包含的 Linux 内核一般是不同的，例如，Ubuntu 14.04 所包含的 Linux 内核为 4.4，Ubuntu 17.04 所包含的 Linux 内核为 4.10。用户可通过命令"uname -a"查看 Linux 的内核版本号。

Linux 的各种发行套件版本大约有 300 多种，下面是常见的 Linux 发行套件版本。

1. Mandriva

原名 Mandrake，最早由 Gaël Duval 创建并在 1998 年 7 月发布。Mandriva Linux 率先采用 KDE 桌面，并简化 Linux 的安装过程，具有友好的操作界面、图形配置工具、庞大的社区技术支持。

官方主页：http://www.mandrivalinux.com/

2. Red Hat

全世界的 Linux 用户所最熟悉的发行版，由 Bob Young 和 Marc Ewing 在 1995 年创建。从 Red Hat 9.0 发行版后，Red Hat 分为两个系列：由 Red Hat 公司提供收费技术支持和更新的 Red Hat Enterprise Linux，以及由社区开发的免费的 Fedora Core。Red Hat 拥有数量庞大的用户，优秀的社区技术支持。

官方主页：http://www.redhat.com/

3. SUSE

SUSE 是德国最著名的 Linux 发行版，在全世界范围内享有较高的声誉，SUSE 于 2003 年年末被 Novell 收购。SUSE Linux 适合于专业用户，具有易用的 YaST 软件包管理系统。

官方主页：http://www.suse.com/

4. Debian GNU/Linux

Debian 最早由 Ian Murdock 于 1993 年创建，是完全遵循 GNU 规范的 Linux 系统。Debian 有三个版本分支：stable、testing 和 unstable，这三个版本分别对应的具体版本为：Woody、Sarge 和 Sid。其中，unstable 为最新的测试版本，其中包括最新的软件包，但是也有相对较多的 bug，适合桌面用户；testing 的版本已经通过 unstable 版本的测试，相对较为稳定；Woody 一般只用于服务器，上面的软件包大部分都比较成熟，因此稳定和安全性都比较高。Debian 遵循 GNU 规范，拥有优秀的网络和社区资源。

官方主页：http://www.debian.org/

5. Ubuntu

Ubuntu 基于 Debian Sid 开发，拥有 Debian 的所有优点，安装简便，被誉为对硬件支持最好、最全面的 Linux 发行版。Ubuntu 采用自行加强的内核，具有优秀的安全性能，版本更新速度快，且采用软件包的在线安装与更新，深得用户喜爱，是使用最为广泛的 Linux 发行版。

官方主页：https://www.ubuntu.com/

6. Gentoo

Gentoo 最初由 Daniel Robbins(Stampede Linux 和 FreeBSD 的开发者之一)创建，具有高度的可定制性和完整的使用手册。

官方主页：http://www.gentoo.org/

7. Slackware

Slackware 由 Patrick Volkerding 创建于 1992 年，非常稳定、安全，高度坚持 UNIX 的规范。

官方主页：http://www.slackware.com/

8. Knoppix

由德国的 Klaus Knopper 开发，是一个基于 Debian 的发行版，无须安装，可直接运行于 CD 上，具有优秀的硬件检测能力，可作为系统急救盘使用。

官方主页：http://www.knoppix.com/

9. MEPIS

由 Warren Woodford 在 2003 年建立，集合了 Debian Sid 和 Knoppix 的特点，用户既能将它当作 LiveCD 使用，也能使用常规的图形界面进行安装，具有优秀的硬件检测能力，预装了许多实用的软件。

官方主页：http://www.mepis.org/

10. Xandros

Xandros 建立在 Corel Linux 之上，当初 Corel Linux 公司由于财政上的困难，被迫终止了 Corel Linux 的开发，此时，Xandros 适时地将 Corel Linux 部门买下，于 2002 年 10 月推出全新的 Xandros Desktop。Xandros 的特点在于它极其简单的安装和使用，所以它的市场定位是那些没有任何 Linux 使用经验的新手，或是习惯使用 Windows 的用户。

官方主页：http://www.xandros.com/

1.6 Linux 的安装

1.6.1 常用的安装方式

根据 Linux 系统在计算机中的存在方式,将 Linux 系统的安装分为单系统、多系统和虚拟机安装。

1. 单系统安装

单系统安装指在计算机中仅安装 Linux 系统,无其他操作系统。安装简单,只需要将光驱设为第一启动设备,放入 Linux 安装光盘,按照提示完成安装。或者,利用 UltraISO 等软件将 U 盘做成启动盘,并将 Linux 镜像文件写入,然后利用 U 盘启动,按照提示完成安装。

2. 多系统安装

多系统安装指在同一台计算机中,除了 Linux 外还有其他操作系统运行。此时,需要对计算机中的硬盘空间进行合理分配,并且按照不同操作系统的需要,在硬盘上建立相应格式的分区,并根据不同操作系统的特点,确定各个操作系统的安装顺序。一般情况下,多系统安装指在同一台计算机中同时安装 Windows 系统和 Linux 系统,由于 Linux 的启动程序能够识别 Windows,而 Windows 的启动程序不能识别 Linux,因此,需要先安装 Windows 系统,然后再安装 Linux 系统。

3. 虚拟机(Virtual Machine,VM)安装

虚拟机安装指在通过软件模拟的,具有完整硬件系统功能的计算机系统上安装 Linux 系统。一般情况下,是指在 Windows 系统上,通过虚拟机软件虚拟出供 Linux 安装和运行的环境,Windows 被称为宿主机操作系统(Host OS),Linux 被称为客户机操作系统(Guest OS)。

与多系统 Linux 安装方式相比,虚拟机安装 Linux 方式采用了完全不同的概念。多系统 Linux 安装方式在一个时刻只能运行一个系统,在系统切换时需要重新启动计算机。而虚拟机安装 Linux 方式可以同时运行多个操作系统,而且每个 Linux 系统都可以进行虚拟分区的配置而不需要修改真实硬盘现有的数据,并且同时运行的多个虚拟机可以通过网络相连,形成特定的应用。

虚拟机安装 Linux 可以使用户在同一台计算机上同时运行 Windows 和 Linux 操作系统。可以在使用 Linux 的同时,转到 Windows 中执行其他操作,如果要返回 Linux,通过窗口切换到 Linux 中,就如同有两台计算机在同时工作。

虚拟机安装 Linux 时,一台主机能够支持虚拟机的数量以及虚拟机的配置,取决于主机的配置。安装在虚拟机上的 Linux 比起直接安装在物理硬件上的系统,性能较低,速度慢,不太稳定,但安装与卸载系统非常方便,因此,比较适合用户的学习和测试,对于正式的使用,建议采用单系统或者多系统安装方式。

本书采用虚拟机安装 Linux 的方式,宿主机操作系统为 Windows 7,虚拟机软件为

VMware Workstation 12，客户机操作系统为 Ubuntu Desktop 17.04。

1.6.2 安装前的准备

在安装 Linux 系统前，首先需要对计算机的硬件进行了解，以便确定 Linux 运行环境的配置。需要收集的硬件信息主要包括 CPU、内存容量、磁盘空间、显卡和网卡等。

要以虚拟机的形式安装和运行 Linux，需要宿主机至少有 1GB 的内存，磁盘上有不小于 20GB 的空闲空间。若 Windows 单个盘上的空闲空间不足 20GB，可用硬盘分区软件对硬盘分区进行整理，在 Windows 的单个盘上分出一块大小至少为 20GB 的空闲空间，用于安装 Linux。

1.6.3 虚拟机安装 Linux

目前流行的虚拟机软件很多，如 VMware、Virtual PC、VMLite 等，它们都能在 Windows 系统上虚拟出多个计算机。本书以 VMware Workstation 12 Pro 虚拟机软件为例，介绍 Linux 系统的安装。

1．安装 VMware Workstation Pro

安装 VMware Workstation Pro 虚拟机软件很简单，接受许可协议，单击"下一步"按钮，并按照提示输入许可证密钥，如图 1-1 所示，即可完成安装。安装完毕后会在 Windows 系统桌面上出现 VMware Workstation Pro 的图标。

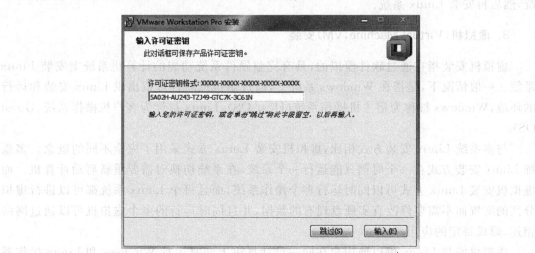

图 1-1 输入 VMware Workstation Pro 许可证密钥

2．在虚拟机上安装 Linux

单击桌面上的 VMware Workstation Pro 图标，启动虚拟机软件，如图 1-2 所示。

单击"创建新的虚拟机"图标，创建一个新的虚拟机，选择系统推荐的"典型安装"，单击"下一步"按钮，可以选择"安装程序光盘""安装程序光盘映像文件(iso)"和"稍后安装操作系统"，如图 1-3 所示。

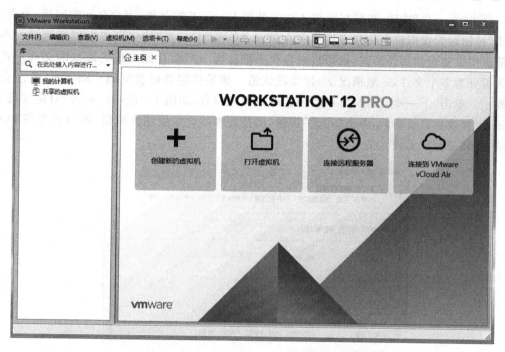

图 1-2　VMware Workstation Pro 启动界面

图 1-3　选择安装 Linux 方式

如果选择"安装程序光盘",则需要在光驱中放入 Linux 系统的安装光盘,按照提示进行安装。

如果选择"安装程序光盘映像文件(iso)",单击"浏览"按钮选择 Linux 映像文件,选择映像文件后 VMware 软件会自动测试 Linux 映像文件,并给出提示,如图 1-3 所示。

单击"下一步"按钮,按照提示输入要安装的Linux系统名称、用户名和密码后,单击"下一步"按钮设置虚拟机名称和虚拟机所在目录;单击"下一步"按钮设置虚拟机磁盘大小和存储虚拟机磁盘的文件形式,虚拟机磁盘大小默认为20GB,存储虚拟机磁盘的文件形式默认为拆分为多个文件,一般情况下,接受默认值。如果指定的磁盘空闲空间不足,系统会给出提示。单击"下一步"按钮,显示要创建的虚拟机参数,如图1-4所示。单击"自定义硬件"按钮,可修改虚拟机参数,单击"完成"按钮,则按照参数设定创建虚拟机,并自动安装Linux系统,安装过程中无须人工干预。

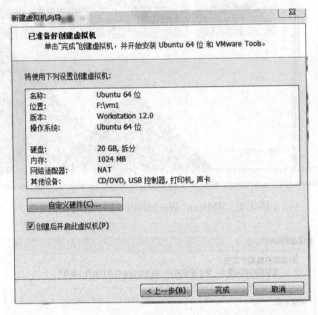

图1-4　虚拟机参数

该方式安装的Linux默认语言是英文,若要将默认语言切换到中文,单击Linux桌面左侧的System Settings按钮,然后单击Language Support按钮,如图1-5所示。在弹出的窗口中,单击Install/Remove Languages按钮,选中Chinese(Simplified)复选框,单击Apply按钮;在弹出的窗口中输入用户密码后,系统开始下载简体中文语言包。简体中文语言包下载结束后,将"汉语(中国)"拖到所有语言的最上面,单击Apply System-Wide按钮,然后选择窗口右上角的Shut Down菜单项,单击Restart按钮重启系统,系统重启后,单击"更新名称"按钮进行确认,即可完成默认语言为简体中文的设置。

如果选择"稍后安装操作系统",则需要用户根据实际情况,在系统提示下进行多个配置项的选择。单击"下一步"按钮后需要选择虚拟机中要安装的操作系统,这里选择Linux→Ubuntu 64位;单击"下一步"按钮,输入虚拟机名称和虚拟机所在目录;单击"下一步"按钮,确定虚拟机磁盘空间大小和存储虚拟机磁盘的文件形式,一般选择系统的默认值;单击"下一步"按钮,出现虚拟机配置界面,此处根据实际情况修改虚拟机配置;单击"完成"按钮,完成虚拟机的创建。

在新创建的虚拟机页面,单击CD/DVD(SATA),选择"使用物理驱动器"或者"使用ISO映像文件",此处选择"使用ISO映像文件"并指定ISO文件,如图1-6所示。设置完成

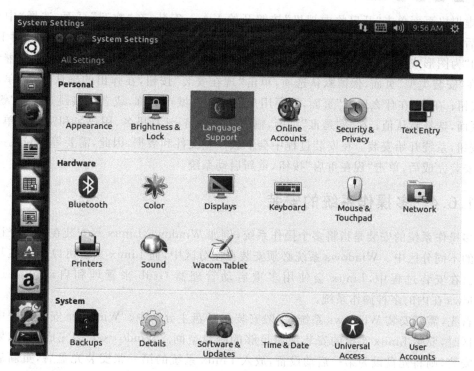

图 1-5　设置 Linux 语言

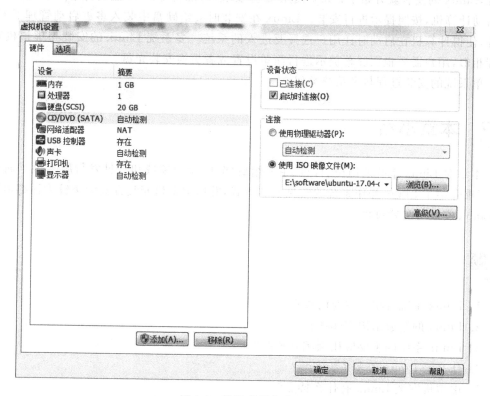

图 1-6　设置虚拟机光驱

后在虚拟机页面单击"开启此虚拟机"按钮开始 Linux 安装,在"欢迎"页面,选择"中文(简体)"后单击"安装 Ubuntu"按钮;在"准备安装 Ubuntu"页面,选中"安装 Ubuntu 时下载更新"和"为图形或无线硬件,以及 MP3 和其他媒体安装第三方软件"复选框后单击"继续"按钮;在"安装类型"页面,保留默认选项,单击"现在安装"按钮,在弹出的确认页面,单击"继续"按钮;在"你在什么地方"页面,需要用户输入所在城市名称,或者直接跳过;在"键盘布局"页面,选择默认值;在"您是谁"页面,输入用户姓名、计算机名、用户名和密码后单击"继续"按钮,系统开始安装。在安装过程中会下载一些文件和数据,因此,需要等待较长一段时间。安装完成后,单击"现在重启"按钮,重新启动系统。

1.6.4 多操作系统的安装

多操作系统的安装是指将多个操作系统,例如 Windows、Linux 等安装在同一个计算机硬盘的不同分区中。Windows 系统必须安装在主分区中,而 Linux 系统可以安装在其他分区中。在安装过程中,Linux 会使用多重启动管理器 Grub 来管理和启动包括 Linux、Windows 在内的多种操作系统。

首先,需要安装 Windows 系统,一般安装在 C 盘主分区中。Windows 安装过程中给硬盘分区时,要给 Linux 系统的安装预留足够的磁盘空间。Windows 安装完成后,如果使用光盘安装,则将光盘设为第一启动设备,放入 Linux 系统的第一张安装光盘后,重新启动计算机,Linux 的安装就开始了;如果使用 U 盘安装,将准备好的 U 盘设为第一启动设备,重新启动计算机,按照提示进行安装。Linux 在安装时会给硬盘中装入多重启动管理器 Grub 软件,使得计算机在启动时让用户选择要进入的系统。多系统 Linux 的安装与虚拟机安装过程相似,用户需要根据屏幕提示进行简单设置或者更换安装光盘。

单系统的安装过程与多系统类似。

1.7 本章小结

本章对 Linux 系统的历史、特点、主要组成部分、应用领域和常见发行版本做了简要介绍,着重介绍了 Linux 操作系统的常见安装方式,并以虚拟机安装方式为例较为详细地讲解了 Linux 安装与配置过程。

习题

1. Linux 系统有哪些主要的优点?
2. Linux 的组成结构有哪些?
3. Linux 系统的主要应用领域有哪些?
4. 什么是 Linux 的多系统安装?
5. 虚拟机安装 Linux 有什么特点?
6. 如何将只能显示英文的 Linux 改为可以显示中文的 Linux?

第2章 Python语言基础

2.1 Python 语言简介

Python 语言是一种跨多种操作系统平台，面向对象的解释型计算机程序设计语言，其遵循 GPL 协议，属于开源自由软件，是目前最流行的计算机编程语言之一。Python 语言由荷兰的 Guido van Rossum 于 1989 年发明，1991 年首次公开发行。

Python 语言语法简洁，语义清晰，有非常丰富和强大库的支持，广泛应用在网络编程、科学计算、图形图像处理、机器学习、多媒体应用、数据处理、系统运维、游戏服务器端开发等多个领域。

2.2 Python 语言解释器安装

Python 语言是解释型语言，只要安装了 Python 语言解释器，就可以运行 Python 程序。Windows、Mac、Linux、UNIX 等操作系统均可以安装相应的 Python 语言解释器，用 Python 语言编写的程序，可以运行在任意一种安装有 Python 语言解释器的操作系统上。

几乎所有的 Linux 系统都已经默认安装 Python 语言解释器，一般为 Python 2.7.x，可以在 Linux 命令窗口使用"python --version"命令查看。Ubuntu 17.04 默认安装 Python 2.7.13 和 Python 3.5.3 两种语言解释器。

目前 Python 有两个主要版本：2.x 版和 3.x 版，这两个版本在语法、运算和函数等方面有少许不同。鉴于 3.x 版越来越普及，且版本升级快，技术支持好，本书选择 Python 3.x 版本。

2.2.1 在线安装

在 Ubuntu 桌面上，同时按下 Ctrl+Alt+T 键，打开命令窗口，并在桌面左侧生成命令窗口的快捷按钮。

Ubuntu 在安装时未启用 root 用户，如果要以 root 用户身份安装 Python 解释器，则需要激活 root 用户，步骤如下。

(1) 在命令窗口执行"sudo passwd root"命令，给 root 用户设置密码；
(2) 输入当前用户密码后，输入 root 用户密码并重输一遍，完成 root 用户密码设置；
(3) 在命令窗口执行命令"su"或者"su root"，输入 root 用户密码切换到 root 用户状态，系统提示符由"$"变为"#"。

root 用户是 Linux 系统的管理员，在 Linux 系统中拥有至高无上的权力，以 root 用户身份对系统操作，可能会给系统带来安全问题，因此，除非必要，一般情况下尽量不要以 root 用户身份对系统操作。如果操作中需要 root 用户的权限，可以在要执行的命令前加"sudo"，临时取得 root 的权限，例如上述激活 root 用户时，执行的命令为"sudo passwd root"。

在线安装 Python 解释器需要计算机连入网络，自动从软件源获取安装文件，但新安装的 Ubuntu 没有安装 net-tools，不方便在命令行下查看或者配置网络，因此，需要首先安装 net-tools。

在命令窗口执行命令"sudo apt-get install net-tools"安装 net-tools，输入当前用户密码后，系统会自动下载并安装。在 Ubuntu 中使用"apt-get install"命令可以在线安装绝大部分软件包，在高版本的 Ubuntu 中，apt-get 可以简写为 apt。

下面为普通用户在线安装 Python 解释器的步骤。

（1）打开 Python 官网 https://www.python.org/downloads/source/，观察要安装的 Python 解释器版本，可以看到 Python 3.6.1；

（2）执行"sudo apt-get install python3.6"命令，输入当前用户密码，并输入"y"确认安装后，系统自动开始下载并安装。

（3）安装完成后，系统并存多个版本的 Python，可以用"whereis python"或者"ls /usr/bin/python*"命令查看并存的多个 Python 版本。

2.2.2 下载安装

通过浏览器，在 Python 官网 https://www.python.org/downloads/source/单击 3.6.1 版本的链接，下载 Python 到本地硬盘，或者在命令窗口执行"wget https://www.python.org/ftp/python/3.6.1/Python-3.6.1.tar.xz"命令进行下载。

得到文件 Python-3.6.1.tar.xz 后，按下述步骤安装。

（1）执行命令"xz -d Python-3.6.1.tar.xz"，对文件 Python-3.6.1.tar.xz 进行解压得到包文件 Python-3.6.1.tar；

（2）执行命令"tar -xvf Python-3.6.1.tar"，对包文件 Python-3.6.1.tar 进行解包，产生目录 Python-3.6.1，其中包括 Python 3.6.1 的安装文件；

（3）进入目录 Python-3.6.1，执行命令"./configure --prefix=/usr/share/python3.6"，生成 Makefile 文件，其中，/usr/share/python3.6 为 Python 安装目录；

（4）执行命令 make，编译源文件；

（5）执行命令"sudo make install"，将编译好的文件复制到相应的目录中，因为需要在当前用户家目录之外创建子目录并复制文件，因此命令中包含 sudo；

（6）安装完成后，系统并存多个版本的 Python，可以用"whereis python"或者"ls /usr/bin/python*"命令查看并存的多个 Python 版本。

2.2.3 管理多个 Python 版本

现在系统并存多个 Python 版本，如果对多个版本不能有效管理，可能会出现版本冲突问题。可以使用 update-alternatives 工具实现多个 Python 版本的管理。执行如下命令设置各 Python 版本的优先级。

sudo update-alternatives --install /usr/bin/python python /usr/bin/python2.7　1
sudo update-alternatives --install /usr/bin/python python /usr/bin/python3.5　2
sudo update-alternatives --install /usr/bin/python python /usr/bin/python3.6　3

上述命令设置 Python 2.7 优先级为 1，Python 3.5 优先级为 2，Python 3.6 优先级为 3，其中，Python 3.6 优先级最高，执行"python"命令，会启动 Python 3.6。

可以使用"sudo update-alternatives --list python"命令查看 Python 各版本优先级；可以使用"sudo update-alternatives --config python"命令设置默认启动版本。

执行"python"命令，进入 Python 命令行状态，该状态可以交互方式执行 Python 语句。输入语句"print("hello, Python!")"后按 Enter 键，该语句立即执行，打印出"hello, Python!"字符串，输入"exit()"，可以退回到 Linux 终端窗口，如图 2-1 所示。

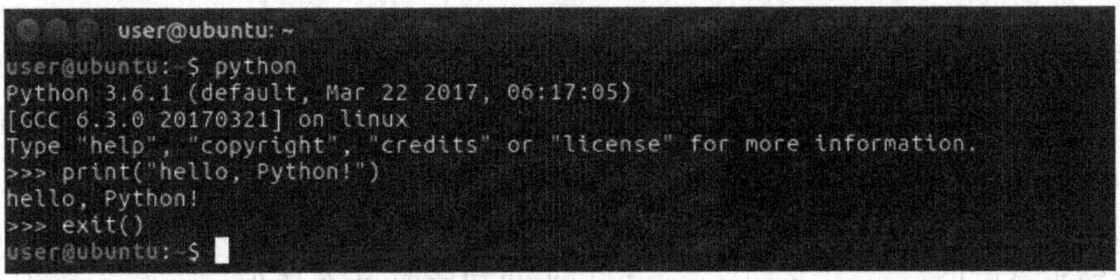

图 2-1　Python 交互窗口

在命令窗口执行"sudo apt-get install vim"命令，安装文本编辑工具 vim，安装完成后，利用 vim 编写程序 hello.py，内容如代码 2-1 所示。

```
1  # 代码 2-1  hello.py
2  #!/usr/bin/env python3
3  # coding: utf-8
4  print("Hello, Python!")
```

在代码 2-1 中，编号是为了便于说明程序语句附加的，实际程序中没有编号。以"#"开头的语句为注释语句，不实际执行。

通过"python hello.py"命令可以执行程序 hello.py；也可以在 Python 命令行状态通过"import hello"执行程序 hello.py。

至此，Linux 下的 Python 编程环境已经搭建完毕，可以利用 Python 进行编程了。

2.2.4　安装 Python 的 IDE 环境

有些用户习惯在集成开发环境(Integrated Develop Environment,IDE)中编程，Python 与其他一些软件结合，可以构建 Python 的集成开发环境。这些软件包括 Atom、Eclipse with PyDev、Sublime Text、Wing、PyScripter 等。下面以 Atom 为例说明 Python IDE 构建过程。

Atom 是 GitHub 为程序员推出的一个跨平台开源文本编辑器，其具有简洁和直观的图形用户界面，支持 HTML、JavaScript、CSS 等网页编程语言，集成了文件管理器，具有宏和自动分屏功能。安装 Atom 与相关插件,可以构成 Python 的集成开发环境。

1. 安装 Atom

依次执行下列命令,完成 Atom 安装,也可以在 https://atom.io/ 处下载 Atom 的相应版本,按照说明完成安装。

```
sudo add-apt-repository ppa:webupd8team/atom
sudo apt-get update
sudo apt-get install atom
```

执行 add-apt-repository ppa:webupd8team/atom 命令将 Atom 安装软件添加到软件源。

2. 安装 Atom 插件

执行命令 atom,启动 Atom 软件。在 Welcome Guide 页面单击 Install a Package 进入 Settings 页面,依次在搜索框中输入 script、atom-runner、autocomplete-python、python-tools 和 python-autopep8,搜索并在线安装相关插件,其中,script 和 atom-runner 为在 Atom 中运行 Python 程序的插件,script 运行程序的快捷键为 Ctrl+Shift+B,atom-runner 运行程序的快捷键为 Alt+r;autocomplete-python 为代码自动补全插件;python-tools 为源码直接跳转插件;python-autopep8 为自动符合 pep8 代码规范插件。

若插件在线安装中出现错误,可以通过 apm install 命令进行安装,例如 apm install script,若还不能成功安装,则运行 git clone https://github.com/rgbkrk/atom-script.git 命令,将相关插件软件包克隆到本地后,利用 apm install 命令再进行安装,其中,插件的克隆地址可以在网页 https://atom.io/ 上获得。

2.2.5 测试 Python IDE

选择菜单 File→New File 命令创建新文件,输入代码 2-1,输入过程会出现代码自动补全,选择菜单 File→Save 命令将程序保存成后缀为 .py 的文件,按 Ctrl+Shift+B 键或者 Alt+R 键运行程序,如图 2-2 所示。

2.3 数据类型

Python 是一种动态类型语言,变量不需要提前声明而是在赋值时根据所赋的值自动确定类型,且变量类型随着所赋值类型的变动而变化。Python 中变量名定义遵循以下规定。

(1)变量名由字母或者下画线开头的字母、下画线和数字组成,数字不能作为变量名的开头字符。例如,aa、a123、a5b、a_b、_abc、_a_b_c 是合法变量名,而 1a、aa#、a!b 是非法变量名。

(2)系统关键字不能作为变量名使用。例如,int、True、print 等系统关键字不能作为变量名使用。

(3)变量名中字母区分大小写。例如,aa、Aa、aA、AA 代表四个不同的变量。

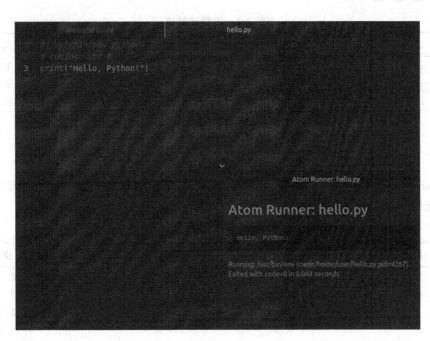

图 2-2　Atom 集成开发环境

（4）变量在内存中地址可通过函数 id() 获取，例如，id(aa)。

2.3.1　布尔型

布尔型是 Python 中最简单的数据类型，包括 True 和 False 两个值。比较和逻辑运算结果为布尔型值，条件成立，值为 True；条件不成立，值为 False。举例如下：

```
result = 5 > 3              # result 的值为 True
result = 5 == 3             # result 的值为 False
result = 5 > 3 and 7 <= 10  # result 的值为 True
result = 5 > 3 or 3 < 10    # result 的值为 True
result = not 5 >= 3         # result 的值为 False
```

布尔型变量或者值可进行的运算可通过 dir(bool) 查看，常用的比较运算符如表 2-1 所示，逻辑运算符如表 2-2 所示。

表 2-1　比较运算符

运算符	目 数	含 义	结果类型
==	双目	相等	布尔
!=	双目	不相等	布尔
<>	双目	不相等	布尔
>	双目	大于	布尔
<	双目	小于	布尔
>=	双目	大于或等于	布尔
<=	双目	小于或等于	布尔

表 2-2 逻辑运算符

运算符	目数	含义	结果类型
and	双目	与	布尔
or	双目	或	布尔
not	单目	非	布尔

2.3.2 整型

Python 中的整型可以处理任意大小的整数,整型变量或者值可进行的运算可通过 dir(int)查看,整数运算符如表 2-3 所示。

表 2-3 整数运算符

运算符	目数	含义	结果类型
+	双目	加	整型
-	双目	减	整型
*	双目	乘	整型
/	双目	除	浮点型
%	双目	模	整型
**	双目	乘方	整型
//	双目	整除	整型

其中,/运算的结果为浮点型,如:8/4=2.0,6/4=1.5;%运算时,运算结果符号与模数符号一致且绝对值最小,如:7%4=3,-7%4=1,7%-4=-1,-7%-4=-3;//运算时,被除数与除数符号一致时,结果为正,否则,结果为负,且运算结果向下取整,如,7//4=1,-7//4=-2,7//-4=-2,-7//-4=1。

整数也可以表示成十六进制形式,如:0x4a、0xffff 等。

2.3.3 浮点型

Python 中的浮点型数可以表示成 123.45 和 1.2345e2 两种形式,浮点型变量值可进行的运算可通过 dir(float)查看,常用运算符如表 2-4 所示。

表 2-4 浮点型数运算符

运算符	目数	含义	结果类型
+	双目	加	浮点型
-	双目	减	浮点型
*	双目	乘	浮点型
/	双目	除	浮点型
**	双目	乘方	浮点型

2.3.4 复数型

Python 中可以使用复数,复数分为实部与虚部,表示为(a+bj),使用 complex(a,b)产生复数(a+bj),其中 a 表示实部,b 表示虚部。复数可进行表 2-4 的运算,复数变量或者值可进行的运算可通过 dir(complex)查看,常见的复数运算函数如表 2-5 所示。

表 2-5 复数运算函数

函 数	含 义	函 数	含 义
complex(a,b)	生成复数(a+bj)	imag(x)	取复数 x 的虚部
complex('a+bj')	生成复数(a+bj)	abs(x)	求复数 x 的模
real(x)	取复数 x 的实部		

Python 中数值型数据,包括整型、浮点型和复数运算函数如表 2-6 所示。

表 2-6 数值型数据运算函数

函 数	适合类型	含 义	所在类库	举 例
round(x)	浮点型	对 x 进行四舍五入取整		round(4.7)=5,round(−4.7)=−5,round(−4.4)=−4
round(x,n)	浮点型	对 x 保留 n 位小数位,n+1 位四舍五入		round(123.35,1)=123.4,round(123.35,−2)=100.0
abs(x)	整型、浮点型、复数型	求 x 的绝对值或模		abs(−4)=4,abs(−4.7)=4.7,abs((3+4j))=5.0
fabs(x)	浮点型	求 x 的绝对值	math	math.fabs(−4)=4.0,math.fabs(−9.0)=9.0
ceil(x)	浮点型	对 x 进行向上取整	math	math.ceil(4.2)=5,math.ceil(−4.2)=−4
floor(x)	浮点型	对 x 进行向下取整	math	math.floor(4.7)=4,math.floor(−4.7)=−5
exp(x)	整型、浮点型	计算 e^x 的值	math	math.exp(1)=2.718281828459045
log(x)	整型、浮点型	求 x 的自然对数	math	math.log(math.e)=1.0
log(x,base)	整型、浮点型	求 x 以 base 为底的对数	math	math.log(8,2)=3.0
log10(x)	整型、浮点型	求 x 以 10 为底的对数	math	math.log10(100)=2.0
sqrt(x)	整型、浮点型	求 x 的平方根	math	math.sqrt(16)=4.0
sqrt(x)	整型、浮点型、复数型	求 x 的平方根	cmath	cmath.sqrt(−1)=1j,cmath.sqrt(4)=(2+0j)
modf(x)	浮点型	取 x 的小数与整数部分	math	math.modf(8.5)=(0.5,8.0),math.modf(−8.5)=(−0.5,8)
pow(x,y)	整型、浮点型、复数型	计算 x^y 的值		pow(2,3)=8,pow(2,−2)=0.25,pow((1+1j),2)=2j
max(x1,x2,…)	整型、浮点型	取最大值		max(1,2,5,3)=5
min(x1,x2,…)	整型、浮点型	取最小值		min(1,2,5,3,0.7)=0.7
type(x)	整型、浮点型、复数型	返回 x 的类型		type(0.1)=< class 'float'>,type(2j)= < class 'complex'>

2.3.5 字符串型

Python 中字符串是用英文半角单引号'或者双引号"括起来的字符序列,如:'abc♯123%def'、"abc♯123%def"。如果字符串中包括单引号字符,可以用双引号括起来,反之亦然,如:"abc'456"、'abc"456'。如果字符串中既有单引号,也有双引号,可以使用转义符表示,如:'123\'abc\"456'、"123\'abc\"456"。Python 字符串转义符如表 2-7 所示。

表 2-7 字符串转义符

转义字符	含义	备注
\\	\	
\'	'	
\"	"	
\a	响铃	无显示
\b	退格	删除前导字符
\000	空	无显示,同\0、\00
\n	换行	
\r	回车	后续字符从行首开始显示,覆盖前面字符
\t	横向制表符	
\v	纵向制表符	
\0yy	八进制数 yy 代表的字符	最大为八进制数 077
\xhh	十六进制数 hh 代表的字符	
\uxxxx	十六进制数 xxxx 代表的字符	xxxx 为 UNICODE 编码

若字符串前面为 r 或 R,则字符串中字符不转义,如:r'123\n456\t'或 r"123\n456\t",则表示字符串 123\n456\t,其中\n 与\t 不转义。

如果使用三个单引号将字符串括起来,则可以自由地表示多行字符,且其中可以自由地使用单引号和双引号,如下所示。

```
testStr = '''This is an apple
It's a cat
It's a "cat"
end'''
```

字符串变量 testStr 中包括四行字符,其中的单引号和双引号无须转义。

表 2-1 所列的比较运算符可以判断两个字符串之间的关系,除此之外,字符串可进行的运算可通过 dir(str)查看,常见运算如表 2-8 所示,子串操作如表 2-9 所示,转换与判断操作如表 2-10 所示。

表 2-8 常见字符串运算

符号或函数	意义	举例	备注
=	赋值或复制	s1='aaa',s2=s1	
+	连接	s='123\n'+'456'	s 值为'123\n456'
len(s)	求字符串 s 的长度	len(s)	s 长度为 7

续表

符号或函数	意 义	举 例	备 注
s[n]	取字符串 s 的第 n 个字符	s='1234567890',s[0],s[2],s[-2]	s[0]='1',s[2]='3',s[-2]='9'
s[n1:n2]	从 s 的 n1 处取字符,到 n2 处结束,不包括 n2	s='1234567890',s[2:4],s[4:2],s[-2:4],s[-2:-4],s[-4:2]	s[2:4]='34',s[4:2]='',s[-2:4]='',s[2:-4]='3456',s[-2:-4]='',s[-4:-2]='78'
s[:],s[::]	取字符串 s 的全部字符	s='1234567890',s[:],s[::]	s[:]='1234567890',s[::]='1234567890'
s[n:]	从 s 的 n 处取字符,直到结尾	s='1234567890',s[2:],s[4:],s[-2:],s[-4:]	s[2:]='34567890',s[4:]='567890',s[-2:]='90',s[-4:]='7890'
s[:n]	从 s 的开头处取字符,到 n 处结束,不包括 n	s='1234567890',s[:2],s[:4],s[:-2],s[:-4]	s[:2]='12',s[:4]='1234',s[:-2]='12345678',s[:-4]='123456'
s[::n]	从 s 的开头处每隔 n-1 个位置,取 1 个字符	s='1234567890',s[::1],s[::2],s[::4]	s[::1]='1234567890',s[::2]='13579',s[::4]='159'
s[::-n]	从 s 的结尾处每隔 |n-1| 个位置,取 1 个字符	s='1234567890',s[::-1],s[::-2],s[::-4]	s[::-1]='0987654321',s[::-2]='08642',s[::-4]='062'
int(s)	将整数数字字符串转化为整数形式	int('123'),int('-123'),int('-123.456'),int('12ab3')	int('123')=123,int('-123')=-123,int('-123.456')与 int('12ab3')抛出异常
int(s,n)	将 n 进制整数数字字符串转化为整数形式	int('123',8),int('-123',16),int('128',8)	int('123',8)=83,int('-123',16)=-291,int('128',8)抛出异常
float(s)	将浮点数数字字符串转化为浮点数	float('12'),float('-12.34'),float('1.2e3'),float('1.2.3')	float('12')=12.0,float('-12.3')=-12.3,float('1.2e3')=1200.0,float('1.2.3')抛出异常
complex(s)	将复数数字字符串转化为复数	complex('1+2j'),complex('1a2j')	complex('1+2j')=1+2j,complex('1a2j')抛出异常
str(x)	将数值 x 转化为字符串形式	str(123),str(-12.43),str(1.23e4),str(1+2j)	str(123)='123',str(-12.43)='-12.34',str(1.23e4)='1.23e4',str(1+2j)='1+2j'
s.join(seq)	返回以 seq 序列为分隔的字符串	s='ab'	s.join('123')='1ab2ab3',s.join(['1','2'])='1ab2'
s.split(str)	以 str 为分隔符,将 s 分割为字串列表	s='ab,cd,e'	s.split(',')=['ab','cd','e']
s.split(str,n)	以 str 为分隔符,将 s 进行 n 次分隔	s='ab,cd,e'	s.split(',',1)=['ab','cd,e']

表 2-9　字符串子串操作

操作	说明	示例	结果
s.find(str)	如果 s 中包括 str,则返回 str 在 s 中的位置,否则,返回 −1	s='1234567890', s.find('34'), s.find('346'), s.find('7')	s.find('34')=2, s.find('346')=−1, s.find('7')=6
s.find(str,n)	从 n 处开始,如果 s 中包括 str,则返回 str 在 s 中的位置,否则,返回 −1	s='1234567890', s.find('34',3), s.find('346',0), s.find('7',4)	s.find('34',3)=−1, s.find('346',0)=−1, s.find('7',4)=6
s.find(str,n1,n2)	从 n1 处开始到 n2 结束,如果 s 中包括 str,则返回 str 在 s 中的位置,否则,返回 −1	s='1234567890', s.find('34',1,4), s.find('34',1,3), s.find('7',1,4), s.find('7',1,10)	s.find('34',1,4)=2, s.find('34',1,3)=−1, s.find('7',1,4)=−1, s.find('7',1,10)=6
s.index(str)	与 s.find(str)功能相同,s.find(str)为 −1 时,s.index(str)抛出异常	s='1234567890', s.index('34'), s.index('346'), s.index('7')	s.index('34')=2, s.find('346')抛出异常, s.find('7')=6
s.index(str,n)	与 s.find(str,n)功能相同,s.find(str,n)为 −1 时,s.index(str,n)抛出异常	s='1234567890', s.index('34',3), s.index('346',0), s.index('7',4)	s.index('34',3)抛出异常, s.index('346',0)抛出异常, s.index('7',4)=6
s.index(str,n1,n2)	与 s.find(str,n1,n2)功能相同,s.find(str,n1,n2)为 −1 时,s.index(str,n1,n2)抛出异常	s='1234567890', s.index('34',1,4), s.index('34',1,3), s.index('7',1,4), s.index('7',1,10)	s.index('34',1,4)=2,s.index('34',1,3)与 s.index('7',1,4)抛出异常, s.index('7',1,10)=6
s.rfind(str), s.rfind(str,n), s.rfind(str,n1,n2)	返回 str 在 s 中最右边的位置,其余同 s.find()	s='123123123', s.rfind('12'), s.rfind('12',7), s.rfind('12',2,5)	s.rfind('12')=6 s.rfind('12',7)=−1 s.rfind('12',2,5)=3
s.rindex(str), s.rindex(str,n), s.rindex(str,n1,n2)	返回 str 在 s 中最右边的位置,其余同 s.index()	s='123123123', s.rindex('12'), s.rindex('12',7), s.rindex('12',2,5)	s.rindex('12')=6 s.rindex('12',7)抛出异常 s.rindex('12',2,5)=3
s.count(str)	返回 str 在 s 中出现的次数	s='1234512345', s.count('2'), s.count('34'), s.count('51'),s.count('35')	s.count('2')=2,s.count('34')=2, s.count('51')=1,s.count('35')=0
s.count(str,n)	返回 str 在 s 中从位置 n 开始,出现的次数	s='1234512345', s.count('2',4), s.count('34',0), s.count('51',7)	s.count('2',4)=1, s.count('34',0)=2, s.count('51',7)=0
s.count(str,n1,n2)	返回 str 在 s 中从位置 n1 到 n2,出现的次数	s='1234512345', s.count('2',0,3), s.count('34',0,9), s.count('51',7,9)	s.count('2',0,3)=1, s.count('34',0,9)=2, s.count('51',7,9)=0
s.replace(str1,str2)	用 str2 替换 s 中的 str1	s='1234512345', s.replace('23','p')	s.replace('23','p')='1p451p45'
s.replace(str1,str2,n)	用 str2 替换 s 中的前 n 个 str1	s='1234512345', s.replace('23','p',1)	s.replace('23','p')='1p4512345'
s.expandtabs(), s.expandtabs(n)	用空格填补 s 中的横向制表符位置,制表符宽度为 n 或者默认为 8	s='12\t12', s1=s.expandtabs(4), s2=s.expandtabs()	s1='12 12',len(s1)=6, s2='12 12',len(s1)=10

表 2-10　字符串转换与判断

操作	功能	举例	结果
s.lower()	将 s 中的字母转换为小写	s='aA12bB',s1=s.lower()	s1='aa12bb'
s.upper()	将 s 中的字母转换为大写	s='aA12bB',s1=s.upper()	s1='AA12BB'
s.swapcase()	将 s 中的字母大小写互换	s='aA12bB',s1=s.swapcase()	s1='Aa12Bb'
s.capitalize()	将 s 首字母大写，其余小写	s='aA12bB',s1=s.capitalize()	s1='Aa12bb'
s.islower()	判断 s 中字母是否全为小写	s='aA12bB',s.islower(), s.lower().islower()	s.islower()=False, s.lower().islower()=True
s.isupper()	判断 s 中字母是否全为大写	s='aA12bB',s.isupper(), s.upper().isupper()	s.isupper()=False, s.upper().isupper()=True
s.istitle()	判断 s 是否首字母大写，其余字母小写	s='Aa12bB',s.istitle(), s.capitalize().istitle()	s.istitle()=False, s.capitalize().istitle()=True
s.isdigit()	判断 s 是否为数字字符组成的字符串	s='123',s.isdigit()	s.isdigit()=True
s.isalpha()	判断 s 是否为字母字符组成的字符串	s='aABb',s.isalpha()	s.isalpha()=True
s.isalnum()	判断 s 是否为字母或数字字符组成的字符串	s='aA123Bb',s.isalnum()	s.isalnum()=True
s.isspace()	判断 s 是否为空格组成的字符串	s=' ',s.isspace()	s.isspace()=True
s.startswith(str)	判断 s 是否以 str 开头	s='aA123',s.startswith('aA')	s.startswith('aA')=True
s.endswith(str)	判断 s 是否以 str 结尾	s='aA123',s.endswith('123')	s.endswith('123')=True

计算机中存在多种字符集和编码方案，以表示不同范围的字符，使用不当会引起程序执行错误。常用的字符集和编码方案有 UNICODE、ASCII、GB18030、GBK、BIG5 等，其中，UNICODE 最为常用，UTF-8、UTF-16、UTF-32 是 UNICODE 的具体实现。Python 3 默认使用 UTF-8 编码方案表示字符，如图 2-2 程序使用 UTF-8 编码。Python 3 中也经常使用 bytes，即以字节流形式存储字符串，有关字符编码常见操作如表 2-11 所示。

表 2-11　Python 3 字符编码操作

操作	功能	编码	举例
ord(c)	返回字符 c 的编码	UNICODE	ord('a')=97,ord('中')=20013
chr(n)	返回以 n 为编码的字符	UNICODE	chr(97)='a',chr(20013)='中'
s.encode(code)	将 s 转换为以 code 为编码的字节流	由 code 指定	'123'.encode('ASCII')=b'123', '中'.encode('UTF-8')=b'\xe4\xb8\xad','中'.encode('ASCII')抛出异常
b''	定义字节流字符串	ASCII	b'123',b'abc'
u''	定义字符串	UNICODE	u'中文 123',u'ab 和 c'
type(s)	返回字符串 s 类型		type(b'123')=<class 'bytes'>, type(u'123')=<class 'str'>
bytes(str,encoding=code)	以 code 为编码将字符串转换为字节流	由 code 指定	bytes('abc 中',encoding='utf-8')= b'abc\xe4\xb8\xad' bytes(u'abc 中',encoding='utf-8')= b'abc\xe4\xb8\xad'

续表

操　作	功　能	编　码	举　例
str(bytes, encoding=code)	将 code 编码的字节流转换为字符串	由 code 指定	str(b'abc', encoding='utf-8')= 'abc' str(b'abc\xe4\xb8\xad', encoding='utf-8')= 'abc 中'

Python 字符串可以使用类似 C 语言中的格式化符号，如表 2-12 所示。

表 2-12　字符串格式化符号

符　号	功　能	举　例	备　注
%d	整数格式化	'There are %d apples.' % 10 = 'There are 10 apples.'	10 占用实际宽度
%nd	整数格式化	'There are %4d apples.' % 10 = 'There are　　10 apples.'	10 占 4 个字符位置，右对齐
%-nd	整数格式化	'There are %-4d apples.' % 10 = 'There are 10　　apples.'	10 占 4 个字符位置，左对齐
%f	浮点数格式化	'PI is %f, OK?' % 3.1415926 = 'PI is 3.1415926, OK?'	3.1415926 占用实际宽度
%m.nf	浮点数格式化	'PI is %6.3f, OK?' % 3.1415926 = 'PI is　3.142, OK?'	3.1415926 占 6 个字符位置，小数点后保留 3 位，右对齐
%-m.nf	浮点数格式化	'PI is %-6.3f, OK?' % 3.1415926 = 'PI is 3.142 , OK?'	3.1415926 占 6 个字符位置，小数点后保留 3 位，左对齐
%mf	浮点数格式化	'PI is %10f, OK?' % 3.1415926 = 'PI is　3.141593, OK?'	3.1415926 占 10 个字符位置，小数点后保留 6 位，右对齐
%-mf	浮点数格式化	'PI is %-10f, OK?' % 3.1415926 = 'PI is 3.141593 , OK?'	3.1415926 占 10 个字符位置，小数点后保留 6 位，左对齐
%.nf	浮点数格式化	'PI is %.2f, OK?' % 3.1415926 = 'PI is 3.14, OK?'	3.1415926 小数点后保留 2 位，占用实际宽度
%e	浮点数格式化	'PI * 100 is %e, OK?' % 314.15926 = 'PI is 3.141593e+02, OK?'	314.15926 规格化，小数点后保留 6 位，占用实际宽度
%m.ne	浮点数格式化	'PI * 100 is %10.2e, OK?' % 314.15926 = 'PI is　3.14e+02, OK?'	314.15926 规格化，小数点后保留 2 位，占 10 个字符位置，右对齐
%-m.ne	浮点数格式化	'PI * 100 is %-10.2e, OK?' % 314.15926 = 'PI is 3.14e+02 , OK?'	314.15926 规格化，小数点后保留 2 位，占 10 个字符位置，左对齐
%me	浮点数格式化	'PI * 100 is %10e, OK?' % 314.15926 = 'PI is 3.141593e+02, OK?'	314.15926 规格化，小数点后保留 6 位，占 12 个字符位置
%-me	浮点数格式化	'PI * 100 is %-15e, OK?' % 314.15926 = 'PI is 3.141593e+02 , OK?'	314.15926 规格化，小数点后保留 6 位，占 15 个字符位置，左对齐

续表

符号	功能	举例	备注
%.ne	浮点数格式化	'PI * 100 is %.2e, OK?' % 314.15926= 'PI is 3.14e+02, OK?'	314.15926规格化,小数点后保留2位,占用实际宽度
%x	十六进制整数格式化	'There are 0x%x apples.' % 90 = 'There are 0x5a apples.'	取十六进制值,占用实际宽度
%nx	十六进制整数格式化	'There are 0x%4x apples.' % 90 = 'There are 0x 5a apples.'	取十六进制值,占4个字符位置,右对齐
%-nx	十六进制整数格式化	'There are 0x%-4x apples.' % 90 = 'There are 0x5a apples.'	取十六进制值,占4个字符位置,左对齐
%c	字符格式化	'There is %c.' % 97 = 'There is A.'	取字符,占用实际宽度
%2c	字符格式化	'There is %2c.' % 'A' = 'There is A.'	取字符,占2个字符位置,右对齐
%-2c	字符格式化	'There is %-2c.' % 97 = 'There is A .'	取字符,占2个字符位置,左对齐
%s	字符串格式化	'PI is %s, OK?' % '3.1415926' = 'PI is 3.1415926, OK?'	'3.1415926'占用实际宽度
%ms	字符串格式化	'PI is %10s, OK?' % '3.1415926' = 'PI is 3.1415926, OK?'	'3.1415926'占10个字符位置,右对齐
%-ms	字符串格式化	'PI is %-10s, OK?' % '3.1415926' = 'PI is 3.1415926 , OK?'	'3.1415926'占10个字符位置,左对齐
%m.ns	字符串格式化	'PI is %10.4s, OK?' % '3.1415926' = 'PI is 3.14, OK?'	取'3.1415926'的前4个字符,占10个字符位置,右对齐
%-m.ns	字符串格式化	'PI is %-10.4s, OK?' % '3.1415926' = 'PI is 3.14 , OK?'	取'3.1415926'的前4个字符,占10个字符位置,左对齐
%.ns	字符串格式化	'PI is %.4s, OK?' % '3.1415926' = 'PI is 3.14, OK?'	取'3.1415926'的前4个字符,占用实际宽度

2.3.6 列表型

Python中的列表是一对"[ ]"括起来的成员序列,成员之间以","隔开,成员在列表中的位置从0开始,成员可以是任意类型,例如,[ ]、[12,45,10]、['Hello',123,True,23.4]、[12,[1,2],False]等,其中[ ]是一个空列表,[12,45,10]是成员均为整数的列表,['Hello',123,True,23.4]是不同类型成员组成的列表,[12,[1,2],False]中包括列表类型成员。列表操作可用dir(list)查看,常用操作如表2-13所示。

表2-13 列表操作

操作	功能	举例	备注
=	列表变量赋值或者引用	L1=[1,2,3] L2=L1	给L1赋值[1,2,3],L2引用L1,L1与L2共同指向同一个列表值,id(t1)与id(t2)值相等
[n]	访问列表第n个成员	L1[0], L2[1], L1[2] L1[1]=100	L1[0]=1, L2[1]=2, L1[2]=3 L1与L2指向的列表值变为[1,100,3]

续表

操作	功能	举例	备注
[n:]	访问第 n 至最后的列表成员	L1[1:]	L1[1:]=[100,3]
[:n]	访问开头至第 n−1 的列表成员	L2[:1]	L2[:1]=[1]
[n1:n2]	访问第 n1 至第 n2−1 的列表成员	L1[1:2]	L1[1:2]=[100]
len(list)	获取列表 list 的成员个数	len(L1)	len(L1)=3
copy()	复制列表	LL=L1.copy()	LL=[1,100,3], id(LL)!=id(L1)
index(c)	获取成员 c 在列表中首次出现的位置	L1.index(100) L1.index(200)	L1.index(100)=1 L1.index(200),L1 中没有 200,抛出异常
index(c,n)	获取成员 c 在位置 n 开始出现的位置	L1.index(100,1) L1.index(100,2)	L1.index(100,1)=1 L1.index(100,2),位置 2 之后无 100,抛出异常
count(c)	统计成员 c 在列表中出现的次数	L1.count(100) L1.count(200)	L1.count(100)=1 L1.count(200)=0
append(c)	给列表中追加成员 c	L2.append(False)	L1=L2=[1,100,3,False]
insert(n,c)	在列表 n 处插入成员 c	L1.insert(1,'A')	L1=L2=[1,'A',100,3,False]
extend(list)	将列表 list 合并到本列表	L1.extend([3,'B'])	L1=L2=[1,'A',100,3,False,3,'B']
pop()	返回并删除列表末尾成员	cc=L1.pop()	cc='B', L1=L2=[1,'A',100,3,False,3]
pop(n)	返回并删除列表指定位置成员	cc=L1.pop(2)	cc=100, L1=L2=[1,'A',3,False,3]
remove(c)	删除列表成员 c,仅删除 1 次	L1.remove(3)	L1=L2=[1,'A',False,3]
reverse()	将列表中成员逆序排列	L1.reverse()	L1=L2=[3,False,'A',1]
sort()	将列表中成员升序排列	L1.sort() L3=[10,True,4.5] L3.sort()	抛出异常,数值型与字符串型相间无法排序 L3=[True,4.5,10]; True 按数值 1 处理
max(list)	返回列表中最大的成员	max(L3)	max(L3)=10
min(list)	返回列表中最小的成员	min(L1)	抛出异常,数值型与字符串型无法比较大小
list * n	将列表 list 复制 n 次形成一个新的列表	L4=[True,3] L5=L4*3	L4=[True,3] L5=[True,3,True,3,True,3]
clear()	清空列表	L5.clear()	L5=[]

2.3.7 元组型

Python 中的元组是一对"()"括起来的成员序列,成员之间以","隔开,成员在元组中位置从 0 开始,成员可以是任意类型。例如,()、(12,45,10)、('Hello',123,True,23.4)、(12,(1,2),False)等,其中()是一个空元组,(12,45,10)是成员均为整数的元组,('Hello',123,True,23.4)是不同类型成员组成的元组,(12,(1,2),False)中包括元组类型成员。元组中只有一个成员时,为消除歧义,在成员后跟一个逗号,例如,(1,)、('a',)等。元组与列表相似,但列表中元素可以修改,而元组中元素不能直接修改,元组操作可通过 dir(tuple)查看,常用操作如表 2-14 所示。

表 2-14 元组操作

操作	功能	举例	备注
=	元组变量赋值或者引用	t1=(1,2,3) t2=t1	给 t1 赋值(1,2,3) t2 引用 t1,t1 与 t2 共同指向同一个元组值,id(t1)与 id(t2)值相等
[n]	访问元组第 n 个成员	t1[0], t2[1], t1[2] t1[1]=100	t1[0]=1, t2[1]=2, t1[2]=3 抛出异常,元组元素不可直接修改
[n:]	访问第 n 至最后的元组成员	t1[1:]	t1[1:]=(2,3)
[:n]	访问开头至第 n-1 的元组成员	t2[:1]	t2[:1]=(1,)
[n1:n2]	访问第 n1 至第 n2-1 的元组成员	t1[1:2]	t1[1:2]=(100,)
len(tuple)	获取元组 tuple 的成员个数	len(t1)	len(t1)=3
index(c)	获取成员 c 在元组中首次出现的位置	t1.index(2) t1.index(200)	t1.index(2)=1 t1.index(200),t1 中没有 200,抛出异常
index(c,n)	获取成员 c 在位置 n 开始出现的位置	t1.index(2,1) t1.index(2,2)	t1.index(2,1)=1 t1.index(2,2),位置 2 之后无 2,抛出异常
count(c)	统计成员 c 在元组中出现的次数	t1.count(2) t1.count(200)	t1.count(2)=1 t1.count(200)=0
max(tuple)	返回元组中最大的成员	max(t1)	max(t1)=3
min(tuple)	返回元组中最小的成员	min(t2)	min(t2)=1
tuple * n	将元组 tuple 复制 n 次形成一个新的元组	t3=t1*3	t3=(1,2,3,1,2,3,1,2,3)

元组中的成员为数值、布尔型值和字符串时,无法修改,但为类似于列表型的值时,可以修改,例如,tt=('a',[1],'b'),执行 tt[1].append(2),则 tt 的值为('a',[1,2],'b')。

2.3.8 字典型

Python 中的字典是一对"{}"括起来的键/值对成员序列,成员之间以","隔开,键与值之间以":"隔开。例如,{}、{'Zhao':1, 'Qian':2}、{1:[1,2], 2:(3,4), 3:'abc'}、{(1,):[1], (1,2):[1,2], (1,2,3):[1,2,3]}等,其中,{}是一个空字典;{'Zhao':1,'Qian':2}是键为字符串,值为整数的字典;{1:[1,2], 2:(3,4), 3:'abc'}是键为整数,值为列表、元组和

字符串的字典;{(1,):[1],(1,2):[1,2],(1,2,3):[1,2,3]}是键为元组、值为列表的字典。字典的键可以是字符串、数值或者元组,不能为列表,因为列表值可变,不能计算 hash 值,hash 值可以用函数 hash()计算。例如,hash('abc')、hash(123)、hash(1.23)、hash((1+2j))、hash((1,2,3))等,hash([1,2,3])会抛出异常。

一个字典中,键应该是唯一的,若键重复,一般保留最后的键/值对,其余的自动丢失,例如,dc={'z':1, 'z':2, 'z':3},则 dc={'z':3}。

在实际应用中,字典的键经常为字符串,值为任意类型,字典类型操作可通过 dir(dict)查看,常用操作如表 2-15 所示。

表 2-15 字典操作

操作	功能	举例	备注
=	字典变量赋值或者引用	dc1={'z':1, 'y':2, 'x':3} dc2=dc1	给 dc1 赋值{'z':1, 'y':2, 'x':3} dc2 引用 dc1,dc1 与 dc2 共同指向同一个字典值,id(dc1)与 id(dc2)值相等
[key]	根据 key 访问 value	dc1['z'], dc2['y'], dc1['x'],dc1['y']=20	dc1['z']=1, dc2['y']=2, dc1['x']=3,dc2['y']=20
copy()	复制字典	dc3=dc1.copy()	dc3={'z':1, 'y':2, 'x':3}, id(dc3)的值不等于 id(dc1)
clear()	清空字典	dc3.clear()	dc3={}
get(key)	获取字典中与 key 对应的值	dc1.get('y') dc1.get('a')	dc1.get('y')=2 dc1.get('a')=None
get(key,val)	获取字典中与 key 对应的值,若不存在返回 val	dc1.get('a',0)	dc1.get('a',0)=0
items()	以元组形式返回字典内容	dc1.items()	dc1.items()=[('z',1),('y',2),('x',3)]
keys()	以列表形式返回字典的键	dc1.keys()	dc1.keys()=['z', 'y', 'x']
values()	以列表形式返回字典的值	dc1.values()	dc1.values()=[1, 2, 3]
len(dict)	获取字典 dict 的成员个数	len(dc2)	len(dc2)=3
str(dict)	将字典 dict 内容输出为字符串	str(dc1)	str(dc1)="{'z':1, 'y':2, 'x':3}"
del(dict[key])	删除 dict 中键为 key 的成员	del(dc1['z'])	dc1={'y':2, 'x':3}
del(dict)	删除字典	del(dc1)	dc1 被释放,dc2={'y':2, 'x':3}
setdefault(key)	若字典中无 key 值,添加 key 并设值为 None,否则返回与 key 对应的值	dc2.setdefault('a')	dc2={'y':2, 'x':3, 'a':None}
setdefault(key,val)	若字典中无 key 值,添加 key 并设值为 val,否则返回与 key 对应的值	dc2.setdefault('b',5)	dc2={'y':2, 'x':3, 'a':None, 'b':5}
update(dict2)	把 dict2 的键/值对更新到当前字典中	dc1={'x':0, 'c':6} dc2.update(dc1)	dc1={'x':0, 'c':6} dc2={'y':2, 'x':0, 'a':None, 'b':5, 'c':6}

续表

操作	功能	举例	备注
pop(key)	删除 key 键/值对,返回值,若 key 不存在,抛出异常	r1=dc2.pop('a') r2=dc2.pop('aa')	r1=None,dc2={'y':2,'x':0,'b':5,'c':6},抛出异常
pop(key,val)	删除 key 键/值对,返回值,若 key 不存在,返回 val	r3=dc2.pop('aa',0)	r3=0
popitem()	删除末尾键/值对,并以元组形式返回	r4=dc2.popitem()	r4=('c',6),dc2={'y':2,'x':0,'b':5}
fromkeys(seq)	以序列 seq 为键生成字典	dc4 = dict.fromkeys(['a','b'])	dc4={'a':None, 'b':None}
fromkeys(seq,val)	以序列 seq 为键,val 为值生成字典	dc5 = dict.fromkeys(['a','b'],7)	dc5={'a':7, 'b':7}
max(dict)	返回最大的键	max(dc2)	max(dc2)='y'
min(dict)	返回最小的键	min(dc2)	min(dc2)='b'

2.3.9 日期型

日期型是与时间相关的类型,Python 的 time、datetime 和 calendar 模块中包含了与日期型数据相关的操作。

1. time 模块

time 模块主要处理时间,在使用前需要通过"import time"引入 time 模块。time 模块所包含的操作可通过 dir(time)查看。time 模块包含的 struct_time 元组如表 2-16 所示,时间格式化符号如表 2-17 所示,常用操作如表 2-18 所示。

表 2-16 struct_time 元组

序号	属性	取值范围	备注
0	tm_year	整数	年
1	tm_mon	1~12	月
2	tm_mday	1~31	日
3	tm_hour	0~23	时
4	tm_min	0~59	分
5	tm_sec	0~61	秒,60、61 为闰秒
6	tm_wday	0~6	星期,0 为星期一
7	tm_yday	1~366	天在年中的序号
8	tm_isdst	[1,0,-1]	1:夏令时,0:非夏令时,-1:未知

表 2-17 时间格式化符号

符号	含义	取值范围	备注
%y	年	00~99	用 2 位数表示年
%Y	年	0000~9999	用 4 位数表示年
%m	月	01~12	

续表

符 号	含 义	取值范围	备 注
%d	日	1～31	
%H	时	0～23	24 小时制
%I	时	1～12	12 小时制
%M	分	00～59	
%S	秒	00～61	60、61 很少碰到
%a	星期	Mon～Sun	星期简称
%A	星期	Monday～Sunday	星期全称
%b	月	Jan～Dec	月份简称
%A	月	January～December	月份全称
%c	年月日时分秒星期		包括年、月、日、时、分、秒和星期的时间
%j	日	1～366	天在年中的序号,闰年时可为 366
%p	上午或者下午	AM,PM	AM 表示上午,PM 表示下午
%U	星期	0～52	星期在年中的序号,星期天为星期的开始
%w	星期	0～6	0 为星期天
%W	星期	0～52	星期在年中的序号,星期一为星期的开始
%x	年月日		包括年、月、日的时间
%X	时分秒		包括时、分、秒的时间
%Z	时区		中国所在时区为 CST
%z	时区		返回与 GMT(Greenwich Mean Time)时区的差值

表 2-18　time 模块操作

操 作	功 能	举 例	备 注
time.altzone	返回与 GMT 的偏移秒数	time.altzone	负数表示提前,正数表示落后
time.asctime()	返回当前时间字符串	time.asctime()	包括星期、月、日、时间和年
time.asctime(tuple)	返回元组 tuple 的时间字符串	t1＝(2017,6,27,10,20,30,1,178,0) time.asctime(t1)	时间元组包括表 2-16 的 9 个元素
time.clock()	返回当前的 CPU 时间	time.clock()	浮点数形式
time.ctime()	返回当前时间字符串	time.ctime()	包括星期、月、日、时间和年
time.ctime(secs)	返回距 GTM1970 纪元 secs 秒的时间字符串	time.ctime(500000)	GTM1970 纪元为 GMT1970 年 1 月 1 日 0:0:0
time.gmtime()	返回 GTM 当前时间元组	time.gmtime()	时间元组包括表 2-16 的 9 个元素
time.gmtime(secs)	返回距 GTM1970 纪元 secs 秒的时间元组	time.gmtime(500)	时间元组包括表 2-16 的 9 个元素
time.localtime()	返回当地当前时间元组	time.localtime()	时间元组包括表 2-16 的 9 个元素
time.localtime(secs)	返回当地距 GTM1970 纪元 secs 秒的时间元组	time.localtime(500)	时间元组包括表 2-16 的 9 个元素

续表

操 作	功 能	举 例	备 注
time.mktime(tuple)	将时间元组 tuple 转换为距 GTM1970 纪元的秒数	t2=time.localtime() time.mktime(t2)	
time.sleep(secs)	睡眠 secs 秒	time.sleep(3)	
time.strftime(fmt)	按 fmt 格式显示当前时间字符串	fmt='%Y.%m.%d' time.strftime(fmt)	按年月日显示当前时间，年月日之间用"."分隔
time.strftime(fmt, tuple)	按 fmt 格式显示元组 tuple 表示的时间字符串	fmt='%H:%M:%S' t3=time.localtime() time.strftime(fmt,t3)	按时分秒显示当前时间，时分秒之间用":"分隔
time.strptime(str, fmt)	按 fmt 格式将时间字符串 str 转换为时间元组	str='2017.6.10' fmt='%Y.%m.%d' time.strptime(str,fmt)	时间元组包括表 2-16 的 9 个元素，时分秒均按零计
time.time()	返回当前时间距 GTM1970 纪元的秒数	time.time()	
time.tzset()	根据环境变量 TZ 初始化时间设置	Import os os.environ('TZ')='CST' time.tzset()	TZ 为操作系统环境变量
time.timezone	返回当地时间和 GTM 的偏移秒数	time.timezone	
time.tzname	返回当地时区字符串	time.tzname	

2. datetime 模块

time 模块主要使用时间元组和距 GMT1970 纪元的秒数表示时间，与 time 模块不同，datetime 模块表示时间的方式更加贴近人们平时的习惯，并且 datetime 模块包含了 date、time、datetime、timedelta 和 tzinfo 五个类，在引入模块时，语句为"from datetime import *"或者"from datetime import date,time,datetime,timedelta,tzinfo"，其中 time 类与 time 模块冲突，后引入的会使先引入的失效，可通过别名引入避免冲突，例如"import time as time0"或者"from datetime import time as dtime"。datetime 模块所包含的操作可通过 dir(date)、dir(time)、dir(datetime)、dir(timedelta) 和 dir(tzinfo) 查看，别名引入时，需要使用别名，例如，dir(dtime)。

datetime 模块 date 类主要与年月日组成的日期相关，常用操作如表 2-19 所示。

表 2-19 datetime 模块 date 类操作

操 作	功 能	举 例	备 注
date.max	返回所能表示的最大日期	date.max	最大年、月、日
date.min	返回所能表示的最小日期	date.min	最小年、月、日
date(y,m,d)	返回由 y、m、d 组成的日期	now1=date(2017,7,1)	now1.year=2017, now1.month=7, now1.day=1

续表

操作	功能	举例	备注
date.today()	返回当前日期	now2=date.today()	包括年、月、日
date.replace(y,m,d)	生成由 y、m、d 组成的新日期	now3=now1.replace(2020,1,1)	now1=(2017,7,1) now3=(2020,1,1)
date.replace(year=y)	生成年为 y 的新日期	now4=now1.replace(year=2020)	now1=(2017,7,1) now4=(2020,7,1)
date.replace(month=m)	生成月为 m 的新日期	now5=now1.replace(month=1)	now1=(2017,7,1) now5=(2017,1,1)
date.replace(day=d)	生成日为 d 的新日期	now6=now1.replace(day=2)	now1=(2017,7,1) now6=(2017,7,2)
date.timetuple()	返回时间元组	now1.timetuple()	元组中,时、分、秒的值均为 0
date.fromtimestamp(secs)	返回距 GTM1970 纪元 secs 秒的日期	date.fromtimestamp(0)	返回 1970 年 1 月 1 日
date.fromordinal(d)	返回距(1,1,1) d 天的日期	date.fromordinal(365)	返回 1 年 12 月 31 日
date.toordinal()	返回与(1,1,1)相减的天数	now1.toordinal()	(2017,7,1)与(1,1,1)相减,天数为 736511
date.weekday()	返回日期对应的星期	now1.weekday()	返回 5,0~6 分别对应星期一到星期天
date.isoweekday()	返回日期对应的星期	now1.isoweekday()	返回 6,1~7 分别对应星期一到星期天
date.isocalendar()	返回日期对应(年,周序号,星期序号)元组	now1.isocalendar()	返回(2017,26,6),即 2017 年第 26 周星期六
date.isoformat()	返回字符串日期	now1.isoformat()	返回 '2017-07-01'
date.strftime(fmt)	按 fmt 格式返回字符串日期	now1.strftime('%Y.%m.%d')	返回 '2017.07.01',fmt 格式如表 2-16 所示
date.resolution	返回日期的最小单位	date.resolution	返回 timedelta(1),表示 1 天是最小单位
date1-date2	返回两个日期相隔天数	date(2017,7,1)−date(2017,6,1)	返回 timedelta(30),表示相隔 30 天
date+timedelta(d)	返回 date 之后 d 天的日期	date(2017,6,1)+timedelta(30)	返回 2017 年 7 月 1 日
date-timedelta(d)	返回 date 之前 d 天的日期	date(2017,7,1)−timedelta(30)	返回 2017 年 6 月 1 日

datetime 模块 time 类主要与时分秒组成的时间相关,常用操作如表 2-20 所示。

表 2-20 datetime 模块 time 类操作

操作	功能	举例	备注
time.max	返回所能表示的最大时间	time.max	最大时、分、秒、微秒

续表

操作	功能	举例	备注
time.min	返回所能表示的最小时间	time.min	最小时、分
time(H,M,S)	返回由 H、M、S 组成的时间	t1=time(8,10,15)	t1.hour=8, t1.minute=10, t1.second=15
time.replace(H,M,S)	生成由 H、M、S 组成的新时间	t2=t1.replace(10,11,12)	t1=(8,10,15) t2=(10,11,12)
time.replace(hour=H)	生成时为 H 的新时间	t3=t1.replace(hour=15)	t1=(8,10,15) t3=(15,10,15)
time.replace(minute=M)	生成分为 M 的新时间	t4=t1.replace(minute=12)	t1=(8,10,15) t4=(8,12,15)
time.replace(second=S)	生成秒为 S 的新时间	t5=t1.replace(second=17)	now1=(2017,7,1) now6=(2017,7,2)
time.isoformat()	返回字符串时间	t1.isoformat()	返回'08:10:15'
time.strftime(fmt)	按 fmt 格式返回字符串时间	t1.strftime('%H:%M:%S')	返回'08:10:15',fmt 格式如表 2-16 所示

datetime 模块 datetime 类是 date 类与 time 类的组合,主要与年月日时分秒组成的时间相关,常用操作如表 2-21 所示。

表 2-21 datetime 模块 datetime 类操作

操作	功能	举例	备注
datetime.max	返回所能表示的最大组合时间	datetime.max	最大年、月、日、时、分、秒、微秒
datetime.min	返回所能表示的最小组合时间	datetime.min	最小年、月、日、时、分
datetime.today()	返回当前的组合时间	datetime.today()	包括年、月、日、时、分、秒、微秒
datetime.now()	同 datetime.today()	datetime.now()	包括年、月、日、时、分、秒、微秒
datetime.utcnow()	返回 UTC 当前的组合时间	datetime.utcnow()	包括年、月、日、时、分、秒、微秒
datetime(y,m,d,H,M,S)	返回由 y,m,d,H,M,S 组成的组合时间	dt=datetime(2017,7,1,14,30,10)	dt=(2017,7,1,14,30,10)
datetime.fromtimestamp(secs)	返回距 GTM1970 纪元 secs 秒的组合时间	datetime.fromtimestamp(0)	包括年、月、日、时、分、秒
datetime.utcfromtimestamp(secs)	返回距 GTM1970 纪元 secs 秒的 UTC 组合时间	datetime.utcfromtimestamp(0)	包括年、月、日、时、分、秒
datetime.combine(date,time)	返回由 date 与 time 组合的组合时间	d=date(2017,7,1), t=time(14,1,1) dt1=datetime.combine(d,t)	dt1=(2017,7,1,14,1,1)

续表

操作	功能	举例	备注
datetime.strptime(str, fmt)	将str时间字符串按照fmt格式转换为组合时间	str='2017.7.1 14:1:1' fmt='%Y.%m.%d %H:%M:%D' datetime.strptime(str,fmt)	返回(2017,7,1,14,1,1)
datetime.date()	返回组合时间的日期部分	dt1.date()	返回(2017,7,1)
datetime.time()	返回组合时间的时间部分	dt1.time()	返回(14,1,1)
datetime.replace(y,m,d,H,M,S)	生成由y、m、d、H、M、S组成的新组合时间	dt2=dt1.replace(2019,9,1,1,1,1)	dt1=(2017,7,1,14,1,1) dt2=(2019,9,1,1,1,1)
datetime.replace(year=y)	生成年为y的新组合时间	dt3=dt1.replace(year=2029)	dt1=(2017,7,1,14,1,1) dt3=(2029,7,1,14,1,1)
datetime.replace(month=m)	生成月为m的新组合时间	dt4=dt1.replace(month=9)	dt1=(2017,7,1,14,1,1) dt4=(2017,9,1,14,1,1)
datetime.replace(day=d)	生成日为d的新组合时间	dt5=dt1.replace(day=9)	dt1=(2017,7,1,14,1,1) dt5=(2017,7,9,14,1,1)
datetime.replace(hour=H)	生成时为H的新组合时间	dt6=dt1.replace(hour=9)	dt1=(2017,7,1,14,1,1) dt6=(2017,7,1,9,1,1)
datetime.replace(minute=M)	生成分为M的新组合时间	dt7=dt1.replace(minute=9)	dt1=(2017,7,1,14,1,1) dt7=(2017,7,1,14,9,1)
datetime.replace(second=S)	生成秒为S的新组合时间	dt8=dt1.replace(second=9)	dt1=(2017,7,1,14,1,1) dt8=(2017,7,1,14,1,9)
datetime.timetuple()	生成组合时间元组	dt1.timetuple()	
datetime.utctimetuple()	生成UTC组合时间元组	dt1.utctimetuple()	
datetime.toordinal()	返回组合时间与(1,1,1)相减的天数	dt1.toordinal()	(2017,7,1)与(1,1,1)相减，天数为736 511
datetime.weekday()	返回组合时间对应的星期	dt1.weekday()	数字0~6分别代表星期一至星期天
datetime.isocalendar()	返回组合时间对应(年,周序号,星期序号)元组	dt1.isocalendar()	返回(2017,26,6)，即2017年第26周星期六
datetime.isoformat()	返回字符串组合时间	dt1.isoformat()	返回'2017-07-01T14:01:01'
datetime.isoformat(ch)	返回以字符ch为分隔符的字符串组合时间	dt1.isoformat(' ')	返回'2017-07-01 14:01:01'
datetime.ctime()	返回字符串组合时间	dt1.ctime()	返回'Sat Jul 1 14:01:01 2017'
datetime.strftime(fmt)	按fmt格式返回字符串组合时间	dt1.strftime('%Y.%m.%d %H:%M')	返回'2017.07.01 14:01'，fmt格式如表2-16所示

datetime 模块的 timedelta 类主要用于表示两个时间之间的差值,具体为 date 类值之间或者 datetime 类值之间的差值,例如,td1＝date(2017,7,1)－date(2016,7,1)和 td2＝datetime(2017,7,1,14,30,10)－datetime(2016,7,1,10,10,8)。

timedelta 表示时间差值时,使用 days、seconds、microseconds 3 个属性值表示,常用操作如表 2-22 所示。

表 2-22　datetime 模块 timedelta 类操作

操　　作	功　　能	举　　例	备　　注
timedelta.max	返回所能表示的最大时间差值	timedelta.max	最大日、秒、微秒
timedelta.min	返回所能表示的最小时间差值	timedelta.min	最小的日差值（－999999999）
timedelta.resolution	返回时间差值最小值	timedelta.resolution	最小为 1 微秒
timedelta(d,S,Mics)	返回由 d,S,Mics 组成的时间差值	td＝timedelta(3,30,300)	td＝(3,30,300),3 天 30 秒 300 微秒
timedelta.total_seconds()	将时间差值转换为秒数输出	td.total_seconds()	返回 259230.0002 秒
timedelta(days＝d)	返回 d 天的时间差值	n1＝datetime.now() n2＝n1＋timedelta(days＝0.5)	n2 为当前时间半天后的时间
timedelta(hours＝H)	返回 H 小时的时间差值	n3＝n1＋timedelta(hours＝2.5)	n3 为当前时间 2.5 小时后的时间
timedelta(minutes＝M)	返回 M 分钟的时间差值	n4＝n1－timedelta(minutes＝20)	n4 为当前时间 20 分钟前的时间
timedelta(seconds＝S)	返回 S 秒的时间差值	n5＝n1－timedelta(seconds＝30)	n5 为当前时间 30 秒前的时间
timedelta(weeks＝w)	返回 w 周的时间差值	n6＝n1－timedelta(weeks＝2)	n6 为当前时间 2 周前的时间
timedelta(milliseconds＝mils)	返回 mils 毫秒的时间差值	n7＝n1＋timedelta(milliseconds＝20)	n7 为当前时间 20 毫秒后的时间
timedelta(microseconds＝Mics)	返回 Mics 微秒的时间差值	n8＝n1＋timedelta(microseconds＝20)	n8 为当前时间 20 微秒后的时间

datetime 模块的 tzinfo 类主要提供时区信息,但 tzinfo 是一个抽象类,不能直接使用,需要通过派生子类使用,实际应用中使用较少。

3. calendar 模块

calendar 模块主要处理日历,在使用前需要通过"import calendar"引入 calendar 模块,calendar 模块所包含的操作可通过 dir(calendar)查看。calendar 模块分别用数字 0～6 表示星期一至星期天,常用操作如表 2-23 所示。

表 2-23 calendar 模块操作

操 作	功 能	举 例	备 注
calendar.calendar(y)	返回以字符串表示的 y 年年历	cal=calendar.calendar(2017),print(cal)	按 4×3 布局
calendar.calendar(y,w,l,c)	返回以字符串表示的 y 年年历	cal=calendar.calendar(2017,2,1,6),print(cal)	按 4×3 布局,w、l、c 分别为年历字符串中日、行、月之间的间隔,默认值分别为 2、1、6
calendar.firstweekday()	返回每周起始日期	calendar.firstweekday()	默认 0,即星期一,为每周的起始日期
calendar.setfirstweekday(d)	设置 d 为每周起始日期	calendar.setfirstweekday(6)	设置 6,即星期天,为每周的起始日期
calendar.isleap(y)	判断 y 年是否为闰年	calendar.isleap(2017)	闰年返回 True,非闰年返回 False
calendar.leapdays(y1,y2)	返回[y1,y2]之间的闰年数	calendar.leapdays(2016,2020)	返回 1,不包括 2020
calendar.month(y,m)	返回以字符串表示的 y 年 m 月月历	cal=calendar.month(2017,7),print(cal)	
calendar.month(y,m,w,l)	返回以字符串表示的 y 年 m 月月历	cal=calendar.month(2017,7,2,1),print(cal)	w、l 分别为月历字符串中日、行之间的间隔,默认值分别为 2、1
calendar.monthcalendar(y,m)	返回以列表表示的 y 年 m 月月历	calendar.monthcalendar(2017,7)	以列表嵌套形式表示,每个子列表表示 1 个星期,日期范围之外的位置为 0
calendar.monthrange(y,m)	返回 y 年 m 月第 1 天的星期序号和该月的天数元组	calendar.monthrange(2017,7)	返回元组(5,31),5 表示 2017 年 7 月 1 日是星期六,31 表示 2017 年 7 月共 31 天
calendar.prcal(y)	同 calendar.calendar(y)		
calendar.prmonth(y,m)	同 calendar.month(y,m)		
calendar.timegm(tuple)	将时间元组 tuple 转换为距 GTM1970 纪元的秒数	t=time.localtime() calendar.timegm(t)	
calendar.weekday(y,m,d)	返回 y 年 m 月 d 日的星期序号	calendar.weekday(2017,7,1)	

2.3.10 数组型

Python 中标准数据类型没有数组,列表可以当作一维数组使用,列表嵌套可以构成二维或者多维数组。

Python 中要使用数组,可以通过语句"import array"引入模块 array,模块 array 中提供基本的数组操作;或者安装第三方库 NumPy,第三方库 NumPy 提供大量的数值运算,包括各种数组操作。本书介绍 array 中提供的数组操作,需要使用 NumPy 的读者可以通过安装

NumPy 包，进行各种数值运算和数组操作。

定义数组前需通过语句"import array"引入模块 array，定义数组的格式为：xx=array.array(type[,value])，其中 xx 为数组名；type 为数组元素类型；value 可选，为数组的初始值，其中，数组中各元素的值必须为相同类型，数组长度可变，下标从 0 开始。

array 中数组元素类型如表 2-24 所示。

表 2-24 array 数组元素类型

类　型	字　节　数	说　　明
b	1	有符号整型
B	1	无符号整型
u	2	UNICODE 编码字符
h	2	有符号整型
H	2	无符号整型
i	4	有符号整型
I	4	无符号整型
l	8	有符号整型
L	8	无符号整型
q	8	有符号整型
Q	8	无符号整型
f	4	浮点型
d	8	浮点型

表 2-24 中 array 数组元素类型中没有普通的字符类型，普通的字符类型使用字符串实现。array 数组定义举例如下。

```
xx = array.array('i')            # 定义数组 xx,数组元素为 4 字节有符号整型
xx = array.array('i', [1,2])     # 定义数组 xx,数组元素为 4 字节有符号整型,
                                 # xx[0]=1,xx[1]=2
```

array 数组常用操作如表 2-25 所示。

表 2-25 array 数组常用操作

函　　数	功　　能	举　　例	结　　果
xx=array.array('h',[1,2])	定义数组 xx,初值为 1,2		xx=array('h',[1,2]) xx[0]=1,xx[1]=2
xx.append(x)	给数组追加元素	xx.append(3)	xx=array('h',[1,2,3])
xx.insert(pos,x)	在 pos 位置插入值 x	xx.insert(2,4)	xx=array('h',[1,2,4,3])
xx.pop()	删除最后一个元素	xx.pop()	xx=array('h',[1,2,4])
xx.remove(x)	删除最先出现的元素 x	xx.remove(2)	xx=array('h',[1,4])
xx.reverse()	数组元素反序	xx.reverse()	xx=array('h',[4,1])
xx.index(x)	返回元素 x 首次出现的位置	pos=xx.index(4)	pos=0
xx.tobytes()	将元素值转换为 bytes 字节流	bb=xx.tobytes()	bb=b'\x04\x00\x01\x00'
xx.frombytes(bb)	将 bytes 型数据追加到数组 xx 中	xx.frombytes(bb)	xx=array('h',[4,1,4,1])
len(xx)	返回数组元素个数	n=len(xx)	n=4

2.4 语法规则与语句

Python 语法简洁,直接利用语句缩进划分语句块层次,有别于 C、Java 等利用大括号表示语句块层次。该规则强制程序编写者必须遵守语句缩进规则,否则,程序运行会出现错误。下面根据功能划分介绍常用的语句及其语法规则。

2.4.1 输出与输入

Python 常用的输出输入函数分别为 print() 和 input()。

1. 输出函数 print()

(1) 输出单个值。当输出为单个值时,将需要输出的内容直接放在小括号内即可,可以是任意类型的常量、变量或者表达式,当输出内容为表达式时会输出计算结果,举例如下:

```
print(4>5)                                  # False
print("Hello, Python!")                     # Hello, Python!
print(20 + 30.5)                            # 50.5
print(2 + 3j)                               # (2 + 3j)
print([2,5,3,'aaa',[True,False]])           # [2,5,3,'aaa',[True,False]]
print((2,5,3,'aaa',[True,False]))           # (2,5,3,'aaa',[True,False])
print({'boy':1, 'girl':2})                  # {'boy':1, 'girl':2}
nn = datetime.now()
print(nn)                                   # 2018 - 02 - 19 09:18:56.094338
```

(2) 输出多个值。当输出为多个值时,将需要输出的内容放在小括号内,不同输出内容之间用逗号分开,输出内容可以是任意类型的常量、变量或者表达式,当输出内容为表达式时会输出计算结果,举例如下:

```
print('4>5 = ', 4>5)                        # 4>5 = False
print("Hello", "Python", "!")               # Hello, Python!
print(' results = ',20 + 30.5,20 * 30.5,30 % 7,2 ** 3,30//7)   # results = 50.5 610.0 2 8 4
nn = datetime.now()
print(' This time is', nn)                  # This time is 2018 - 02 - 19 09:23:11.126719
```

(3) 格式化输出。可以使用表 2-7 列出的字符串转义符和表 2-12 列出的字符串格式化符号进行格式化输出,举例如下:

```
print("Hello, \nPython!")                   # Hello,
                                            # Python!
print(' 2/3 = %8.2f' % 0.67)                # 2/3 =     0.67
print(' 2/3 = %8.2f' % (2/3))               # 2/3 =     0.67
print(' r1 = %8.1f, r2 = % -5d, r3 = % 4.2s\n' % (20 + 30.5,2 ** 3,'abcdef'))    # r1 = 50.5, r2 = 8     , r3 =   ab
```

print()函数默认每次输出后换行,如果要输出后不换行,在最后加入 end='',举例如下:

```
print("Hello, ", end='')
print("Python!")         # Hello, Python!
```

2. 输入函数 input()

input()函数接收键盘输入,并将任何输入的值当作字符串处理,可以在括号中加入输入的提示信息,举例如下:

```
aa = input()              # 变量 aa 得到字符串类型的数值
aa = input(' aa = ')      # 加入提示信息
```

如果需要输入特定类型值,可以先接收输入,再进行类型转换,举例如下:

```
age = int(input(' your age is :'))
```

使用 Atom 调试 Python 程序时,如果程序中包括 input 语句,在集成环境下执行会提示"EOFError: EOF when reading a line"错误;此时,程序需要在命令行环境中执行。

2.4.2 条件判断

Python 中的条件判断通过 if 语句实现,使用 if 时需要同时使用语句缩进,以表明语句逻辑,if 有下列 3 种常用格式。

1. if

当条件成立时,执行 if 后的缩进语句块,缩进字符位置数量没有明确规定,建议缩进四个字符位置,如代码 2-2 所示。

```
1  # 代码 2-2  if01.py
2  #!/usr/bin/env python3
3  # coding: utf-8
4  score = int(input('Enter your score :'))
5  if score >= 60:
6      print('passed!')
7      print('good!')
```

执行代码 2-2 时,如果输入值大于或者等于 60,则执行第 6 行和第 7 行语句,然后程序执行结束;如果输入值小于 60,则程序执行直接结束。

2. if-else

当条件成立时,执行 if 后的缩进语句块;否则,执行 else 后的缩进语句块,如代码 2-3 所示。

```
1    # 代码 2-3   if02.py
2    #!/usr/bin/env python3
3    # coding: utf-8
4    score = int(input('Enter your score :'))
5    if score >= 60:
6        print('passed!')
7        print('good!')
8    else:
9        print('not passed!')
10       print('bad!')
```

3. if-elif

当条件不止一个时,对条件进行逐个判断并处理,以适应多种情况的情形,如代码 2-4 所示。

```
1    # 代码 2-4   if03.py
2    #!/usr/bin/env python3
3    # coding: utf-8
4    score = int(input('Enter your score :'))
5    if score >= 90:
6        print('grade is "A"')
7        print('excellent!')
8    elif score >= 80:
9        print('grade is "B"')
10       print('good!')
11   elif score >= 70:
12       print('grade is "C"')
13       print('common!')
14   elif score >= 60:
15       print('grade is "D"')
16       print('just passed!')
17   else:
18       print('not passed!')
19       print('bad!')
```

如代码 2-4 所示,进行多条件判断时,应正确设置条件的顺序;否则,程序会出现逻辑错误,另外,else 部分也可以没有。

2.4.3 循环

1. for-in

利用 for-in 循环可以将序列、列表、元组或者字典中的元素进行遍历。其中,序列可用 range() 函数产生,有下列 3 种形式。

(1) range(stop),产生一个 0~stop-1 的序列,例如,xx=range(5)产生一个 0~4 的序列,xx[0]=0,xx[1]=1,xx[2]=2,xx[3]=3,xx[4]=4。stop 必须大于 0;否则,产生的

是一个空序列。

(2) range(start,stop),产生一个 start~stop-1 的序列,例如 yy=range(-2,2)产生一个-2~1 的序列,yy[0]=-2,yy[1]=-1,yy[2]=0,yy[3]=1。stop 必须大于 start;否则,产生的是一个空序列。

(3) range(start,stop,step),产生一个区间为[start,stop),步长为 step 的序列,例如,zz=range(10,16,2)产生一个[10,12,14]的序列,zz[0]=10,zz[1]=12,zz[2]=14;hh=range(16,10,-2)产生一个[16,14,12]的序列,hh[0]=16,hh[1]=14,hh[2]=12。stop-start 的值必须与 step 值符号相同;否则,产生的序列为空。

range()产生的序列经常用于 for-in 循环,代码 2-5 实现整数 50~100 的累加。

```
1  # 代码 2-5   for01.py
2  #!/usr/bin/env python3
3  # coding: utf-8
4  sum = 0
5  for x in range(50,101):
6      sum = sum + x
7  print('sum = %d' % sum)
```

代码 2-6 使用 for-in 循环将字典中的元素按键/值对输出。

```
1  # 代码 2-6   for02.py
2  #!/usr/bin/env python3
3  # coding: utf-8
4  dc = {'Tianjin':1100,'Liaoning':2210,'Gansu':8210,'Guangxi':6110}
5  for x in dc:
6      print(x,":",dc[x])
```

利用 list(xx)可以将序列 xx 转换为列表。

在列表操作中,使用"*"运算符可以产生新的列表,例如[1,2,3]*2,可在列表[1,2,3]基础上得到新列表[1,2,3,1,2,3],但"*"运算符只能对已有列表元素进行重复。

for-in 循环与列表配合使用,可以产生元素有序的新列表,例如,[x for x in range(4)]产生列表[0,1,2,3];[x for x in range(-2,1)]产生列表[-2,-1,0];[x for x in range(2,10,3)]产生列表[2,5,8]。

2. while

while 循环当条件成立时执行循环体语句,直到条件不再成立,代码 2-7 为使用 while 循环,实现整数 50~100 的累加。

```
1  # 代码 2-7   while01.py
2  #!/usr/bin/env python3
3  # coding: utf-8
4  sum = 0
5  x = 50
6  while x <= 100:
```

```
7    sum = sum + x
8    x = x + 1
9  print('sum=%d'% sum)
```

while 循环体中要有能改变循环条件的语句,例如第 8 行的 x=x+1;否则,程序执行会进入死循环。

3. break

break 语句能够提前终止 for-in 或者 while 循环,代码 2-8 是在代码 2-5 基础上修改而来,判断当 sum 值超过 1000 时,终止循环。

```
1  #代码 2-8   break01.py
2  #!/usr/bin/env python3
3  # coding: utf-8
4  sum = 0
5  for x in range(50,101):
6      sum = sum + x
7      if sum >= 1000:
8          break
9  print('sum=%d,x=%d'% (sum,x))
```

4. continue

continue 语句能够提前终止本次 for-in 或者 while 循环,代码 2-9 是在代码 2-7 基础上修改而来,对 50~100 的偶数累加,但由于程序有缺陷,循环体中的 continue 在 x 为奇数时,提前终止本次循环,使得改变循环条件的语句得不到执行,程序运行陷入死循环。

```
1   #代码 2-9   continue01.py
2   #!/usr/bin/env python3
3   # coding: utf-8
4   sum = 0
5   x = 50
6   while x <= 100:
7       if x%2 == 1:
8           continue
9       sum = sum + x
10      x = x + 1
11  print('sum=%d'% sum)
```

代码 2-10 修正了代码 2-9 中的错误,将 x=x+1 提前到循环体语句的前面,保证每次循环都能改变 x 的值,避免了因 continue 提前终止本次循环,使程序运行陷入死循环的错误。

```
1   #代码 2-10   continue02.py
2   #!/usr/bin/env python3
```

```
3   # coding: utf-8
4   sum = 0
5   x = 49
6   while x < 100:
7       x = x + 1
8       if x % 2 == 1:
9           continue
10      sum = sum + x
11  print('sum = %d' % sum)
```

2.5 函数与模块

函数是能够实现某种特定功能的语句体集合,Python 中包括大量的内置函数,例如 print(),通过调用这些内置函数可以实现特定的功能,但是,当我们需要的某个功能无内置函数实现时,需要自己定义函数实现,自己定义的函数称为自定义函数。

2.5.1 自定义函数

自定义函数以 def 为标识,后跟函数名和参数列表,最后以 return 语句返回结果值,如果 return 语句缺省,则函数返回 None 值,如图 2-3 所示。

```
def 函数名(参数列表)
    函数体
    [return 返回值]
```

图 2-3 自定义函数格式

代码 2-11 为一个通过自定义函数计算 a^2+b^2 值的实例。

```
1   # 代码 2-11  function01.py
2   #!/usr/bin/env python3
3   # coding: utf-8
4   def myfun(a,b):
5       s = a*a + b*b
6       return s
7   print('result = %d' % myfun(3,4))
```

代码 2-11 中第 4~6 行自定义函数 myfun 用于计算 a^2+b^2 的值,第 7 行调用 myfun 函数并输出结果。

如果位于其他文件的语句也需要调用函数 myfun,则需要在文件开头使用语句 from function01 import myfun 或者 from function01 import * 导入该函数,即可调用函数 myfun。

2.5.2 默认参数

自定义函数可以使用默认参数,即参数有默认值,当调用函数语句未给出参数时,函数参数取默认值，如代码 2-12 所示。

```
1  # 代码 2-12  function02.py
2  #!/usr/bin/env python3
3  # coding: utf-8
4  def myfun(a = 3, b = 4):
5      s = a * a + b * b
6      return s
7  print('result = %d' % myfun())
```

在代码 2-12 中，自定义函数 myfun 的参数 a、b 均是默认参数，当调用 myfun 的语句给全参数时，a、b 取传入的值；否则，a、b 取默认值。例如，调用函数语句为 myfun(10,20) 时，a=10,b=20；调用函数语句为 myfun(10) 时，a=10,b=4；调用函数语句为 myfun() 时，a=3,b=4；调用函数语句为 myfun(b=20) 时，a=3,b=20；调用函数语句为 myfun(b=20,a=10) 时，a=10,b=20。

当函数既有普通参数，也有默认参数时，默认参数一定要在普通参数的后面，如代码 2-13 所示；否则，代码执行时会抛出异常。

```
1  # 代码 2-13  function03.py
2  #!/usr/bin/env python3
3  # coding: utf-8
4  def myfun(xx, a = 3, b = 4):
5      s = a * a + b * b + xx
6      return s
7  print('result = %d' % myfun(30, b = 20, a = 10))
```

从上述实例可知，函数中的默认参数要遵循以下规则：

(1) 普通参数在前，默认参数在后，例如，def myfun(xx,a=3,b=4)；

(2) 调用函数时，未给出实参的默认参数取默认值，例如，myfun(30)，a=3,b=4；

(3) 调用函数时，仅给出部分与默认参数对应的实参时，默认参数依次取得实参值，未取得实参的默认参数取默认值，例如，myfun(10)，a=10,b=4；

(4) 调用函数时，给出指定默认参数的实参时，默认参数取指定的值，未给出或未指定实参的默认参数取默认值，例如，myfun(b=10)，a=3,b=10。

2.5.3 可变参数

自定义函数可以使用可变参数，也就是说，可以给形参传入数量可变的实参，如代码 2-14 所示。

```
1  # 代码 2-14  function04.py
2  #!/usr/bin/env python3
3  # coding: utf-8
4  def myfun(*args):
5      print(args)
6      s = 0
```

```
7      for xx in args:
8          s = s + xx
9      return s
10  print('result = %d' % myfun(2,4,6,8))
```

在代码 2-14 中，args 为可变参数，其可以接收若干个实参值，并将接收到的值组装为一个元组。

2.5.4 关键字参数

自定义函数可以使用关键字参数，也就是说，可以给形参传入指定关键字和值的多组参数，如代码 2-15 所示。

```
1   #代码 2-15   function05.py
2   #!/usr/bin/env python3
3   # coding: utf-8
4   def myfun(name, **kwargs):
5       print(kwargs)
6       print('name:',name)
7       for key in kwargs:
8           print(key,':',kwargs[key])
9       return
10  myfun('Zhao',age = 18,height = 1.88,city = 'Lanzhou')
```

在代码 2-15 中，第 4 行 myfun 函数中的 kwargs 为关键字参数，其可以接收多组关键字和值的参数，并将它们组装为一个字典。

2.5.5 命名关键字参数

自定义函数可以使用命名关键字参数，也就是说，函数只接收指定关键字参数的值，其余值不接收，如代码 2-16 所示。

```
1   #代码 2-16   function06.py
2   #!/usr/bin/env python3
3   # coding: utf-8
4   def myfun(name, *, age, city):
5       print('name:',name)
6       print('age:',age)
7       print('city:',city)
8       return
9   myfun('Zhao',age = 18, city = 'Lanzhou')
```

在代码 2-16 中，第 4 行 myfun 函数中的 age 和 city 为命名关键字参数，* 将必选参数 name 与命名关键字参数分开。调用 myfun 函数时，如果传入 age 和 city 之外的关键字参数，程序运行会抛出异常。

2.5.6 参数组合规则

不同类型的参数组合时,参数出现的顺序必须按照必选参数、默认参数、可变参数、命名关键字参数和关键字参数的顺序出现;否则,会出现错误。代码 2-17 为各种参数组合实例。

```
1   #代码 2-17  function07.py
2   #!/usr/bin/env python3
3   # coding: utf-8
4   def myfun(a,b=0,*c,d,**e):
5       print('a = ',a)
6       print('b = ',b)
7       print('c = ',c)
8       print('d = ',d)
9       print('e = ',e)
10      return
11  kv = {'e1':7,'e2':8}
12  myfun(1,2,3,4,d=10,**kv)
```

在代码 2-17 中,命名关键字参数 d 前面为可变参数 c,因此,d 前面不能出现分隔符 *;关键字参数 e 的实参由 kv 提供,不能直接给出。

2.5.7 实参与形参

调用函数时,如果实参使用常量,则对应形参将得到常量的值;如果实参使用变量,则对应形参将引用实参变量,使得形参变量与实参变量共享相同的内存单元值,直到给形参重新赋值或者改变简单类型形参值时,才能触发给形参创建独立内存空间,保存新值的机制。

代码 2-18 为形参变量与实参变量共享相同内存单元值实例。程序运行结果表明,形参变量与实参变量的值与内存单元地址完全相同,其中 id() 函数可取得变量值所在的内存单元地址。

```
1   #代码 2-18  function08.py
2   #!/usr/bin/env python3
3   # coding: utf-8
4   def myfun(x,y):
5       print('x = ',x,'id(x) = ',id(x))
6       print('y = ',y,'id(y) = ',id(y))
7       return
8   a = 10
9   b = [1,2]
10  print('a = ',a,'id(a) = ',id(a))
11  print('b = ',b,'id(b) = ',id(b))
12  myfun(a,b)
```

代码 2-19 为给形参重新赋值或者改变形参值时,形参变量与实参变量所共享的相同内存单元变化实例。

```
1  #代码2-19  function09.py
2  #!/usr/bin/env python3
3  # coding: utf-8
4  def myfun(x,y,z):
5      x = x + 1
6      y.append(3)
7      z = [3,4]
8      print('x = ',x,'id(x) = ',id(x))
9      print('y = ',y,'id(y) = ',id(y))
10     print('z = ',z,'id(z) = ',id(z))
11     return
12 a = 10
13 b = [1,2]
14 c = [1,2]
15 print('before calling myfun a = ',a,'id(a) = ',id(a))
16 print('before calling myfun b = ',b,'id(b) = ',id(b))
17 print('before calling myfun c = ',c,'id(c) = ',id(c))
18 myfun(a,b,c)
19 print('after calling myfun a = ',a,'id(a) = ',id(a))
20 print('after calling myfun b = ',b,'id(b) = ',id(b))
21 print('after calling myfun c = ',c,'id(c) = ',id(c))
```

从代码 2-19 的运行结果可知，myfun 函数中给形参 x、z 重新赋值，使得形参 x、z 不再与实参 a、c 共享内存单元，但对 y 追加元素改变了 y 的值，未能改变 y 与 b 共享内存单元的现状。

2.5.8 递归

递归就是函数自己直接或者间接调用自己，是程序设计中很重要的一种方法。代码 2-20 是利用递归求阶乘的实例。

```
1  #代码2-20  function10.py
2  #!/usr/bin/env python3
3  # coding: utf-8
4  def myfun(x):
5      if x > 1:
6          return x * myfun(x - 1)
7      else:
8          return 1
9  print('Factorial result is %d' % myfun(10))
```

代码 2-21 是利用递归求解 Hanoi 塔问题的实例。

```
1  #代码2-21  function11.py
2  #!/usr/bin/env python3
3  # coding: utf-8
4  def myfun(n,x,y,z):
5      if n <= 1:
```

```
6        print(x,'-->',z)
7        return
8    else:
9        myfun(n-1,x,z,y)
10       print(x,'-->',z)
11       myfun(n-1,y,x,z)
12   return
13 myfun(3,'A','B','C')
```

2.5.9 模块

使用 Python 编程时,不可避免地会用到各种函数,为了对函数进行有效管理,产生了模块的概念。一个模块就是一个.py文件,其中包括一个或者多个函数,模块名就是.py不包含后缀的文件名。代码 2-22 就是一个模块的实例,其中包含了 3 个函数。

```
1 #代码 2-22  module01.py
2 #!/usr/bin/env python3
3 # coding: utf-8
4 def myfun1(x,y):
5   return x+y
6 def myfun2(x,y):
7    return x*x+y*y
8 def myfun3(x,y):
9    return x*x-y*y
```

引入模块的方法有两种,分别是"import 模块"和"from 模块 import 函数"。使用"import 模块"时,会引入模块中的所有函数,调用函数时也需要加上模块名,如代码 2-23 所示。

```
1 #代码 2-23  module02.py
2 #!/usr/bin/env python3
3 # coding: utf-8
4 import module01
5 print(module01.myfun1(10,20))
```

使用"from 模块 import 函数"时,如果函数用"*"表示,如"from module01 import *",会引入模块中的所有函数;如果指明函数,如"from module01 import myfun1,myfun2",会引入 module01 中的函数 myfun1 和 myfun2,而 myfun3 没有引入。以该方式引入模块,引入的函数可直接调用,如代码 2-24 所示。

```
1 #代码 2-24  module03.py
2 #!/usr/bin/env python3
3 # coding: utf-8
4 from module01 import myfun1,myfun2
5 print(myfun1(10,20))
```

如果位于不同模块的函数具有相同的函数名,均以"from 模块 import 函数"形式引入时,后引入的模块中的函数才有效,因此,如果不同模块的函数具有相同的函数名时,建议使用"import 模块"形式引入。

由于模块就是.py 的文件,模块名也有可能相同,并且,对模块通常需要进行分门别类的管理,因此,产生了包(package)的概念。一个包就是包含一个或者多个模块的一个文件夹,其中包含文件__init__.py,文件__init__.py 在包被引入时做初始化操作,文件__init__.py 可以为空。由于计算机中文件夹呈树状结构,因此,包也呈树状结构。例如,module01 位于 example 文件夹中,引入 module01 的方法为"import example.module01"或者"from example.module01 import *"或者"from example import module01"。使用"import example.module01"引入,调用函数时需加上包名与模块名,如"example.module01.myfun1(10,20)";使用"from example.module01 import *"引入,调用函数时不需要加包名与模块名,如"myfun1(10,20)";使用"from example import module01"引入,调用函数时需要加模块名与函数名,不需要加包名,如"module01.myfun1(10,20)"。使用中需要根据实际情况灵活应用。

如果模块中定义了变量,对变量的使用与函数类似,代码 2-25 为包含函数与变量的模块实例,代码 2-26、代码 2-27 为引入模块的实例。

```
1   #代码 2-25   module04.py
2   #!/usr/bin/env python3
3   # coding: utf-8
4   PI = 3.1415926
5   def myfun1(x,y):
6       return x + y
7   def myfun2(x,y):
8       return x * x + y * y
9   def myfun3(x,y):
10      return x * x - y * y

1   #代码 2-26   module05.py
2   #!/usr/bin/env python3
3   # coding: utf-8
4   import module4
5   print(module4.myfun1(10,20))
6   print(module4.PI)

1   #代码 2-27   module06.py
2   #!/usr/bin/env python3
3   # coding: utf-8
4   from module4 import myfun1,PI
5   print(myfun1(10,20))
6   print(PI)
```

2.6 类与对象

Python 支持面向对象编程(Object Oriented Programming,OOP),在面向对象编程时,类是一种封装了数据和对数据操作的用户自定义数据类型,而对象是类的实例。类中定义的数据和对数据的操作都需要通过对象来实现。类中定义的数据称为属性,类中对数据的操作通过函数实现,这些函数称为方法。

2.6.1 类的定义与实例化对象

代码 2-28 定义了一个类名为 Person,包含 name 与 age 属性,还有输出 name 与 age 属性的 print_me()函数,Person 类的实例为对象 zhao 和 qian。

```python
1   #代码2-28   class01.py
2   #!/usr/bin/env python3
3   # coding:utf-8
4   class Person:
5       name = None
6       age = None
7       def __init__(self,name = 'Noname',age = 0):
8           self.name = name
9           self.age = age
10      def print_me(self):
11          print('My name is %s, age is %d' % (self.name,self.age))
12  zhao = Person('Zhao',20)
13  zhao.print_me()
14  qian = Person('Qian',30)
15  qian.print_me()
```

在代码 2-28 中,第 7~9 行的 __init__()是类 Person 的构造函数,在创建对象,也就是类实例化时自动执行,用于初始化类的属性,__init__()函数共有 3 个形参:第 1 个形参 self 表示自身,用于访问类中定义的属性或者方法;第 2 和第 3 个形参采用默认参数形式,用于初始化类中的属性值。

第 10、11 行的 print_me()是类 Person 的方法,用于输出 name 与 age 的值,同样也有 self 形参,也就是说,类中定义的方法至少要有一个名为 self 的形参。

zhao 和 qian 为 Person 类的实例化对象,产生对象时,给属性 name 和 age 分别传入了实参值,用于自动执行构造函数时初始化对象的 name 和 age 值。

调用类中方法 print_me()时,需要指明对象,表示输出指定对象的属性值。

2.6.2 类属性与实例属性

在代码 2-28 中,类 Person 的属性 name 和 age 为类属性,也称为静态属性,是固有的,不可删除,Python 还支持在类中定义实例属性,也就是动态属性,是可以删除的,如代码 2-29 所示。

```python
1   #代码2-29  class02.py
2   #!/usr/bin/env python3
3   # coding: utf-8
4   class Person:
5       name = None
6       age = None
7       def __init__(self, name = 'Noname', age = 0, color = 'No color'):
8           self.name = name
9           self.age = age
10          self.color = color
11      def print_me(self):
12          print('My name is %s, age is %d' % (self.name, self.age))
13      def print_color(self):
14          print('My name is %s, color is %s' % (self.name, self.color))
15  zhao = Person('Zhao', 20, 'Red')
16  zhao.print_me()
17  zhao.print_color()
18  qian = Person('Qian', 30)
19  del qian.color
20  qian.print_me()
```

在代码 2-29 中，第 7~10 行构造函数 __init__() 中给类 Person 定义了一个实例属性 color，而第 19 行语句 "del qian.color" 删除了对象 qian 的 color 属性，使得对象 qian 不再拥有实例属性 color，再访问 qian 的 color 属性时，会抛出异常。

除了在类定义时定义实例属性外，还可以在类定义结束和对象产生后，动态添加实例属性，如代码 2-30 所示。

```python
1   #代码2-30  class03.py
2   #!/usr/bin/env python3
3   # coding: utf-8
4   class Person:
5       name = None
6       age = None
7       def __init__(self, name = 'Noname', age = 0):
8           self.name = name
9           self.age = age
10      def print_me(self):
11          print('My name is %s, age is %d' % (self.name, self.age))
12      def print_color(self):
13          print('My name is %s, color is %s' % (self.name, self.color))
14  Person.color = 'Blue'
15  zhao = Person('Zhao', 20)
16  zhao.print_me()
17  zhao.print_color()
18  del Person.color
19  qian = Person('Qian', 30)
20  qian.color = 'Green'
```

```
21    qian.print_me()
22    qian.print_color()
23    del qian.color
```

在代码 2-30 中，第 14 行通过语句"Person.color='Blue'"在类 Person 定义结束后，给类 Person 添加实例属性；第 20 行通过语句"qian.color='Green'"在对象 qian 产生后，给对象 qian 添加实例属性。第 18 行通过语句"del Person.color"删除类 Person 的实例属性；第 23 行通过语句"del qian.color"删除对象 qian 的实例属性。

实际上，类或者对象的方法也可以动态添加或者删除，如代码 2-31 所示。

```
1   #代码2-31   class04.py
2   #!/usr/bin/env python3
3   # coding: utf-8
4   from types import MethodType
5   class Person:
6       name = None
7       age = None
8       def __init__(self, name = 'Noname', age = 0):
9           self.name = name
10          self.age = age
11      def print_me(self):
12          print('My name is %s, age is %d' % (self.name, self.age))
13      def print_color(self):
14          self.print_me()
15          print('My name is %s, color is %s' % (self.name, self.color))
16  def my_print(self):
17      print('My name is %s, age is %d, color is %s' % (self.name, self.age, self.color))
18  Person.color = 'Blue'
19  zhao = Person('Zhao', 20)
20  zhao.print_me()
21  zhao.print_color()
22  del Person.print_color
23  qian = Person('Qian', 30)
24  qian.color = 'Green'
25  qian.print_color = MethodType(my_print, qian)
26  qian.print_color()
27  Person.my_print = my_print
28  del qian.print_color
29  sun = Person('Sun', 40)
30  sun.my_print()
31  qian.my_print()
```

在代码 2-31 中，第 4 行通过 types 模块引入 MethodType 函数。第 25 行调用 MethodType 函数给对象 qian 添加方法。第 27 行通过"="运算符给类 Person 添加方法。给对象添加的方法仅对对象有效而给类添加的方法对类的所有对象都有效。

动态给类和对象添加或者删除实例属性和方法，可以增加编程的灵活性，但过度使用这种动态的实例属性和方法,会使程序的可读性和可维护性下降,实际编程中可通过关键字__slots__加以限制,如代码2-32所示。

```python
1   #代码2-32   class05.py
2   #!/usr/bin/env python3
3   # coding: utf-8
4   class Person:
5       __slots__ = ('name','age','myprint')
6   def my_print(self):
7       print('My name is %s, age is %d' % (self.name,self.age))
8   zhao = Person()
9   zhao.name = 'zhao'
10  zhao.age = 18
11  print(zhao.name,zhao.age)
12  Person.myprint = my_print
13  zhao.myprint()
14  # zhao.color = 'Red'
```

在代码2-32中,第5行利用关键字__slots__指定了可以动态给类和对象添加的属性和方法名称,因此,若去掉第14行的注释符,程序执行会抛出异常。

2.6.3 属性封装

代码2-31中类Person中定义的属性其实是可以直接访问的,代码2-33是直接访问属性的实例。

```python
1   #代码2-33   class06.py
2   #!/usr/bin/env python3
3   # coding: utf-8
4   class Person:
5       name = None
6       age = None
7       def __init__(self,name = 'Noname',age = 0):
8           self.name = name
9           self.age = age
10  zhao = Person('Zhao',20)
11  print('zhao.age = %d ' % zhao.age)
12  zhao.age = 22
13  print('zhao.age = %d ' % zhao.age)
```

如代码2-33第12行所示,如果类中定义的属性不通过方法而是直接进行操作,这种多接口对属性操作的方式将给程序的复用和维护带来很大的困难。

面向对象编程倡导将类中定义的属性封装起来,不允许外部的直接访问,访问只能通过类中定义的方法进行,这种对属性单一化的操作方式,有利于代码的复用和维护。

在属性名的前面加上两个下画线,可以阻止外部对属性的直接访问,这样的话,对属性的操作就只能通过方法进行,如代码2-34所示。

```python
1   # 代码2-34  class07.py
2   #!/usr/bin/env python3
3   # coding:utf-8
4   class Person:
5       __name = None
6       __age = None
7       def __init__(self,name = 'Noname',age = 0):
8           self.__name = name
9           self.__age = age
10      def set_name(self,name):
11          self.__name = name
12      def set_age(self,age):
13          self.__age = age
14      def get_name(self):
15          return self.__name
16      def get_age(self):
17          return self.__age
18  zhao = Person('Zhao',20)
19  zhao.set_age(22)
20  print('name is %s, age is %d ' % (zhao.get_name(),zhao.get_age()))
```

在代码2-34中,通过给属性名前加两个下画线对属性进行封装,使得属性只能通过类中定义的方法访问,直接对属性的访问将导致程序运行错误。

通过@property装饰符既可以封装类的属性,还可以简化属性的访问形式,如代码2-35所示。

```python
1   # 代码2-35  class08.py
2   #!/usr/bin/env python3
3   # coding:utf-8
4   class Person:
5       def __init__(self,name = 'Noname',age = 0):
6           self.name = name
7           self.age = age
8       @property
9       def name(self):
10          return self._name
11      @name.setter
12      def name(self,name):
13          self._name = name
14      @property
15      def age(self):
16          return self._age
17      @age.setter
18      def age(self,age):
19          self._age = age
20  zhao = Person()
21  zhao.name = 'Zhao'
22  zhao.age = 18
23  print('name is %s, age is %d ' % (zhao.name,zhao.age))
```

在代码 2-35 中，对同一属性操作的两个方法，即返回属性值和修改属性值的方法名称就是属性名称，在返回属性值的方法前加修饰符@property，在修改属性值的方法前加@属性名.setter，且方法中属性名前加一个下画线。第 21～23 行直接以属性方式而不是方法对属性进行访问。

在代码 2-35 中，语句 zhao.name='Zhao'会转化为 zhao.set_name('Zhao')执行，zhao.name 会转化为 zhao.get_name()执行。

2.6.4 类的继承

类的继承就是在定义新类时，可以继承现有类的属性和方法，减少新定义类的代码，提高程序的复用性和可读性。新定义的类称为子类，被继承的类称为父类。如果在定义新类时，未指明父类，则父类默认为 object，object 是类继承关系图中的"根"。代码 2-36 为类 Student 继承类 Person 的实例。

```python
1   #代码2-36   class09.py
2   #!/usr/bin/env python3
3   # coding:utf-8
4   class Person(object):
5       __name = None
6       __age = None
7       def __init__(self,name = 'Noname',age = 0):
8           self.__name = name
9           self.__age = age
10      def set_name(self,name):
11          self.__name = name
12      def set_age(self,age):
13          self.__age = age
14      def get_name(self):
15          return self.__name
16      def get_age(self):
17          return self.__age
18  class Student(Person):
19      __score = 0
20      def __init__(self,name = 'Noname',age = 0,score = 0):
21          super().__init__(name,age)
22          self.__score = score
23      def set_score(self,score):
24          self.__score = score
25      def get_score(self):
26          return self.__score
27  wang = Student('Wang')
28  wang.set_age(22)
29  wang.set_score(95)
30  print('name is %s,age is %d,score is %d' % (wang.get_name(),wang.get_age(),wang.get_
31  score()))
```

在代码 2-36 中，类 Person 继承根类 object，类 Student 继承类 Person，在类 Student 的 __init__() 函数中，用语句 "super().__init__(name,age)" 调用父类 Person 的 __init__() 函数。Student 类除了自身定义的属性和方法之外，还继承父类 Person 的属性和方法，使得 Student 类的实例对象 wang 拥有 3 个属性和 6 个方法。

从代码 2-36 可以看出，由于类 Student 继承了类 Person，简化了类 Student 的定义，所以保证了代码的复用性和可维护性。

2.6.5　多态

多态是面向对象编程的一个特性，多态就是将对象作为函数的形参，函数执行时将根据实际传入的对象实参执行相应的操作，可以实现给函数传入不同对象，得到不同结果的效果。进行多态编程时，要求作为参数的对象具有相同的接口。代码 2-37 为多态编程的实例。

```
1   # 代码 2-37  class10.py
2   #!/usr/bin/env python3
3   # coding:utf-8
4   class Person(object):
5       __name = None
6       def __init__(self,name = 'Noname'):
7           self.__name = name
8       def get_name(self):
9           return self.__name
10      def whoami(self):
11          print('I am a person, My name is ', self.__name)
12  class Student(Person):
13      __score = 0
14      def __init__(self,name = 'Noname',score = 0):
15          super().__init__(name)
16          self.__score = score
17      def whoami(self):
18          print('I am a student, My name is %s, score is %d' % ((super().get_name(),self.__score)))
19  class Teacher(Person):
20      __title = None
21      def __init__(self,name = 'Noname',title = 'none'):
22          super().__init__(name)
23          self.__title = title
24      def whoami(self):
25          print('I am a teacher, My name is %s, title is %s' % ((super().get_name(),self.__title)))
26  def whoareyou(xx):
27      xx.whoami()
28  p1 = Person('Zhao')
```

```
29    p2 = Student('Qian',90)
30    p3 = Teacher('Sun','Professor')
31    whoareyou(p1)
32    whoareyou(p2)
33    whoareyou(p3)
```

在代码 2-37 中,类 Person 继承根类 object,类 Student 和 Teacher 继承类 Person,它们都具有方法 whoami(),它们的实例对象 p1、p2 和 p3 作为实参分别调用函数 whoareyou(),结果输出各自的信息。

从以上实例可以看出,Python 的类与对象非常灵活,给编程带来很大的便利,但同时也给程序的维护带来一定的困难。Python 中提供了一组函数,通过这些函数可以判断类和对象是否具有某个属性或者方法,类是否是某个对象的实例等,如代码 2-38 所示。

```
1     #代码2-38   class11.py
2     #!/usr/bin/env python3
3     # coding: utf-8
4     class Person(object):
5         name = None
6         def __init__(self,name = 'Noname'):
7             self.name = name
8     class Student(Person):
9         __score = 0
10        def __init__(self,name = 'Noname',score = 0):
11            super().__init__(name)
12            self.__score = score
13        def get_score(self):
14            return self.__score
15    p1 = Person('Zhao')
16    p2 = Student('Qian',90)
17    print("p1 is an instance of Person? ",isinstance(p1,Person))
18    print("p2 is an instance of Person? ",isinstance(p2,Person))
19    print("p1 is an instance of Student? ",isinstance(p1,Student))
20    print("p2 is an instance of Student? ",isinstance(p2,Student))
21    print("p2 is a subclass of Person? ",issubclass(Student,Person))
22    print("p1 has the name atrribute? ",hasattr(Person,'name'))
23    print("p2 has the __score atrribute? ",hasattr(p2,'__score'))
24    print("get p2's get_score() method. ",getattr(Student,'get_score'))
25    print("get p2's name attribute. ",getattr(p2,'name'))
26    print("run p2's get_score() method. ",getattr(p2,'get_score')())
27    setattr(p1,'name','Zhao Yun')
28    setattr(Student,'height',1.88)
29    print("p1.name = ",p1.name)
30    print("Student.height = ",Student.height)
```

代码 2-38 运行结果如图 2-4 所示。

```
p1 is an instance of Person?    True
p2 is an instance of Person?    True
p1 is an instance of Student?   False
p2 is an instance of Student?   True
p2 is a subclass of Person?    True
p1 has the name atrribute?    True
p2 has the __score atrribute?    False
get p2's get_score() method.    <bound method Student.get_score of <__main__.Student object at 0x7f66570ed5f8>>
get p2's name attribute.    Qian
run p2's get_score() method.    90
p1.name = Zhao Yun
Student.height = 1.88
```

图 2-4　代码 2-38 运行结果

对照代码 2-38 与图 2-4，可得出如下结论。

（1）isinstance()函数格式为：isinstance(对象,类)，用于判断给出的对象是否为指定类的实例，子类的对象仍然判定为父类的实例。

（2）issubclass()函数格式为：issubclass(类 1,类 2)，用于判断"类 1"是否为"类 2"的子类。

（3）hasattr()函数格式为：hasattr(类或者对象,属性或者方法)，判断指定类或者对象是否具有指定的属性或者方法，其中属性或者方法表示成字符串形式且方法为不带括号的函数名。

（4）getattr()函数格式为：getattr(类或者对象,属性或者方法)，获取指定类或者对象的属性或者方法，其中属性或者方法表示成字符串形式且方法为不带括号的函数名，通过 getattr()函数，可以获得类或者对象的属性，或者运行对象的方法。

（5）setattr()函数格式为：setattr(类或者对象,属性,值)，用于设置指定类或者对象的属性，其中属性表示成字符串形式，值按照实际类型给出，通过 setattr()函数，可以动态设置类或者对象的属性。

（6）属性名为双下画线开头，即隐藏的属性不能通过 hasattr()、getattr()和 setattr()进行操作。

2.7　异常和异常处理

程序运行中经常会因为各种各样的错误，使得程序的执行终止。若 Pyhton 程序执行中如果出现错误，则会抛出异常。程序员根据抛出异常的信息，判断程序出错原因并进行修改。程序执行中出现错误的原因一般有以下 3 种：

（1）程序有错误。此时系统会抛出异常，并提示错误的原因，例如，如果定义函数时将"def"写成"dff"，系统会抛出异常，指出错误所在语句，并提示"SyntaxError: invalid syntax"。

（2）输入错误。程序运行时，输入的值与要求的不符，例如输入值类型错误、格式错误等。例如，程序要求输入一个数值，如果输入一个字符串，则系统会抛出异常，指出错误所在语句，并提示"TypeError：must be a number，not str"。

（3）动态错误。程序运行时，因为网络连接超时、磁盘 I/O 错误、除数为 0 等原因引起的错误。例如，计算中除数为 0 时，系统会抛出异常，指出错误所在语句，并提示"ZeroDivisionError：division by zero"。

上述 SyntaxError、TypeError 和 ZeroDivisionError 均为用于处理异常的类，Python 中用于处理异常的基类为 BaseException，其余类都是从其直接或者间接继承而来。表 2-26 为按类的继承关系给出的 Python3 处理异常的类。

表 2-26　Python3 处理异常的类

名　称	功　能	继承关系
BaseException	处理异常的基类	1
SystemExit	系统退出	1.1
KeyboardInterrupt	键盘中断	1.2
GeneratorExit	生成器退出	1.3
Exception	处理常规异常的基类	1.4
StopIteration	停止迭代	1.4.1
StopAsyncIteration	停止异步迭代	1.4.2
ArithmeticError	处理数值运算错误的基类	1.4.3
FloatingPointError	浮点计算错误	1.4.3.1
OverflowError	数值溢出错误	1.4.3.2
ZeroDivisionError	除数为零错误	1.4.3.3
AssertionError	断言失败错误	1.4.4
AttributeError	属性不存在错误	1.4.5
BufferEoor	缓存错误	1.4.6
EOFError	不期望的文件结尾	1.4.7
ImportError	引入模块错误	1.4.8
ModuleNotFoundError	模块未找到错误	1.4.8.1
LookupError	数据查询错误	1.4.9
IndexError	索引不存在错误	1.4.9.1
KeyError	键不存在错误	1.4.9.2
MemoryError	内存溢出错误	1.4.10
NameError	属性未定义或未初始化	1.4.11
UnboundLocalError	未初始化的本地变量	1.4.11.1
OSError	操作系统错误	1.4.12
BlockingIOError	数据块 I/O 错误	1.4.12.1
ChildProcessError	子进程错误	1.4.12.2
ConnectionError	连接错误	1.4.12.3
BrokenPipeError	管道通信错误	1.4.12.3.1
ConnectionAbortedError	连接放弃错误	1.4.12.3.2
ConnectionRefusedError	连接被拒绝错误	1.4.12.3.3
ConnectionResetError	连接重置错误	1.4.12.3.4

续表

名 称	功 能	继承关系
FileExistsError	文件已经存在错误	1.4.12.4
FileNotFoundError	文件没有找到	1.4.12.5
InterruptedError	中断错误	1.4.12.6
IsADirectoryError	是目录错误	1.4.12.7
NotADirectoryError	非目录错误	1.4.12.7
PermissionError	权限许可错误	1.4.12.7
ProcessLookupError	进程查找错误	1.4.12.7
TimeoutError	超时错误	1.4.12.7
ReferenceError	引用错误	1.4.13
RuntimeError	运行时错误	1.4.14
NotImplementedError	方法未实现	1.4.14.1
RecursionError	递归错误	1.4.14.2
SyntaxError	语法错误	1.4.15
IndentationError	缩进错误	1.4.15.1
TabError	Tab 与空格混用	1.4.15.1.1
SystemError	系统错误	1.4.16
TypeError	类型错误	1.4.17
ValueError	值错误	1.4.18
UnicodeError	统一码错误	1.4.18.1
UnicodeDecodeError	统一码解码错误	1.4.18.1.1
UnicodeEncodeError	统一码编码错误	1.4.18.1.2
UnicodeTranslateError	统一码转码错误	1.4.18.1.3
Warning	警告	1.4.19
DeprecationWarning	被弃用警告	1.4.19.1
PendingDeprecationWarning	即将被弃用警告	1.4.19.2
RuntimeWarning	可疑运行行为	1.4.19.3
SyntaxWarning	可疑语法	1.4.19.4
UserWarning	用户代码警告	1.4.19.5
FutureWarning	语义将来会改变	1.4.19.6
ImportWarning	引入模块警告	1.4.19.7
UnicodeWarning	使用统一码警告	1.4.19.8
BytesWarning	使用字节码警告	1.4.19.9
ResourceWarning	资源使用警告	1.4.19.10

2.7.1 异常捕获与处理

Python 程序运行中出现错误,系统会自动终止程序运行,捕获错误,抛出异常,指出程序出错语句和错误类型。除此之外,Python 也给程序员提供程序异常捕获与处理机制,让程序员自行捕获和处理异常,增强程序的健壮性。

Python 中的 try/except/finally 语句可以捕获并处理异常。代码 2-39 为程序异常捕获与处理的实例。

```python
1   #代码2-39  exception01.py
2   #!/usr/bin/env python3
3   # coding: utf-8
4   try:
5       s = 10 / 0
6       print('It is my turn!')
7   except ZeroDivisionError as e:
8       print('Exception:', e)
9       s = 0
10  finally:
11      print('Finally, s = ',s)
12  print('Program is ended!')
```

代码2-39运行结果如图2-5所示,要执行的语句序列位于try与except之间,在except后给出处理异常的类名,以捕获该类对应的异常;出现异常时,位于异常语句和except语句之间的语句不再执行,例如,语句"print('It is my turn!')"在异常发生时没有执行;无论是否发生异常,finally处的语句总是被执行,finally语句可以省略。

```
Exception: division by zero
Finally, s = 0
Program is ended!
```

图2-5　代码2-39运行结果

使用try/except/finally语句可以同时捕获并处理不同异常,代码2-40对列表中值的倒数进行累加,但列表中有0和字符串值,因此,需要捕获0为除数和字符串值为除数的异常。

```python
1   #代码2-40  exception02.py
2   #!/usr/bin/env python3
3   # coding: utf-8
4   def myfun(x):
5       try:
6           h = 1/x
7       except ZeroDivisionError as e1:
8           print('Exception:', e1)
9           print(x,'is the divisor!')
10          return(0)
11      except TypeError as e2:
12          print('Exception:', e2)
13          print(x,'is not a number!')
14          return(0)
15      return(h)
16  xx = [1,'a',3,0,5,4]
17  s = 0
18  for x in xx:
19      s = s + myfun(x)
20  print('s = %6.2f' % s)
```

代码 2-40 运行结果如图 2-6 所示，0 为除数和字符串值为除数的异常分别被捕获，其余值均被正常处理。

```
Exception: unsupported operand type(s) for /: 'int' and 'str'
a is not a number!
Exception: division by zero
0 is the divisor!
s =   1.78
```

图 2-6　代码 2-40 运行结果

需要捕获不同种类的异常时，应根据表 2-26 选择合适的处理异常的类，并避免出现将父类置于子类前面的情况。如果将父类置于子类的前面，异常将被父类捕获，子类将捕获不到异常，如代码 2-41 所示，Exception 为 TypeError 的父类且在 TypeError 之前，Exception 将捕获 0 为除数和字符串值为除数的异常，TypeError 捕获不到异常，如图 2-7 所示。

```
1   #代码 2-41    exception03.py
2   #!/usr/bin/env python3
3   # coding: utf-8
4   def myfun(x):
5       try:
6           h = 1/x
7       except Exception as e1:
8           print('Exception:', e1)
9           print(x,'is wrong!')
10          return(0)
11      except TypeError as e2:
12          print('Exception:', e2)
13          print(x,'is not a number!')
14          return(0)
15      return(h)
16  xx = [1,'a',3,0,5,4]
17  s = 0
18  for x in xx:
19      s = s + myfun(x)
20  print('s = %6.2f' % s)
```

代码 2-41 运行结果如图 2-7 所示。

```
Exception: unsupported operand type(s) for /: 'int' and 'str'
a is wrong!
Exception: division by zero
0 is wrong!
s =   1.78
```

图 2-7　代码 2-41 运行结果

2.7.2　抛出异常

利用 try/except/finally 可以捕获并处理程序运行中出现的异常，这些异常经常是由程序运行过程中出现的错误而引起的异常。有时,程序运行并没有出错,但不符合预设的条件,此时,可以用 raise 语句抛出异常,并通过 try/except/finally 语句捕获和处理异常,如代码 2-42 所示,raise 后面跟处理异常的类名和提示,raise 抛出的异常由 try/except 捕获并处理。

```
1  # 代码 2-42  exception04.py
2  #!/usr/bin/env python3
3  # coding: utf-8
4  def print_score(score):
5      try:
6          if not type(score) in [int,float]:
7              raise TypeError('score must be the int or float type!')
8          elif not 100 >= score >= 0:
9              raise ValueError('score must be between 0 to 100')
10         print('score = %6.2f' % score)
11     except Exception as e:
12         print('Exception:',e)
13 print_score(88.5)
14 print_score(120)
15 print_score('sss')
16 print_score(95)
```

代码 2-42 的运行结果如图 2-8 所示,当传给函数形参 score 的值超出预设范围时,抛出 ValueError 异常;当传给函数形参 score 的值不是整型或者浮点型时,抛出 TypeError 异常。try/except 语句利用 ValueError 和 TypeError 的共同父类 Exception 捕获异常。

```
score =  88.50
Exception: score must be between 0 to 100
Exception: score must be the int or float type!
score =  95.00
```

图 2-8 代码 2-42 运行结果

2.8 文件

文件是将程序和数据保存在磁盘、U 盘、光盘等非易失存储介质上的最重要形式。文件分为文本文件和二进制文件。文本文件将内容统统表示成字符序列,而不关心内容本来的类型,然后存储这些字符序列的编码值,例如,利用 ASCII 编码,Python 中默认使用 utf-8 编码,也可使用指定的编码;二进制文件按照内容本来的类型,以字节为基本单位存储表示这些内容的二进制值。文本文件的内容根据所存储的码值就可以还原出来,易于读取;二进制文件的内容需要对读出的字节进行正确组装,并转换为相应的类型才能还原,也就是说,还原二进制文件需要知道文件的组织格式。因此,文本文件被称为无格式文件或者字符流文件,二进制文件被称为格式文件。

对文件操作的过程一般分为打开文件、读写或者操作文件、关闭文件等步骤。现代操系统将设备抽象化为文件,称为设备文件,将对设备的操作按照文件的形式进行,简化设备操作接口。

打开文件使用 open() 函数,需要提供文件名和打开方式,打开方式如表 2-27 所示。

表 2-27 Python3 文件打开方式

方式	说明	读写指针位置
r	以只读方式打开文本文件	0
rb	以只读方式打开二进制文件	0
r+	以读写方式打开文本文件	0
rb+	以读写方式打开二进制文件	0
w	以只写方式打开文本文件	0,清空原内容
wb	以只写方式打开二进制文件	0,清空原内容
w+	以读写方式打开文本文件	0,清空原内容
wb+	以读写方式打开二进制文件	0,清空原内容
a	以只写、追加方式打开文本文件	文件末尾
ab	以只写、追加方式打开二进制文件	文件末尾
a+	以读写、追加方式打开文本文件	文件末尾
ab+	以读写、追加方式打开二进制文件	文件末尾

如表 2-27 所示,打开文件模式主要有 r、w、a 三种,其中,以 r 形式打开时,文件读写指针位于 0 处,也就是文件的开始位置,文件原内容不受影响;以 w 形式打开时,文件读写指针位于 0 处,也就是文件的开始位置,文件原内容被清空;以 a 形式打开时,文件读写指针位于文件末尾,文件原内容不受影响。在 r、w、a 的后面加 b 表示打开的是二进制文件;否则,为文本文件。在 r、w、a 的后面加"+"表示文件以读写方式打开,既可以读文件的内容,也可以向文件写入内容。

对文件操作的常用函数,如表 2-28 所示。

表 2-28 对文件操作的常用函数

函数	说明	备注
f.open(filename, mode)	以 mode 方式打开文件 filename	Filename 与 mode 为字符串
f.read()	读出自读写指针到文件末尾的所有内容	
f.read(size)	从读写指针处开始,读取 size 个字符或者字节	文本文件为字符,二进制文件为字节
f.readline()	从读写指针处开始,读取 1 行内容	'\n'为换行标志
f.readline(size)	f.read(size) 和 f.readline() 的组合,从读写指针处开始,读取到'\n'或者 size 个字符或字节时结束	文本文件为字符,二进制文件为字节;'\n'为换行标志
f.readlines()	从读写指针处开始,按行读取内容到文件结束,以列表形式返回读取的内容	'\n'为换行标志
f.readlines(size)	从读写指针处开始,按行读取内容达到 size 个字符或字节,或者到达文件末尾,以列表形式返回读取的内容	文本文件为字符,二进制文件为字节;'\n'为换行标志

续表

函 数	说 明	备 注
f.write(s)	自读写指针处写入内容 s 到文件中,返回实际写入的字符或者字节数	f 为文本文件时,s 为字符串;f 为二进制文件时,s 为 bytes 字节流
f.writelines(s)	自读写指针处写入多行内容 s 到文件中,无返回值	f 为文本文件
f.close()	关闭文件	
f.flush()	将文件缓存区内容写入磁盘	
f.fileno()	返回文件号	int 型
f.isatty()	是否为设备文件	f 为设备文件返回 True,否则返回 False
f.tell()	返回文件读写指针位置	文件开头处为 0
f.seek(offset)	将文件读写指针移动到 offset 处	文件开头处为 0
f.seek(offset,0)	将文件读写指针移动到 offset 处	文件开头处为 0
f.seek(offset,1)	将文件读写指针移动到距当前位置 offset 处	当前位置处为 0,f 为文本文件时,offset 只能为 0
f.seek(offset,2)	将文件读写指针移动到距文件末尾 offset 处	文件末尾处为 0,f 为文本文件时,offset 只能为 0

2.8.1 读写文本文件

代码 2-43 将一个列表中的字符串依次写入文本文件,然后一次性读出到字符串变量并输出。

```
1   #代码 2-43   file01.py
2   #!/usr/bin/env python3
3   # coding: utf-8
4   f = open('test1.dat','w')
5   for x in ['aa',123,'文件',True,'ddd']:
6       if type(x) == str:
7           f.write(x)
8   f.close()
9   f = open('test1.dat','r')
10  xx = f.read()
11  print('xx = ',xx)
12  f.close()
```

代码 2-43 运行结果如图 2-9 所示。

xx = aa 文件 ddd

图 2-9   代码 2-43 运行结果

使用 open() 打开的文件在操作结束后需要使用 close() 关闭,但对文件操作期间出现异常时,会导致 close() 执行不到,影响文件的正常关闭。例如,在代码 2-43 中,第 7 行给文本文件写入内容时,当试图写入非字符串内容时,系统会抛出异常,导致后面的 f.close() 语句得不到执行。解决该问题的一个办法是使用 try/except/finally 语句,将 f.close() 放在 finally 部分,保证 f.close() 的执行,如代码 2-44 所示。

```python
1   #代码 2-44    file02.py
2   #!/usr/bin/env python3
3   # coding: utf-8
4   f = open('test1.dat','w')
5   try:
6       for x in ['aa',123,'文件',True,'ddd']:
7           if type(x) == str:
8               f.write(x)
9   except Exception as e:
10      print('File exception:',e)
11  finally:
12      f.close()
```

解决因文件操作过程中产生异常,导致 close() 得不到执行问题的另一个更有效的办法是使用 with 语句。使用 with 语句用户不必显式地使用 close() 关闭文件,文件会自动关闭,如代码 2-45 所示。

```python
1   #代码 2-45    file03.py
2   #!/usr/bin/env python3
3   # coding: utf-8
4   with open('test1.dat','w') as f:
5       for x in ['aa',123,'文件',True,'ddd']:
6           if type(x) == str:
7               f.write(x)
```

在代码 2-43 中,文件内容是依次写入的,如果需要依次读出,则在写入时加上换行标志,使用 readline() 函数依次读出,然后使用语句"xx=xx[0:-1]"去掉换行符,如代码 2-46 所示。

```python
1   #代码 2-46    file04.py
2   #!/usr/bin/env python3
3   # coding: utf-8
4   f = open('test1.dat','w')
5   for x in ['aa',123,'文件',True,'ddd']:
6       if type(x) == str:
7           f.write(x + '\n')
8   f.close()
9   f = open('test1.dat','r')
10  xx = f.readline()
11  xx = xx[0:-1]
12  my_list = []
13  while xx!= '':
14      print('xx = ',xx)
15      my_list.append(xx)
```

```
16      xx = f.readline()
17      xx = xx[0:-1]
18  f.close()
19  print('my_list = ',my_list)
```

代码 2-46 的运行结果图 2-10 所示,以换行符为标志,将文件内容依次读出,并去掉换行符后存入列表 my_list 中。

```
xx = aa
xx = 文件
xx = ddd
my_list = ['aa', '文件', 'ddd']
```

图 2-10 代码 2-46 运行结果

2.8.2 读写二进制文件

从代码 2-43 可知,文本文件中只能写入字符串,因此,文本文件可以看作字符流的载体;与文本文件相比,给二进制文件中写入内容限制更加严格,给二进制文件中写入的内容只能是字节流 bytes 类型,可以通过 bytes() 函数将字符串转为 bytes 类型,但将其他类型数据转为 bytes 类型比较困难,因此,需要使用 pickle 模块,pickle 模块提供了将其他类型数据序列化为 bytes 的手段。pickle 模块中的 dump() 函数负责将数据序列化后写入二进制文件中,而 load() 函数负责将序列化的数据从二进制文件读出后转换为原有的类型。代码 2-47 将不同类型的数据写入二进制文件后并读出。

```
1   #代码 2-47   file05.py
2   #!/usr/bin/env python3
3   # coding: utf-8
4   import pickle
5   with open('test2.dat','wb') as f:
6       for x in ['aa',123,'文件','c',(3+4j)]:
7           pickle.dump(x,f)
8   with open('test2.dat','rb') as f:
9       f.seek(0,2)
10      endp = f.tell()
11      f.seek(0)
12      xx = pickle.load(f)
13      while xx is not None:
14          print('xx = ',xx)
15          if f.tell()>= endp:
16              break
17          xx = pickle.load(f)
```

如代码 2-47 所示,引入 pickle 模块后,需要写入二进制文件的各种类型数据均可通过 pickle 模块的 dump() 函数序列化后写入文件;需要读出二进制文件中的数据时,通过 pickle 模块的 load() 函数读出序列化数据后反序列化为原有类型存储在变量 xx 中,由于

xx 中存储的数据变量类型事先不能确定，因此使用"is"运算符判读 xx 是否为空值 None，作为继续循环的条件。

代码 2-47 中第 9 行使用 seek()函数移动文件读写指针到文件末尾，第 10 行利用 tell()函数取得文件末尾的位置后，第 11 行再次利用 seek()函数将文件读写指针移动到文件开头。以循环形式读取文件内容时，第 15 行利用 tell()函数判断当前文件指针是否达到文件末尾，如果到达文件末尾，则结束循环。

代码 2-47 的运行结果如图 2-11 所示，依次写入二进制文件的各种数据被依次读出后打印输出。

```
xx = aa
xx = 123
xx = 文件
xx = c
xx = (3+4j)
```

图 2-11　代码 2-47 运行结果

pickle 模块中的 dumps()函数负责将数据序列化为 bytes 字节流，而 loads()函数负责将序列化的 bytes 数据还原，如代码 2-48 所示。

```
1   # 代码 2-48    file06.py
2   #!/usr/bin/env python3
3   # coding: utf-8
4   import pickle
5   xx = ['aa',123,'文件','c',(3+4j)]
6   yy = pickle.dumps(xx)
7   with open('test3.dat','wb') as f:
8       f.write(yy)
9   with open('test3.dat','rb') as f:
10      yy = f.read()
11  zz = pickle.loads(yy)
12  print("xx == zz?",xx == zz)
13  print('zz = ',zz)
```

如代码 2-48 所示，第 6 行将列表 xx 的内容通过 pickle 模块的 dumps()函数序列化为 bytes 字节流后存入变量 yy 中，然后通过第 8 行 write()函数写入文件。文件中的 bytes 字节流数据通过第 10 行函数 read()读入到变量 yy 中，然后通过第 11 行 pickle 模块的 loads()函数对数据进行还原后存入变量 zz 中，变量 xx 与变量 zz 值相同，程序运行结果如图 2-12 所示。

```
xx == zz? True
zz = ['aa', 123, '文件', 'c', (3+4j)]
```

图 2-12　代码 2-48 运行结果

类的实例对象中经常包括不同类型的数据,使用 pickle 模块中的 dump() 函数可以将对象序列化后写入二进制文件中;同理,也可以利用 load() 函数将序列化的数据从二进制文件读出后还原为对象,代码 2-49 将对象写入二进制文件后并读出。

```python
1   #代码 2-49   file07.py
2   #!/usr/bin/env python3
3   # coding: utf-8
4   import pickle
5   class Person:
6       def __init__(self, name='Noname', age=0):
7           self.name = name
8           self.age = age
9   xx = Person('Zhao', 20)
10  with open('test4.dat', 'wb') as f:
11      pickle.dump(xx, f)
12  with open('test4.dat', 'rb') as f:
13      yy = pickle.load(f)
14  print('name = ', yy.name, 'age = ', yy.age)
```

代码 2-49 的运行结果如图 2-13 所示,对象被写入二进制文件后被读出并还原为对象。

```
name = Zhao   age = 20
```

图 2-13 代码 2-49 运行结果

同理,对象也可使用 dumps() 函数序列化后利用 write() 函数写入二进制文件;而二进制文件中的序列化数据利用 read() 函数读出后通过 loads() 函数还原为对象。

2.8.3 读写 JSON

JSON(Java Script Object Notation)是一种轻量级的数据交换格式,它采用完全独立于编程语言的文本格式来存储和表示数据,具有简洁和清晰的层次结构,容易编写和阅读,且容易利用计算机自动生成或者解析 JSON 数据,因此,JSON 成为当前最流行的数据交换格式。

由于 JSON 利用键/值对的方式存储数据,与 Python 中的字典类型相似,因此,字典类型数据经常转换为 JSON 数据进行存储或者传输,同时,JSON 数据也经常转换为 Python 字典类型后进行处理。

代码 2-50 首先将字典类型的数据转换为 JSON 数据后存入文件,然后将文件中的 JSON 数据读出后还原为字典类型。

```python
1   #代码 2-50   json01.py
2   #!/usr/bin/env python3
3   # coding: utf-8
4   import json
```

```
5    zhao = {'name':'zhao','age':20}
6    with open('test5.dat','w') as f:
7        json.dump(zhao,f)
8    with open('test5.dat','r') as f:
9        zhao1 = json.load(f)
10   print('zhao1 = ',zhao1)
11   print('type(zhao1) = ',type(zhao1))
```

如代码 2-50 所示，第 4 行引入 JSON 模块，第 7 行利用 JSON 模块的 dump()函数将字典类型数据转换为 JSON 数据后存入文件，然后，第 9 行利用 JSON 模块的 load()函数读出文件中的 JSON 数据并还原为字典类型。因 JSON 数据为字符串，因此使用文本文件，程序运行结果如图 2-14 所示。

```
zhao1 = {'name': 'zhao', 'age': 20}
type(zhao1) = <class 'dict'>
```

图 2-14　代码 2-50 运行结果

此外，JSON 模块的 dumps()函数和 loads()函数能够实现字典类型数据和 JSON 数据之间的转换。

其实，其他类型的数据也可以通过 JSON 模块的 dump()、load()、dumps()、loads()函数进行转换和还原，但字典类型数据形式与 JSON 数据相似，因此，经常将字典类型数据和 JSON 数据进行转换。

通过上述描述和代码 2-47、代码 2-48、代码 2-49、代码 2-50 可知，JSON 模块与 pickle 模块功能相似，pickle 实现各种类型数据与 Bytes 字节流数据之间的转换与还原，JSON 模块实现各种类型数据与字符流之间的转换与还原。

pickle 模块能够实现对象数据的序列化和还原，JSON 模块直接对对象数据序列化和还原时会出错，需要通过 dump()函数的参数 default 和 load()函数的参数 object_hook 指定数据转换函数才能完成，如代码 2-51 所示。

```
1    #代码 2-51    json02.py
2    #!/usr/bin/env python3
3    # coding: utf-8
4    import json
5    class Person:
6        def __init__(self,name = 'Noname',age = 0):
7            self.name = name
8            self.age = age
9    def person2dict(p):
10       return {'name':p.name,'age':p.age}
11   def dict2person(d):
12       return Person(d['name'],d['age'])
13   xx = Person('Zhao',20)
```

```
14    with open('test6.dat','w') as f:
15        json.dump(xx,f,default = person2dict)
16    with open('test6.dat','r') as f:
17        yy = json.load(f,object_hook = dict2person)
18    print('type(yy) = ',type(yy))
19    print('name = ',yy.name,'age = ',yy.age)
```

代码 2-51 中,在调用 dump()函数时用参数 default=person2dict 指明对象数据首先通过自定义函数 person2dict 转换为字典类型,然后再序列化为字符串;在调用 load()函数时用参数 object_hook=dict2person 指明字符串反序列化后的字典类型,通过自定义函数 dict2person 还原为对象。程序运行结果如图 2-15 所示。

```
type(yy) = <class '__main__.Person'>
name = Zhao age = 20
```

图 2-15　代码 2-51 运行结果

2.8.4　读写 StringIO

StringIO 提供了一种像操作文本磁盘文件一样对内存缓存区数据操作的方法,如代码 2-52 所示。

```
1    #代码 2-52    stringio01.py
2    #!/usr/bin/env python3
3    # coding: utf - 8
4    from io import StringIO
5    f = StringIO()
6    for x in ['aa',123,'文件',True,'ddd']:
7        if type(x) == str:
8            f.write(x)
9    f.seek(0)
10   xx = f.read()
11   print('xx = ',xx)
12   yy = f.getvalue()
13   print('yy = ',yy)
```

代码 2-52 中,第 4 行通过 io 引入 StringIO,第 5 行"f=StringIO()"产生对象 f,接下来就可以像操作文本文件一样对 f 进行操作,写入 f 的数据必须为字符串类型,StringIO 中的 getvalue()函数可以像 read()函数一样,一次性读出 f 中的数据。程序运行结果如图 2-16 所示。

```
xx = aa 文件 ddd
yy = aa 文件 ddd
```

图 2-16　代码 2-52 运行结果

2.8.5 读写 BytesIO

BytesIO 提供了一种像操作二进制磁盘文件一样对内存缓存区数据操作的方法，如代码 2-53 所示。

```python
1  #代码 2-53   stringio02.py
2  #!/usr/bin/env python3
3  # coding: utf-8
4  import pickle
5  from io import BytesIO
6  f = BytesIO()
7  for x in ['aa',123,'文件',True,'ddd']:
8      pickle.dump(x,f)
9  f.seek(0)
10 while True:
11     try:
12         xx = pickle.load(f)
13         print('xx = ',xx)
14     except EOFError:
15         break
```

代码 2-53 中，第 4 行引入 pickle，第 5 行通过 io 引入 BytesIO。第 6 行 "f=BytesIO()"产生对象 f，接下来就可以像操作二进制文件一样对 f 进行操作，对 f 进行读写时使用 pickle 中的函数 dump()和 load()，程序中通过捕获文件结束异常来终止读取文件的循环。程序运行结果如图 2-17 所示。

```
xx = aa
xx = 123
xx = 文件
xx = True
xx = ddd
```

图 2-17　代码 2-53 运行结果

2.9 本章小结

本章对 Python 语言的特点、解释器和集成开发环境、数据类型、语法规则、函数、模块、异常和异常处理、文件等语言要素进行介绍。因篇幅限制，不能过多介绍 Python 语言的细节，主要根据后续各章所用到的 Python 语言知识点，通过表格和代码实例阐述这些知识点的具体应用，既适合有 Python 语言编程基础的读者快速查阅，也适合 Python 语言初学者通过实例快速掌握 Python 编程。

习题

1. 使用"sudo update-alternatives --list python"命令查看计算机上 Python 各版本优先级,并用"sudo update-alternatives --config python"命令设置所需要的默认启动版本。

2. 在 Python 整型运算中,-7 % -4 结果为什么为-3,而不是-1?

3. 在 Python 整型运算中,-7//4=-2,为什么不是-1?

4. 写出 len('123\n45') 和 len(r'123\n45') 的结果。

5. 为什么计算 int('128',8) 会抛出异常?

6. 若 s1='ab',s2=s1.join('123'),则 s2.split(s1) 的值为多少?

7. L1=[1,2],L2=L1,L2.append(3),则 L1 的值为多少? id(L1)==id(L2) 的值为多少?

8. T1=(1,[5],2),T2=T1,T1[1].append(6),则 T1 和 T2 的值各为多少? id(T1)==id(T2) 的值为多少?

9. D1={'a':1,'b':2},D2=D1,D1['a']=100,则 D1 和 D2 的值各为多少? id(D1)==id(D2) 的值为多少?

10. 使用 calendar 模块,在屏幕输出 2020 年的年历。

11. 要将两个 print() 语句的输出内容在一行中输出,如何实现?

12. 将代码 2-4 中的第 5~7 行的语句块和第 14~16 行的语句块条件交换,执行程序,分别输入 95、87、72、63、53 等值,写出对应的程序执行结果。

13. 利用 for-in 循环,编程实现 20 的阶乘。

14. 利用可变参数的自定义函数,实现计算任意个数字平方和的功能。

15. 将代码 2-16 的第 9 行,调用自定义函数 myfun 的语句修改为 myfun('Zhao',age=18,height=1.88,city='Lanzhou'),程序执行结果是什么?

16. 给出代码 2-17 的运行结果。

17. 给出代码 2-19 的运行结果。

18. 给代码 2-29 末尾添加语句"qian.print_color()",运行程序,结果会是什么?

19. 逐行解释代码 2-36。

20. 代码 2-35 中,类 Person 的属性 name 如果是一个只读属性,在对象产生时确定,之后不允许修改,程序如何实现?

21. 给代码 2-51 中的类 Person 增加属性 height,重写代码 2-51。

第3章 TCP/IP协议簇

3.1 TCP/IP协议簇介绍

TCP(Transmission Control Protocol)/IP(Internet Protocol)协议是现代互联网的基石,其实 TCP/IP 代表一组协议,称为 TCP/IP 协议簇,TCP 和 IP 只是其中的两个最重要的协议。TCP/IP 协议簇使得由异构硬件和软件系统组成的主机进行互联,从而构建起全球互联网大厦。

由于主机间进行通信的过程十分复杂,因此,经常将主机间通信的过程划分为相对独立的不同层次,每层实现相对独立的一定功能,上层通过标准接口调用下层提供的功能而不关心具体的细节,以简化主机间通信协议的设计。ISO(International Standardization Organization)推出的 OSI(Open System Interconnect Reference Model)协议是一种参考协议,分为七层,从下到上分别为物理层、数据链路层、网络层、传输层、会话层、表示层、应用层。TCP/IP 协议簇参考 ISO/OSI 实现。

TCP/IP 协议中的 TCP 协议最早由斯坦福大学的两名研究人员于1973年提出,为实现主机间通过 TCP 通信,逐渐衍生出其他协议,最终形成 TCP/IP 协议族。1983年 TCP/IP 协议簇被 UNIX 4.2BSD 系统采用,随着 UNIX 的成功,TCP/IP 协议簇逐步成为 UNIX 主机间通信的标准网络协议。Internet 的前身 ARPANET 最初使用 NCP(Network Control Protocol)协议,后来由于看到 TCP/IP 协议簇具有跨平台特性,于是 ARPANET 的实验人员对 TCP/IP 协议簇进行改进后采用,并规定连入 ARPANET 的计算机必须采用 TCP/IP 协议簇。随着 ARPANET 逐渐发展成为 Internet,TCP/IP 协议簇也就成了 Internet 的标准连接协议。

TCP/IP 协议簇由四层构成,各层的名称与所包含的协议如图 3-1 所示,其中的应用层与链路层包含的协议众多,而传输层和网络层包含的协议较少。

| 应用层(HTTP,FTP,DNS,NFS…) |
| 传输层(TCP,UDP) |
| 网络层(IP,ARP,RARP,ICMP,IGMP) |
| 链路层(Ethernet, Token Ring,FDDI…) |

图 3-1 TCP/IP 协议簇结构

3.2 链路层

链路层也称为数据链路层或网络接口层,该层包括主机用于连接网络的网络接口卡及其驱动程序,主要处理与传输媒介(如双绞线、光纤、无线电波等)的物理接口细节。由于绝大部分主机使用 Ethernet 网卡接入网络,因此,链路层所使用的通信协议一般为 Ethernet。

链路层处理的数据为数据帧,格式如图 3-2 所示,其中,目标 MAC(Media Access Control)地址、源 MAC 地址和类型组成 14(6+6+2)字节的帧头,后面为数据部分,最后为 CRC(Cyclic Redundancy Check)部分。

目标MAC地址(6B)	源MAC地址(6B)	类型(2B)	数据(46~1500B)	CRC(4B)

图 3-2 链路层数据帧格式

在图 3-2 中,MAC 地址为主机网络接口卡地址;类型为来自网络层的数据类型,IPv4 为 0x0800,ARP 为 0x0806,PPPoE 为 0x8864,802.1Q tag 为 0x8100,IPv6 为 0x86DD,MPLS Label 为 0x8847;数据部分为来自网络层的数据,最少为 46 字节,最大为 1500 字节;CRC 为循环冗余校验码,主要校验所收到的数据是否有错。链路层数据帧最小为 64(6+6+2+46+4)字节,最大为 1518(6+6+2+1500+4)字节,主要利用网络接口卡的物理地址即 MAC 地址进行通信。

主机作为数据发送方时,链路层负责将来自本机网络层的数据报文封装为数据帧进行发送,数据接收方在收到数据帧后会给数据发送方发送反馈信息,如果数据传输有误,发送方需要重新发送出错的帧数据;主机作为数据接收方时,链路层负责对接收到的数据帧进行 CRC 校验,并给数据发送方发送反馈信息,要求重新发送出错的帧数据,并将接收到的正确帧数据的目标 MAC 地址、源 MAC 地址和 CRC 部分去掉后,递交给网络层处理。

链路层通信用 MAC 地址识别主机,主机间交换数据帧。

代码 3-1 可以获取本机网卡的 MAC 地址。

```
1   #代码 3-1  link01.py
2   #!/usr/bin/env python3
3   # coding: utf-8
4   import uuid
5   node = uuid.uuid1()
6   print('type(node) = ',type(node))
7   print('node = ',node)
8   hex = node.hex
9   print('hex = ',hex)
10  mac_addr = hex[-12:]
11  print('mac_addr = ',mac_addr)
```

代码 3-1 第 4 行引入 uuid,uuid 实现 UUID(Universally Unique Identifier),即全局唯一标识符。第 5 行通过调用 uuid 的 uuid1()函数,得到由 MAC 地址、当前时间戳和随机数字生成,以对象 node 表示的 UUID 值。第 8 行通过对象 node 的 hex 属性得到包含主机

MAC 地址的字符串，第 10 行取字符串的后 12 位，即为主机的 MAC 地址。程序运行结果如图 3-3 所示。

```
type(node) = <class 'uuid.UUID'>
node = 997041ae-937a-11e7-a2db-000c294be4dd
hex = 997041ae937a11e7a2db000c294be4dd
mac_addr = 000c294be4dd
```

图 3-3　代码 3-1 运行结果

Python 的第三方模块 psutil 可以获取主机的大量信息，其中包括主机全部网卡的设备名称和 MAC 地址，在命令行下在线安装 psutil 的步骤如下。

```
sudo apt-get install python3-pip
pip3 install psutil
```

其中，命令"sudo apt-get install python3-pip"用于安装 pip 工具，pip 是 Python 软件包管理工具，此处安装的 pip 版本号为 3；命令"pip3 install psutil"使用 pip 工具安装 psutil 模块。

利用 psutil 获取主机网卡设备名称和 MAC 地址程序如代码 3-2 所示。

```
1   # 代码 3-2   link02.py
2   #!/usr/bin/env python3
3   # coding: utf-8
4   import psutil
5   info = psutil.net_if_addrs()
6   print('info = ',info)
7   print('type(info) = ',type(info))
8   net1 = info['eth0']
9   print('net1 = ',net1)
10  print('type(net1) = ',type(net1))
11  packet = net1[2]
12  print('packet = ',packet)
13  print('type(packet) = ',type(packet))
14  print('mac_addr = ',packet.address)
```

代码 3-2 第 4 行引入了 psutil，调用 psutil 的 net_if_addrs() 函数获取了主机全部的网卡信息，然后从获取的信息中逐步得到网卡设备名称和 MAC 地址，程序运行结果如图 3-4 所示。

如图 3-4 所示，主机全部网卡的信息保存在字典型变量 info 中，其中包含的网卡设备名称分别为 eth0 和 lo；网卡 eth0 的信息保存在列表变量 net1 中；从 net1 中取得的网卡物理信息保存在对象 packet 中，最后从 packet 的属性 address 中取得网卡的 MAC 地址。

注：有些第三方模块，例如，psutil，安装后，只能由系统默认安装的 Python 调用，此时，应将系统默认安装的 Python 设置为最高优先级，在命令行下执行调用 psutil 模块的程序，在 Atom 集成环境执行这些程序会抛出异常。

```
info = {'eth0': [snic(family = <AddressFamily.AF_INET: 2>, address = '192.168.3.17', netmask
= '255.255.255.0', broadcast = '192.168.3.255', ptp = None), snic(family = <AddressFamily.AF_
INET6: 10>, address = 'fe80::d669:5643:a4a5:e4b4 % eth0', netmask = 'ffff:ffff:ffff:ffff::',
broadcast = None, ptp = None), snic(family = <AddressFamily.AF_PACKET: 17>, address = '00:0c:
29:4b:e4:dd', netmask = None, broadcast = 'ff:ff:ff:ff:ff:ff', ptp = None)], 'lo': [snic(family =
<AddressFamily.AF_INET: 2>, address = '127.0.0.1', netmask = '255.0.0.0', broadcast = None,
ptp = None), snic(family = <AddressFamily.AF_INET6: 10>, address = '::1', netmask = 'ffff:ffff:
ffff:ffff:ffff:ffff:ffff:ffff', broadcast = None, ptp = None), snic(family = <AddressFamily.
AF_PACKET: 17>, address = '00:00:00:00:00:00', netmask = None, broadcast = None, ptp = None)]}
type(info) = <class 'dict'>
net1 = [snic(family = <AddressFamily.AF_INET: 2>, address = '192.168.3.17', netmask = '255.
255.255.0', broadcast = '192.168.3.255', ptp = None), snic(family = <AddressFamily.AF_INET6:
10>, address = 'fe80::d669:5643:a4a5:e4b4 % eth0', netmask = 'ffff:ffff:ffff:ffff::',
broadcast = None, ptp = None), snic(family = <AddressFamily.AF_PACKET: 17>, address = '00:0c:
29:4b:e4:dd', netmask = None, broadcast = 'ff:ff:ff:ff:ff:ff', ptp = None)]
type(net1) = <class 'list'>
packet = snic(family = <AddressFamily.AF_PACKET: 17>, address = '00:0c:29:4b:e4:dd', netmask =
None, broadcast = 'ff:ff:ff:ff:ff:ff', ptp = None)
type(packet) = <class 'psutil._common.snic'>
mac_addr = 00:0c:29:4b:e4:dd
```

图 3-4 代码 3-2 运行结果

3.3 网络层

网络层负责获取和维护主机的 IP 地址，而 IP 地址是其他协议内容的重要组成部分，是主机间进行网际互联的标识，此外，网络层还负责给数据报文选择路由路径。

3.3.1 IPv4

IPv4 是互联网协议 IP(Internet Protocol)的第 4 版，也是第一个被广泛使用，构成现今互联网技术的基础协议，是 TCP/IP 协议簇中的核心协议。

IPv4 使用 4 字节即 32 个二进制位表示一个地址，通常用点分十进制法表示，例如 202.201.32.9，其中的数字都是十进制的数字，中间用实心圆点分隔。一个 IPv4 地址分为网络地址和主机地址两部分，其中网络地址可以描述为 202.201.32.0/24，表示网络地址部分为 202.201.32.0，长度为 24 位，其余 8 位为主机部分。设置 IPv4 地址时，经常需要设置子网掩码，IPv4 地址与子网掩码进行与运算，得到的就是网络地址，例如，IPv4 地址 202.201.32.9 的子网掩码为 255.255.255.0，两者与运算的结果 202.201.32.0 即为网络地址。

IPv4 地址根据网络地址与主机地址的不同划分方式，分为 A 类、B 类、C 类、D 类与 E 类地址，如表 3-1 所示。

从表 3-1 可知，IPv4 地址分类是由地址第 1 个字节的高位值决定的，另外，二进制的全 0 与全 1 不能作为网络或者主机部分的地址，例如，A 类地址中二进制的 00000000 不能作为网络地址、同理，二进制的 00000000.00000000.00000000 和 11111111.11111111.11111111 也不可以作为主机的地址。对 IPv4 各类地址的进一步说明如下。

表 3-1 IPv4 的各类地址

类别	第 1 个字节		网络地址位长	主机地址位长	子网掩码
	二进制形式	十进制			
A	0xxxxxxx	0~127	8	24	255.0.0.0
B	10xxxxxx	128~191	16	16	255.255.0.0
C	110xxxxx	192~223	24	8	255.255.255.0
D	1110xxxx	224~239			
E	1111xxxx	240~255			

当地址第 1 个字节的最高位为 0 时,地址即为 A 类,此时,网络地址位长为 8 位,主机地址位长为 24 位,子网掩码为 255.0.0.0,网络数量为 $2^7-2=126$(127 为特殊网络地址,不可用于 A 类地址),每个网络可以包含 $2^{24}-2=16\,777\,214$ 台主机。

当地址第 1 个字节的最高 2 位为 10 时,地址即为 B 类,此时,网络地址位长为 16 位,主机地址位长为 16 位,子网掩码为 255.255.0.0,网络数量为 $2^{14}=16\,384$,每个网络可以包含 $2^{16}-2=65\,534$ 台主机。

当地址第 1 个字节的最高 3 位为 110 时,地址即为 C 类,此时,网络地址位长为 24 位,主机地址位长为 8 位,子网掩码为 255.255.255.0,网络数量为 $2^{21}=2\,907\,152$,每个网络可以包含 $2^8-2=254$ 台主机。

当地址第 1 个字节的最高 4 位为 1110 时,地址即为 D 类,用于组播通信,地址范围为 224.0.0.0~239.255.255.255。

当地址第 1 个字节的最高 4 位为 1111 时,地址即为 E 类,作为保留地址,一般情况下用于实验,地址范围为 240.0.0.0~255.255.255.255。

表 3-2 为 IPv4 的特殊地址。

表 3-2 IPv4 特殊地址

地址	说明
10.0.0.0/8 (A 类)	分别为从 A 类、B 类、C 类地址中划分出的私网地址,这些地址只可用于局域网,不可用于全局。经常配合 NAT(Network Address Translation)技术扩展 IPv4 地址
172.16.0.0/12 (B 类)	
192.168.0.0/16 (C 类)	
169.254.0.0/16	Link-local 地址,当主机获取 IP 地址失败时会得到一个 Link-local 地址,路由器不会转发该地址的数据报文
127.0.0.0/8	Loopback 地址,用于测试本机网络功能,不能用于连接网络
224.0.0.0/4	IP 组播地址
240.0.0.0/4	保留地址,研究测试使用
255.255.255.255	广播地址

IPv4 地址理论上共有 2^{32},超过 42 亿,除去私有网段、广播地址、保留地址、本地回环测试地址、组播地址等,实际可分配地址大约为 25.68 亿,计算依据如表 3-3 所示。

IPv4 可分配的 25.68 亿个地址远远不能满足全球对 IP 地址的需求,因此 IETF(Internet Engineering Task Force)于 2003 年推出 IPv6,用 16 字节也就是 128 个二进制位表示 1 个 IP 地址,最多可以提供 2^{128} 个地址,戏称可以给地球上的每一粒沙子分配一个 IP 地址。

表 3-3 IPv4 可分配地址

类　别	范　围	数量（亿）
A 类	1.0.0.0～9.255.255.255	1.5
A 类	11.0.0.0～126.255.255.255	19.07
B 类	128.0.0.0～172.15.255.255	0.43
B 类	172.32.0.0～191.255.255.255	2.9
C 类	192.0.0.0～192.167.255.255	0.1
C 类	192.169.0.0～223.255.255.255	1.68
合　计		25.68

目前主要采用私网地址配合 NAT 技术和子网划分等手段扩展 IPv4 地址，缓解 IPv4 地址不足的问题。

网络层传输的数据报文格式，如图 3-5 所示，数据报文首部格式如图 3-6 所示，数据报文首部长度必须为 4 字节的整数倍。

首部(20~60B)	数据(0~65 516B)

图 3-5　IPv4 数据报文格式

图 3-6 中数据报文首部各字段解释如下。

VER(4位)	IHL(4位)	DS(8位)	总长度(16位)		
标识(16位)			标志(3位)	分片偏移(13位)	
生存时间(8位)		协议(8位)	首部校验和(16位)		
源IP地址(32位)					
目标IP地址(32位)					
选项(0~40B)					

图 3-6　IPv4 数据报文首部格式

VER：IP 协议的版本号。值为二进制 0100 时为 IPv4，值为二进制 0110 时为 IPv6。

IHL：数据报文首部长度。数据报文首部长度等于 IHL 值乘以 4，例如，IHL 为二进制 0101 时，数据报文首部长度为 20(5×4)B；IHL 为二进制 1111 时，数据报文首部长度为 60(15×4)B。

DS：区分服务（Differentiated Services）。DS 的前 3 位表示优先级，优先级低的数据报文在网络拥塞时会被丢弃；接下来 4 位分别表示最小时延、最大吞吐量、最高可靠性和最小代价，表示数据报文传送过程中的期望，该 4 位中最多有 1 位为 1，共有 5 种组合；DS 的最后 1 位未使用。

总长度：指首部和数据部分之和的长度，单位为字节。总长度字段为 16 位，因此数据报文的最大长度为 $2^{16}-1=65\ 535$B。由于链路层的数据帧大小为 64～1518B，其中数据部分为 46～1500B，因此，当数据报文总长度小于 46B 时，需要通过填充使数据报文总长度达到 46B；当数据报文总长度大于 1500B 时，需要通过分片使数据报文总长度不大于 1500B。同理，来自链路层，属于同一个数据报文的多个数据帧形成的数据报文也需要重新组装为一个大的数据报文。

标识：唯一标识数据报文的 16 位二进制数值。当数据报文总长度大于 1500B 时，对数据报文分片时，该值被复制到分好片的数据报文中；同理，来自链路层，具有相同标识的多个数据报文会被重新组装为一个大的数据报文。

标志：表示数据报文是否可分片或者是否为最后一个分片。最高位是预留位，其值为 0。当中间位为 0 时，表示该数据报文可以分片；当中间位为 1 时，表示该数据报文不可以分片。当最后的位为 1 时，表示该数据报文为分片数据报，且后面还有分片；当最后的位为 0 时，表示该数据报文已是最后一个分片。

分片偏移：表示该数据报文在原数据报文中的相对位置。相对位置必须为 8 字节的整数倍，也就是分片偏移值乘以 8。

生存时间：以数据报文在网络中的剩余跳数表示数据报文在网络中的寿命。数据报文到达某个路由器时，在路由器转发该数据报文之前，先将生存时间减 1，如果生存时间变为 0，则丢弃该数据报文；否则，进行转发。数据报文的生存时间最大值为 255，表示数据报文在网络中最多被转发 255 次，如果数据报文的生存时间初始值为 1，则该数据报文只能在本地局域网内部传输。

协议：指出该数据报文内容所属的协议。值为 1 时，来自 ICMP（Internet Control Message Protocol）；值为 2 时，来自 IGMP（Internet Group Management Protocol）；值为 6 时，来自 TCP（Transmission Control Protocol）；值为 17 时，来自 UDP（User Datagram Protocol）；值为 89 时，来自 OSPF（Open Shortest Path First）协议。

首部校验和：该数据报文的首部校验和，未包括数据部分。因为数据报文每经过一个路由器，首部的一些内容会发生变化，如生存时间，这就需要路由器重新计算首部校验和，如果包括了数据部分，则会加大计算量。

源 IP 地址：发送数据的主机的 IPv4 地址。

目标 IP 地址：接收数据的主机的 IPv4 地址。

选项：可选数据。

3.3.2 IPv6

IPv6 是互联网协议 IP（Internet Protocol）的第 6 版，使用 16 字节也就是 128 个二进制位表示 1 个地址，由于 IPv6 地址长度 4 倍于 IPv4，因此，IPv4 所采用的点分十进制格式表示地址的方式不再适用。IPv6 采用十六进制形式表示地址，有 3 种表示方法。

1. 冒分十六进制表示法

格式为 X:X:X:X:X:X:X:X，其中每个 X 为 2 字节，以十六进制表示，例如，ABCD:EF01:2345:6789:ABCD:EF01:2345:6789。若 X 中有前导 0，前导 0 可以省略，例如，2001:0DB8:0000:0023:0008:0800:200C:417A 表示为 2001:DB8:0:23:8:800:200C:417A。

2. 0 位压缩表示法

在某些情况下，一个 IPv6 地址中包含多个连续为 0 的 X，则可以将这些连续为 0 的 X 压缩为"::"。例如，FF01:0:0:0:0:0:0:1101 表示为 FF01::1101，0:0:0:0:0:0:0:1 表示为::1,0:0:0:0:0:0:0 表示为::。

当一个 IPv6 地址中多处存在多个连续为 0 的 X 时,为避免出现混乱,规定只能选其中 1 处连续为 0 的 X 用 0 位压缩表示法,其余按原样表示,例如,FF01:0:0:0:345:0:0:1101 表示为 FF01::345:0:0:1101。

3．内嵌 IPv4 地址表示法

为了实现 IPv4 与 IPv6 互通,IPv4 地址经常会嵌入 IPv6 地址中,此时地址表示为 X:X:X:X:X:X:d.d.d.d,前 12 字节采用冒分十六进制方式表示,而后 4 字节采用 IPv4 的点分十进制表示,例如,::192.168.0.1、::FFFF:192.168.0.1。其中,前 12 字节采用冒分十六进制方式表示中,压缩 0 位的方法依旧适用。

IPv6 数据报文由报文头部、扩展报文头部和数据三部分组成,其中报文头部长度固定为 40 字节,扩展报文头部和数据部分长度可变,如图 3-7 所示。

| 报文头部(40B) | 扩展报文头部(长度可变) | 数据(长度可变) |

图 3-7 IPv6 数据报文格式

IPv6 数据报文头部如图 3-8 所示。

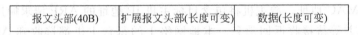

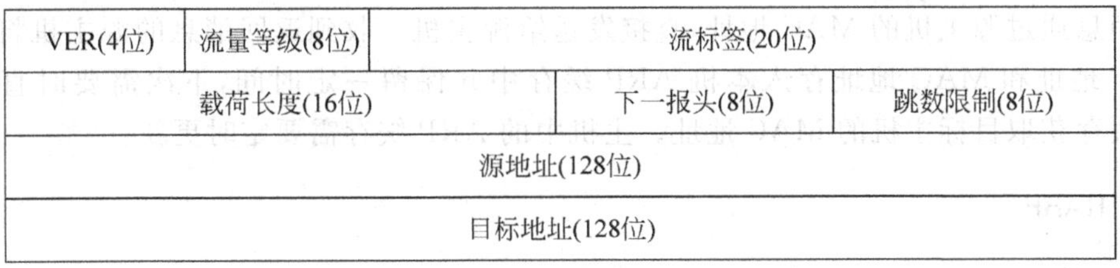

| VER(4位) | 流量等级(8位) | 流标签(20位) |
| 载荷长度(16位) | 下一报头(8位) | 跳数限制(8位) |
| 源地址(128位) |
| 目标地址(128位) |

图 3-8 IPv6 数据报文头部格式

图 3-8 中 IPv6 数据报文头部各字段解释如下。

VER：IP 协议的版本号。值为二进制 0110 时为 IPv6。

流量等级：数据报文的优先级。与 IPv4 数据报文首部的区分服务类似。

流标签：标记属于同一个流的数据报文。流就是从特定源点到特定终点的一系列数据报文,如音频、视频流,属于同一个流的数据报文具有相同的流标签。

载荷长度：扩展报头与数据部分长度之和,最大值为 65 535。因此数据报文的最大长度为 65 535+40=65 575B。由于链路层的数据帧大小为 64～1518B,其中数据部分为 46～1500B,因此,当数据报文总长度小于 46B 时,需要通过填充使数据报文总长度达到 46B；当数据报文总长度大于 1500B 时,需要通过分片使数据报文总长度不大于 1500B。同理,来自链路层,属于同一个数据报文的多个数据帧形成的数据报文也需要重新组装为一个大的数据报文。

下一报头：表示数据报文内容所属协议或者第一个扩展报文头部类型。当该数据报文没有扩展报文头部时,表示该数据报文内容所属的协议。与 IPv4 报文首部的协议功能一样；当含有扩展报文头部时,表示第一个扩展报文头部的类型。

跳数限制：数据报文剩余的最多转发次数。同 IPv4 报文首部的生存时间。

源地址：发送数据的主机的 IPv6 地址。

目标地址：接收数据的主机的 IPv6 地址。

IPv6 扩展报文头部分为：逐跳选项报头（Hop-by-Hop Options header）、目标选项报头（Destination Options header）、路由报头（Routing header）、分段报头（Fragment header）、认证报头（Authentication header）、封装安全有效载荷报头（Encapsulating Security Payload header）等，与 IPv4 数据报文相比，IPv6 简化了数据报文头部，利用扩展报文头部来表示不同类型的数据报文，加快了路由器对数据报文的处理速度。

3.3.3 网络层协议

1. ARP

ARP（Address Resolution Protocol）即地址解析协议，用于将网络层的 IP 地址对应到链路层的网卡 MAC 地址。源主机将包含目标主机 IP 地址的 ARP 请求帧广播到本地网络上的所有主机，并等待接收返回消息。本地网络上的每台主机都接收到 ARP 请求并且检查是否与自己的 IP 地址匹配，如果发现请求的 IP 地址与自己的 IP 地址不匹配，它将丢弃 ARP 请求；如果发现请求的 IP 地址与自己的 IP 地址匹配，则该主机就是目标主机。目标主机将源主机的 IP 地址和 MAC 地址映射添加到本地 ARP 缓存中，将包含其 MAC 地址的 ARP 消息通过源主机的 MAC 地址，直接发送给源主机。收到返回消息的源主机将目标主机的 IP 地址和 MAC 地址存入本机 ARP 缓存中并保留一定时间，下次需要时直接查询 ARP 缓存获取目标主机的 MAC 地址。主机中的 ARP 缓存需要定时更新。

2. RARP

RARP（Reverse Address Resolution Protocol）即反向地址解析协议，用于局域网中的主机向网关的 ARP 表或者缓存请求 IP 地址。网关保存了局域网中主机的 IP 地址与 MAC 地址的映射，需要获取 IP 地址的主机从网卡上读取到 MAC 地址，然后在网络上发送一个请求 IP 地址的 RARP 广播数据帧，网关收到 RARP 请求数据帧后，将包含 IP 地址的 RARP 回应数据帧通过请求主机的 MAC 地址发送给主机，主机得到 RARP 回应数据帧并从中提取出 IP 地址。

3. ICMP

ICMP（Internet Control Message Protocol）即 Internet 控制报文协议，用于主机与路由器之间传递控制消息，控制消息包括网络是否通畅、数据是否到达目标主机、路由是否可用等内容。

4. IGMP

IGMP（Internet Group Management Protocol）即 Internet 组管理协议，用于管理组播组成员的加入和离开，主机通过 IGMP 通知组播路由器希望接收或离开某个特定组播组的信息，组播路由器通过 IGMP 周期性地查询组播组成员是否处于活动状态，实现所连网段组成员关系的收集与维护。

5. ICMPv6

ICMPv6 用于 IPv6，实现了 IPv4 中的 ICMP、ARP 和 IGMP 的功能，具有差错报告、网络诊断、相邻节点发现和多播实现等功能。

3.3.4 获取计算机 IP 地址实例

Python 的第三方模块 psutil 可以获取计算机 IP 地址及其他网络配置信息，如代码 3-3 所示。

```
1   #代码 3-3   network01.py
2   #!/usr/bin/env python3
3   # coding: utf-8
4   import psutil
5   info = psutil.net_if_addrs()
6   print('info = ',info)
7   net1 = info['eth0']
8   net2 = info['lo']
9   print('net1 = ',net1)
10  print('net2 = ',net2)
11  print('net1[0] = ',net1[0])
12  print('net1[1] = ',net1[1])
13  print('IPv4_addr = ',net1[0].address)
14  print('IPv6_addr = ',net1[1].address)
```

代码 3-3 第 4 行引入了 psutil 模块，第 5 行调用 psutil 模块的 net_if_addrs() 函数获取了本机全部的网卡信息，然后从获取的信息中逐步得到 IPv4 地址和 IPv6 地址，程序运行结果如图 3-9 所示。

```
info = {'eth0': [snic(family=<AddressFamily.AF_INET: 2>, address='192.168.3.5', netmask=
'255.255.255.0', broadcast='192.168.3.255', ptp=None), snic(family=<AddressFamily.AF_
INET6: 10>, address='fe80::d669:5643:a4a5:e4b4%eth0', netmask='ffff:ffff:ffff:ffff::',
broadcast=None, ptp=None), snic(family=<AddressFamily.AF_PACKET: 17>, address='00:0c:
29:4b:e4:dd', netmask=None, broadcast='ff:ff:ff:ff:ff:ff', ptp=None)], 'lo': [snic(family=
<AddressFamily.AF_INET: 2>, address='127.0.0.1', netmask='255.0.0.0', broadcast=None,
ptp=None), snic(family=<AddressFamily.AF_INET6: 10>, address='::1', netmask='ffff:ffff:
ffff:ffff:ffff:ffff:ffff:ffff', broadcast=None, ptp=None), snic(family=<AddressFamily.
AF_PACKET: 17>, address='00:00:00:00:00:00', netmask=None, broadcast=None, ptp=None)]}
net1 = [snic(family=<AddressFamily.AF_INET: 2>, address='192.168.3.5', netmask='255.
255.255.0', broadcast='192.168.3.255', ptp=None), snic(family=<AddressFamily.AF_INET6:
10>, address='fe80::d669:5643:a4a5:e4b4%eth0', netmask='ffff:ffff:ffff:ffff::',
broadcast=None, ptp=None), snic(family=<AddressFamily.AF_PACKET: 17>, address='00:0c:
29:4b:e4:dd', netmask=None, broadcast='ff:ff:ff:ff:ff:ff', ptp=None)]
net2 = [snic(family=<AddressFamily.AF_INET: 2>, address='127.0.0.1', netmask='255.0.0.0',
broadcast=None, ptp=None), snic(family=<AddressFamily.AF_INET6: 10>, address='::1',
```

图 3-9　代码 3-3 运行结果

```
netmask = 'ffff:ffff:ffff:ffff:ffff:ffff:ffff:ffff', broadcast = None, ptp = None), snic
(family = < AddressFamily.AF_PACKET: 17 >, address = '00:00:00:00:00:00', netmask = None,
broadcast = None, ptp = None)]
net1[0] = snic(family = < AddressFamily.AF_INET: 2 >, address = '192.168.3.5', netmask = '255.
255.255.0', broadcast = '192.168.3.255', ptp = None)
net1[1] = snic(family = < AddressFamily.AF_INET6: 10 >, address = 'fe80::d669:5643:a4a5:
e4b4 % eth0', netmask = 'ffff:ffff:ffff:ffff::', broadcast = None, ptp = None)
IPv4_addr = 192.168.3.5
IPv6_addr = fe80::d669:5643:a4a5:e4b4 % eth0
```

图 3-9 （续）

如图 3-9 所示，本机全部网卡的信息保存在字典型变量 info 中，其中包含的网卡设备名称分别为 eth0 和 lo；网卡 eth0 的信息保存到列表变量 net1 中，网卡 lo 的信息保存到列表变量 net2 中；net1 中依次保存网卡的 IPv4、IPv6 和物理地址信息；最后分别从 IPv4 和 IPv6 的地址信息中 IPv4 和 IPv6 地址。

3.3.5　获取局域网网关地址实例

主机所在局域网中的网关是本机连接互联网的桥梁，通过 Python 的第三方模块 netifaces 可以获取局域网网关地址，netifaces 模块通过 "pip3 install netifaces" 命令安装，获取网关地址程序如代码 3-4 所示。

```
1   # 代码 3-4    network02.py
2   #!/usr/bin/env python3
3   # coding: utf-8
4   import netifaces
5   info = netifaces.gateways()
6   print('info = ', info)
7   print('type(info) = ', type(info))
8   gateway_addr = info['default'][2][0]
9   print('gateway_addr = ', gateway_addr)
```

代码 3-4 第 4 行引入 netifaces 模块，第 5 行调用 netifaces 模块的 gateways() 函数获取网关信息存入字典变量 info 中，然后从 info 中逐步提取出网关地址，程序运行结果如图 3-10 所示。

```
info = {2: [('192.168.3.1', 'eth0', True)], 'default': {2: ('192.168.3.1', 'eth0')}}
type(info) = < class 'dict'>
gateway_addr = 192.168.3.1
```

图 3-10　代码 3-4 运行结果

3.4　传输层

传输层主要为网络中的两台主机提供端到端的数据传输服务，作为数据发送方，传输层将来自应用层的数据进行分割并加上传输层报文头部后组装成传输层数据报文，递交给网络层处理；作为数据接收方，传输层将来自网络层的数据去掉传输层报文头部并对数据进行组装,然后将数据递交给应用层。

网络中一台主机向另外一台主机发送数据的过程如图 3-11 所示。

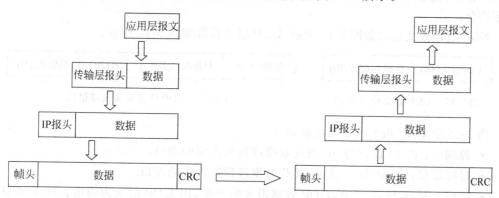

图 3-11 数据发送过程

在图 3-11 中,左边主机向右边主机发送数据,左边主机的应用层报文递交到传输层进行分割后,加上传输层报头形成传输层数据报文;传输层数据报文递交到网络层进行分割后,加上 IP 报头形成 IP 数据报文;IP 数据报文递交到链路层进行分割后,加上帧头和 CRC 部分形成链路层帧数据。链路层帧数据通过网络介质传输到右边主机,到达右边主机的链路层。右边主机的链路层去掉帧数据的帧头和 CRC,对数据进行组装形成网络层的 IP 数据报文递交到网络层;网络层去掉 IP 数据报文的 IP 报头,对数据进行组装形成传输层的数据报文递交到传输层;传输层去掉传输层报头,对数据进行组装形成应用层的数据递交到应用层;至此,右边主机收到左边主机通过网络发送的数据。

传输层实现网络中两台主机进行端对端通信时,为了区分应用层的多个进程,引入端口号来标记不同的进程。端口号是主机内部传输层为标记应用层的不同进程而设置的,与其他主机无关。

端口号用 16 位二进制数表示,范围为 0~65 535,也就是主机中最多可存在 65 536 个进程与网络中其他主机进行通信。端口号分为服务器端和客户端使用的端口号,服务器端使用的端口号范围为 0~49 151,用于系统中的服务进程,又分为熟知端口号和登记端口号,熟知端口号又称为系统端口号,范围为 0~1023,用于常用的服务进程;登记端口号范围为 1024~49 151,用于新开发的服务。客户端使用的端口号范围为 49 152~65 535,用于客户端连接服务器端使用。在实际应用中,进程所使用的端口号可以修改,但不可以与其他进程使用的端口号重复。

网络层的 IP 地址定位到网络中的主机,而传输层的端口号定位到主机中的进程,IP 地址与端口号共同作用实现网络中主机间进程的通信。

传输层协议有 TCP(Transmission Control Protocol)和 UDP(User Datagram Protocol),其中 TCP 提供面向连接、可靠的数据传输服务;UDP 提供的服务没有连接、只能提供尽力而为的数据传输服务。两种传输协议相比,UDP 实现简单而 TCP 实现较为复杂,下面按照 UPD、TCP 的顺序介绍传输层协议。

3.4.1 UDP

UDP 提供无连接的传输服务且不对传输的数据进行可靠性保证,具有资源消耗小、处理速度快的优点,适合于一次传输少量数据和传输中偶尔出现错误对结果影响不大的服务(例如,音频、视频等服务),但对于需要传输较多数据,且数据传输出现错误需要重传的服务并不适合。

UDP 数据报文格式如图 3-12 所示,UDP 报文首部如图 3-13 所示。

UDP报头(8B)	数据(0~65 527B)

图 3-12 UDP 数据报文格式

源端口(2B)	目标端口(2B)	长度(2B)	校验和(2B)

图 3-13 UDP 数据报文头部格式

图 3-13 中 UDP 报头各字段功能如下。

- 源端口:占 16 位,2 字节,发送数据进程所占用的端口。
- 目标端口:占 16 位,2 字节,接收数据进程所占用的端口。
- 长度:占 16 位,2 字节,UDP 数据报文的长度,因 UDP 报头为固定长度 8 字节,因此,长度最小值为 8,最大值为 65 535。
- 校验和:占 16 位,2 字节,用于数据接收方检验接收到的数据是否有错,计算校验和时,需要给 UDP 数据报文加上 12 字节的伪头部,并且通过填充 0 的形式将数据部分长度变成偶数,然后,通过伪头部、UDP 报头和数据部分计算出校验和,其中,伪头部与填充的 0 只是为了计算校验和,不进行实际传输。

3.4.2 TCP

TCP 是一种面向连接、可靠的字节流传输协议。通信双方通信前需要通过三次握手建立连接,通信中为了保证不发生报文丢失,给每个报文赋予一个序号,数据接收方收到一个报文时需要给数据发送方返回一个确认(Acknowledgement,ACK)报文。如果数据发送方在合理的往返时延(Round-Trip Time,RTT)内未收到某个报文被接收到的确认报文,那么认为该报文已经丢失,将会对该报文进行重新发送。通信双方通信结束时,需要通过四次挥手释放连接。

TCP 数据报文格式如图 3-14 所示,TCP 头部格式如图 3-15 所示。

TCP头部(20~60B)	数据(0~65 535B)

图 3-14 TCP 数据报文格式

源端口(16位)							目标端口(16位)	
序号(32位)								
确认号(32位)								
数据偏移(4位)	保留(6位)	URG	ACK	PSH	RST	SYN	FIN	窗口(16位)
校验和(16位)							紧急指针(16位)	
选项(0~40B)								

图 3-15 TCP 报文头部格式

图 3-15 中 TCP 报文头部各字段功能如下。
- 源端口：占 16 位，2 字节，发送数据进程所占用的端口。
- 目标端口：占 16 位，2 字节，接收数据进程所占用的端口。
- 序号：占 32 位，4 字节，范围为 $[0, 2^{32}-1]$，当序号达到最大值时，又从 0 开始。传输中的每一个字节的数据都有序号，该值为数据部分第一个字节的序号，窗口字段指出数据部分的数据量大小。
- 确认号：占 32 位，4 字节，是数据接收方返回给数据发送方，希望收到下一个数据报文所包含的第一个字节的序号。例如，数据接收方收到序号为 0~999 的字节数据，则数据接收方返回给数据发送方报文的确认号为 1000，表示接收方希望收到序号从 1000 开始的字节流数据。
- 数据偏移：占 4 位，表示报文数据部分的位置。数据偏移实际表示报文头部的长度，由于规定 TCP 报文头部长度必须为 4 字节的整数倍且范围为 20~60B，因此，数据偏移取值范围为 5~15。
- 保留：占 6 位，一般置为 0。
- URG(URGent)：占 1 位，当 URG=1 时，表明数据开始部分为紧急数据，紧急指针有效，紧急指针指出紧急数据的结束位置。
- ACK(ACKnowledgment)：占 1 位，当 ACK=1 时确认号字段有效。
- PSH(PuSH)：占 1 位，当 PSH=1 时报文被立即创建并发送出去，接收端收到 PSH=1 的报文时，报文会被立即递交给接收进程而不是放在缓存中等缓存满后才递交。
- RST(ReSeT)：占 1 位，当 RST=1 时，表示当前连接出现严重问题，需要释放当前连接并重新建立新的连接。RST=1 还可用于拒绝接收非法报文或者拒绝打开非法连接。
- SYN(SYNchronization)：占 1 位，当 SYN=1 时，表示该报文为连接请求或者连接接收报文。
- FIN(FINish)：占 1 位，当 FIN=1 时，表示数据发送完毕并要求释放连接。
- 窗口：占 16 位，2 字节，表示数据接收方返回给数据发送方，期望下次收到的数据量大小，例如，数据接收方返回给数据发送方的报文中，确认号为 1000，窗口大小为 1000，则表示数据接收方期望数据发送方下次发送的数据序号为 1000~1999。
- 校验和：占 16 位，2 字节，用于数据接收方检验接收到的数据是否有错，计算校验和时，需要给 TCP 数据报文加上 12 字节的伪头部，然后，通过伪头部、TCP 报头和数据部分计算出校验和，其中，伪头部只是为了计算校验和，不进行实际传输。
- 紧急指针：占 16 位，2 字节，当 URG=1 时，指出紧急数据结束位置。
- 选项：占 0~40 字节，保存附加信息数据。

3.4.3 主机收发数据统计信息程序实例

Python 的第三方模块 psutil 可以获取主机收发数据的统计信息，如代码 3-5 所示。

```
1    # 代码 3-5  transport01.py
2    #!/usr/bin/env python3
3    # coding: utf-8
4    import psutil
5    info = psutil.net_io_counters()
6    print('info = ',info)
7    print('type(info) = ',type(info))
8    print('bytes_sent = ',info.bytes_sent)
9    print('bytes_recv = ',info.bytes_recv)
10   print('packets_sent = ',info.packets_sent)
11   print('packets_recv = ',info.packets_recv)
12   print('errin = ',info.errin)
13   print('errout = ',info.errout)
14   print('dropin = ',info.dropin)
15   print('dropout = ',info.dropout)
```

代码 3-5 第 4 行引入 psutil 模块，第 5 行调用 net_io_counters()函数获取主机收发数据的统计信息，统计信息存入 snetio 对象 info 中。然后从 info 中逐步提取收发数据字节数、收发数据报文数、出错的收发数据报文数、丢弃的收发数据报文数等，程序运行结果如图 3-16 所示。

```
info = snetio(bytes_sent = 92501, bytes_recv = 1932456, packets_sent = 1107, packets_recv = 2580, errin = 0, errout = 0, dropin = 0, dropout = 0)
type(info) = <class 'psutil._common.snetio'>
bytes_sent = 92501
bytes_recv = 1932456
packets_sent = 1107
packets_recv = 2580
errin = 0
errout = 0
dropin = 0
dropout = 0
```

图 3-16 代码 3-5 运行结果

调用 net_io_counters()函数时，如果加上参数 pernic=True，即 info = psutil.net_io_counters(pernic=True)，将逐个网卡取得数据收发信息并存入字典变量 info 中。

3.5 应用层

应用层协议众多，这些协议都是针对具体应用而设，在此对常用协议做简单介绍。

3.5.1 HTTP

HTTP(HyperText Transfer Protocol)是互联网上应用最为广泛的一种网络协议，用于传输 HTML(HyperText Markup Language)数据，而 HTML 是互联网中主机之间进行

交互的标准语言。互联网中的主机，无论差异多大，都可以使用 HTML 进行交互，而传递 HTML 数据使用 HTTP 协议。最新 HTTP 协议版本为 HTTP/1.1，也是目前使用的版本；最新 HTML 版本为 HTML5，最常用版本为 HTML4，HTML5 逐渐代替 HTML4 是大势所趋。

HTTP 规定通信双方分别为客户端和服务器端，双方以请求/应答方式工作，即客户端向服务器端发起请求，服务器端对来自客户端的请求进行应答，双方交互的数据使用可靠传输协议 TCP 进行传输。HTTP 数据包可以跨越多个网段进行传输，且一般不被防火墙拦截。另外，利用 HTTP 进行的是无状态通信，即服务器端不刻意记录与客户端通信的过程，这种设计可以简化服务器端的设计，使服务器端可以支持大量并发的 HTTP 请求，但对于需要识别客户端业务处理的请求不利，为此，通过在 HTTP 中引入 Cookie 进行客户端的识别，使得业务处理可以通过 HTTP 完成，例如网上购物等。

主机间以 HTTP 协议通信时，服务器端的软件一般使用 Apache 系列，端口号一般为 80，客户端使用浏览器，端口号使用任意一个空闲的即可。通信双方通过 HTTP 协议传输 HTML 数据。由于浏览器作为通用的客户端软件可以访问任意的服务器端，浏览器成为网络公司之间竞争的焦点软件，目前，各大网络公司都推出自己的浏览器供用户免费使用，以便掌握互联网流量的入口。

HTTP 的报文分为请求报文和应答报文，请求报文结构如图 3-17 所示，应答报文结构如图 3-18 所示。

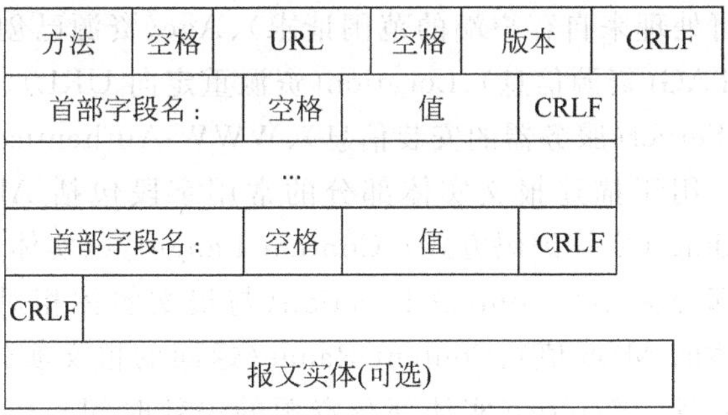

图 3-17 HTTP 请求报文

图 3-18 HTTP 应答报文

从图 3-17 和图 3-18 可知，HTTP 请求报文和 HTTP 应答报文格式基本差不多，都分为报头和实体两部分，中间用空行分开，字段也大部分相同。HTTP 请求报文和 HTTP 应答报文两者都是 HTML 文本，分成多行，用 CRLF 表示换行，行内的字段长度没有限制，用空格作为分隔符，各字段功能如下。

- 方法：表示客户端向服务器端发出的请求类型，共有 8 类，分别为 OPTION（请求选项信息）、GET（请求 URL 内容）、HEAD（请求 URL 首部信息）、POST（给服务器端添加信息）、PUT（在 URL 处存储文档）、DELETE（删除 URL 所表示的资源）、TRACE（环回测试）、CONNECT（连接代理服务器）。
- URL（Uniform Resource Locator）：统一资源定位符，表示要请求的资源。
- 版本：表示所使用的 HTTP 版本号。
- CRLF：换行符，表示 1 行内容的结束。
- 首部字段名/值：以键/值对的形式给出字段名与值。既能用于请求报文，又能用于应答报文的常用字段，包括 Cache-Control（操作缓存）、Connection（管理连接）、Date（报文创建的日期和时间）、Transfer-Encoding（报文实体传输方式）、Upgrade（检测是否有高版本的可用协议）、Via（追踪客户端与服务器端之间请求和响应报文的传输路径）。用于请求报文的常用字段包括 Host（资源所在服务器）、Accept（可处理的媒体类型）、Accept-Charset（优先字符集）、Accept-Encoding（优先字符编码）、Accept-Language（优先语言）、Authorization（认证信息）、User-Agent（客户端程序信息）、Max-Forwards（最大跳数）等。用于应答报文的常用字段包括 Accept-Ranges（是否可处理来自客户端的范围请求）、Age（资源已创建时间）、Server（服务器端信息）、ETAG（资源信息）、Location（资源重定向 URL）、Retry-After（再次发起请求的时机）、Server（服务器的安装信息）、WWW-Authenticate（服务器端对客户端的认证信息）。用于描述报文实体部分的常用字段包括 Allow（所允许的方法）、Content-Encoding（实体编码方式）、Content-Language（实体所用的语言）、Content-Length（实体部分大小）、Content-Location（与报文实体相对应的 URL）、Content-MD5（报文实体的 MD5 值）、Content-Range（返回的报文实体范围）、Content-Type（实体的媒体类型）、Expires（实体部分资源的失效时间）、Last-Modified（实体部分资源的修改时间）等。例如，Host：www.lut.edu.cn，其中"Host："与"www.lut.edu.cn"之间用空格分隔。报文的首部字段名/值可以有多对。
- 报文实体：可选项，一个 HTTP 报文可以只有报头而不携带数据，报文实体部分长度没有限制。
- 状态码：用三位十进制数表示，分别为 1xx、2xx、3xx、4xx 和 5xx，其中，1xx 表示服务器端收到了通知信息；2xx 表示服务器端接受客户端的请求；3xx 表示服务器端对来自客户端的请求进行重定向，即请求被转发；4xx 表示客户端的请求有错误；5xx 表示服务器端失效。例如，状态码为 202 表示服务器端接受了客户端的请求；为 404 表示客户端请求的资源不存在。
- 短语：对状态码的简单注释，例如，状态码 202 对应的短语为 Accepted，状态码 404 对应的短语为 Not Found。

Python3 的 urllib 所包含的模块 request 可以设置 HTTP 请求报文首部，获取指定服务器端的 HTTP 响应报文，如代码 3-6 所示。

```
1   #代码 3-6  application01.py
2   #!/usr/bin/env python3
3   # coding:utf-8
4   from urllib import request
5   url = "http://jitong.lut.edu.cn"
6   header = {'Accept':'text/html','Connection':'keep-alive'}
7   req = request.Request(url,headers = header)
8   response = request.urlopen(req)
9   print('Status code = ',response.getcode())
10  print('url = ',response.geturl())
11  print('info = ',response.info())
```

代码 3-6 第 4 行引入了 urllib 的 request 模块。第 5 行将要访问服务器的链接存入字符串变量 url 中。第 6 行设置 HTTP 请求报文头部并存入字典变量 header 中。第 7 行调用 Request() 函数合成请求对象 req。第 8 行调用 urlopen() 函数发送请求报文，响应信息存入对象 response 中。第 9～11 行通过 response 的方法获取 HTTP 响应报文信息并输出。程序运行结果如图 3-19 所示。

```
Status code = 200
url = http://jitong.lut.edu.cn
info = Date: Fri, 02 Mar 2018 08:24:22 GMT
Server: Apache/2.4.29 (Unix)
X-Powered-By: PHP/5.6.33
Set-Cookie: frontsid = 89913ae42c856d0087d6cc67a952e8f3; path = /
Expires: Thu, 19 Nov 1981 08:52:00 GMT
Cache-Control: private
Pragma: no-cache
Set-Cookie: frontLang = zh-cn; expires = Sun, 01-Apr-2018 08:24:22 GMT; Max-Age = 2592000; path = /; httponly
Set-Cookie: theme = default; expires = Sun, 01-Apr-2018 08:24:22 GMT; Max-Age = 2592000; path = /; httponly
Connection: close
Transfer-Encoding: chunked
Content-Type: text/html; charset = UTF-8
```

图 3-19　代码 3-6 运行结果

3.5.2　HTTPS

主机间使用 HTTP 通信时，由于 HTTP 不对数据进行加密而直接传输，存在安全隐患。例如，第三方可能通过数据包抓取软件，例如 WireShark，获取到主机间通信的数据，如果这些数据中包括像用户名、密码、银行卡号等敏感数据，就会给通信方造成灾难性的后果。因此，主机间为保证通信过程的安全，经常使用安全的 HTTPS(Hyper Text Transfer Protocol over Secure Socket Layer)协议进行通信。

HTTPS 使用 SSL(Secure Sockets Layer)或者 TLS(Transport Layer Security)对 HTTP 数据报文进行加密后递交给传输层的 TCP 进行传输,使用端口默认为 443。

主机间使用 HTTPS 通信时,会同时使用到非对称加密算法即公/私钥加密算法、对称加密算法、HASH 算法等,其中,非对称加密算法用于加密密码,对称加密算法用于加密要发送的消息和 HASH 值,HASH 算法用于计算要发送消息的 HASH 值。

主机间使用 HTTPS 通信时,客户端程序(通常为浏览器)向服务器请求连接时将自己支持的一套加密规则发送给服务器。服务器根据客户端的加密规则,组合出一组加密和 HASH 算法连同自己的身份信息,以数字证书的形式返回给客户端。客户端首先验证服务器证书的合法性,验证通过后生成一串随机数密码,并用服务器的公钥对这个随机数密码进行加密,然后,客户端对要发送给服务器的消息计算 HASH 值,并用前面生成的随机数密码对要发送的消息和消息的 HASH 值进行加密,最后将服务器公钥加密的随机数密码、用随机数密码加密的消息和消息的 HASH 值等一起发送给服务器。服务器收到客户端数据后,首先用自己的私钥解密出随机数密码,然后用随机数密码解密消息和消息 HASH 值,对比解密出的 HASH 值与对收到的消息进行 HASH 计算得到的 HASH 值是否一致,如果一致,服务器用随机数密码加密要返回给客户端的消息和消息 HASH 值并返回给客户端。客户端收到服务器返回的数据后,使用随机数密码解密消息和消息 HASH 值,对比解密出的 HASH 值与对收到的消息进行 HASH 计算得到的 HASH 值是否一致,如果一致,客户端与服务器端连接建立成功。此后,双方使用随机数密码对传输的数据进行对称加密和解密,双方在建立连接的过程中,若出现错误或者 HASH 值不一致,连接过程会自动中止。

主机间使用 HTTPS 通信时,经常用到非对称加密算法,如公/私钥加密算法、对称加密算法、HASH 算法等。常用的非对称加密算法为 RSA(Rivest,Shamir,Adleman)、DSA(Digital Signature Algorithm)等。常用的对称加密算法为 AES(Advanced Encryption Standard)、RC4(Rivest Cipher 4)、3DES(Triple Data Encryption Standard)等。常用的 HASH 算法为 MD5(Message-Digest Algorithm 5)、SHA1(Secure Hash Algorithm-1)、SHA256(Secure Hash Algorithm-256)等。

3.5.3 FTP

FTP(File Transfer Protocol,文件传输协议)用于 Internet 上主机间文件的共享与传输。FTP 服务实现包括服务器端和客户端。服务器端是提供文件存储空间的计算机,经常被称为 FTP 服务器;客户端是通过 Internet 以 FTP 访问服务器的主机。通过 Internet,从 FTP 服务器端复制文件至客户端,称为"下载(download)";将客户端的文件复制到 FTP 服务器上,则称为"上传(upload)"。

FTP 服务器端和客户端的连接需要使用两个独立的 TCP 连接:一个是命令链路,用来传送命令和状态数据;另一个是数据链路,用来传输数据。

FTP 协议有两种工作方式:PORT 和 PASV,即主动式和被动式工作方式。

PORT(主动)工作方式的过程是:客户端向服务器的 FTP 端口(默认是 21)发送连接请求,服务器接受连接,建立一条命令链路。当需要传送数据时,客户端在命令链路上用 PORT 命令告诉服务器,"我打开了 XX 端口,你来连接我",于是服务器利用 20 端口向客户端的 XX 端口发送连接请求,建立一条数据链路来传送数据。

PASV（被动）工作方式的过程是：客户端向服务器的 FTP 端口（默认是 21）发送连接请求，服务器接受连接，建立一条命令链路。当需要传送数据时，服务器在命令链路上用 PASV 命令告诉客户端，"我打开了 XX 端口，你来连接我"，于是客户端向服务器的 XX 端口发送连接请求，建立一条数据链路来传送数据。

从 FTP 的工作过程可以看出，在两种工作方式中，命令链路的建立方法是一样的，而数据链路的建立方法则完全不同。实际应用中经常使用 PASV 工作方式。

1. 命令链路

FTP 服务器端和客户端使用命令链路传送命令和状态数据，代表命令和状态的数据均以 NVT（Network Virtual Terminal）格式的 ASCII（American Standard Code for Information Interchange）字符方式传送，以 CRLF 换行符作为数据结束标志，没有定义特定的报文格式。

客户端使用 FTP 命令向服务器端发起请求，服务器端向客户端返回应答信息，常用的 FTP 命令如表 3-4 所示，常用的 FTP 应答码如表 3-5 所示。

表 3-4 常用 FTP 命令

命令	功能
LIST [pathname]	显示服务器上指定路径下的文件列表
RETR pathname	从服务器下载指定文件
STOR pathname	给服务器上传指定文件
APPE pathname	添加数据到服务器上的指定文件，若文件不存在，则自动创建
DELE pathname	删除服务器上的指定文件
RNFR pathname	这两条命令同时使用，给服务器指定文件重命名，RNFR 指定旧文件名，
RNTO pathname	RNTO 指定新文件名
MKD pathname	在服务器上创建新目录
RMD pathname	删除服务器上的指定目录
PWD	显示当前目录
HELP [command]	显示指定命令的帮助信息，若命令未指定，以列表方式显示可用命令
STAT	返回状态信息，如文件上传、下载进度等
SYST	返回服务器端所使用操作系统类型
ABOR	中止上一条命令的执行，中断数据操作
NOOP	空动作，但服务器会返回命令成功执行的应答

表 3-5 常用 FTP 应答码

应答码	含义	应答码	含义
125	数据链路已经建立，传输开始	226	关闭数据链路
150	文件状态正常，准备建立数据链路连接	250	对文件的请求操作已经完成
200	命令已经被成功执行	331	用户名有效，要求输入密码
213	文件状态信息回复	425	建立数据链路连接失败
214	帮助信息回复	452	服务器磁盘空间不足
220	服务就绪	500	无效命令
225	数据链路已经建立	501	无效参数

如表 3-4 和表 3-5 所示,客户端发送给服务器端的命令为 4 个大写字母,服务器端向客户端返回的应答码为 3 位十进制数字。

2. 数据链路

FTP 服务器端和客户端使用数据链路传送数据,分为字符流模式、数据块模式和压缩模式。

- 字符流模式:数据以字符流模式传输,以文件结束符(End Of File,EOF)为数据结束标志。
- 数据块模式:数据分块传输,每个块有一个 3 字节的块描述符,后跟数据。块描述符中第 1 个字节表示块的属性,取值为 128、64、32 和 16 的加法组合;后 2 字节表示块长度,取值为 0~65 535。块描述符第 1 个字节的高 4 位从高到低依次表示该块是否为 1 个记录的最后 1 块,是否为文件的最后 1 块,是否怀疑块数据有错,是否为第 1 个块;低 4 位置 0。例如,第 1 个字节值为 192(128+64)时,表示该块为记录文件的最后 1 块。
- 压缩模式:要传输的文件中经常会出现连续相同的字节值,此时,使用压缩模式可以减少数据的传输。因此,压缩模式中传输的数据分为 4 种,分别为未压缩的正常数据、压缩数据、压缩的填充数据、类块描述符。其中,未压缩的正常数据由 1 字节的描述符和数据组成,描述符最高位为 0,其余 7 位表示所包含数据的字节数,数据最多为 127 字节。压缩数据由 2 字节组成,第 1 个字节的最高 2 位为 10,其余 6 位表示相同字节连续重复的次数,最多为 63;第 2 个字节为数据值。通过压缩数据的方式可以用 2 字节表示连续重复小于 64 次的字节值。压缩的填充数据用 1 字节表示,最高 2 位为 11,其余 6 位表示填充数据的个数。当数据以 ASCII(American Standard Code for Information Interchange)或者 EBCDIC(Extended Binary Coded Decimal Interchange Code)格式传输时,填充数据为 32(空格);当数据以其余格式传输时,填充数据为 0。类块描述符为 2 字节,第 1 个字节为 0,第 2 个字节与数据块模式中的块描述符的首字节相同。

数据以字符流模式传输时,整个文件为 1 个数据报文,无报文首部,报文结束标志为 EOF,当报文太大时,递交到下层时会被分块。数据以数据块模式传输时,报文首部占 3 字节,报文实体最大为 65 535 字节。数据以压缩模式传输时,会形成 4 种报文,未压缩的正常数据形成首部为 1 字节,实体最大为 127 字节的报文;压缩数据形成首部为 2 字节,无实体的报文;压缩的填充数据形成首部为 1 字节,无实体的报文;类块描述符形成首部为 2 字节,无实体的报文。

3.5.4 DNS

DNS(Domain Name System)能够提供互联网域名解析服务,是互联网的一项核心服务。所有的 DNS 服务器形成一个巨大的分布式数据库,对互联网上的域名和 IP 地址进行相互映射,使人们可以用容易记忆的域名访问互联网上的资源,而不用去记忆表示 IP 地址的数字字符串。

域名解析服务是 TCP/IP 网络中极其重要的网络服务,使用户除了用 IP 地址方式上网外，还可以用便于记忆的网络域名访问相应的网站。例如，用户在浏览器中输入 IPv4 地址 http://202.108.22.5 和输入域名 http://www.baidu.com 的效果是一样的，显然，www.baidu.com 比 202.108.22.5 更容易理解和记忆。对于 4 字节的 IPv4 地址尚且如此，那要记住 16 字节的 IPv6 地址就更困难了。

能够提供 DNS 服务的最常用软件是 BIND(Berkeley Internet Name Domain)。BIND 提供了解析器和名字服务器软件，解析器做实际的查询工作而名字服务器则提供响应。BIND 将名字服务器分成 3 个部分，即主服务器、辅助服务器和缓存服务器。主服务器包含了有关一个域的全部数据，承担域名和 IP 地址转换任务；辅助服务器则有效地从主服务器复制 DNS 数据库，作为主服务器的备份，当主服务器出现故障时，自动转换为由辅助服务器承担域名和 IP 地址转换任务；缓存服务器通过缓存查询来建立例外的 DNS 数据库，最近查询过的域名和 IP 地址记录在缓存中，当再次查询这些域名和 IP 地址时，缓存服务器能够立即给出查询结果。只有主服务器和辅助服务器才被当作涉及特定域的授权服务器，缓存服务器仅仅作为最近查询记录的缓存使用。

要理解 DNS 服务器的工作原理，就有必要了解域名层次的构造。整个 Internet 的域名系统采用的是树状层次结构，从上到下依次是根域、顶级域、二级域、三级域等。根域上的信息驻留在从整个 Internet 中所选的一些根服务器上；顶级域数目少而且不能轻易变动，由 NIC(Network Information Center)负责管理，顶级域的相关信息保存在根域服务器上；二级域由各个顶级域分出，相关的信息保存在顶级域服务器上；三级域由各个二级域分出，相关的信息保存在二级域服务器上，以此类推。

顶级域就是国家或机构代码，国家代码有 SG(新加坡)、CA(加拿大)、CN(中国)等；机构代码包括众所周知的 COM(商业机构)、EDU(教育机关)、GOV(政府机构)和 NET(网络机构)等。由于美国为 Internet 网络的发起国，所以美国的域名中通常省略国家编码。

单位和个人需要用域名进行标识时，必须向当地的 NIC 机构提出域名注册申请，所申请的域名必须是还没有注册的，同时还需要至少有两台服务器可以提供新域名的服务。当 NIC 机构同意域名申请时，它将该域名与 IP 地址的映射记录存储在相应的 DNS 服务器中，并将所提供的两台服务器作为下级 DNS 服务器。使用域名需要付费，一般以年为单位。有许多 ISP(Internet Service Provider)会提供有关域名服务的代办业务，包括提供 DNS 服务，这样，小型组织和个人申请域名时不需要提供自己的 DNS 服务器。

域名申请成功后就可以以域名为后缀命名计算机和增加任意数量的子域。例如，如果用户申请成功了 linux.com 域名，则该用户所管辖的计算机能够命名为 www.linux.com、ftp.linux.com、ns.linux.com 等。当然，该用户也可以创建 linux.com 的子域，例如，lz.linux.com、lut.linux.com 等，同时，需要将计算机名字和子域的信息放到有关 DNS 服务器上。

ftp.linux.com、www.linux.com、ns.linux.com 等主机的 IP 地址信息必须放在 linux.com 的 DNS 服务器上。这一层次中的每台 DNS 服务器都包含了一个 DNS 数据库，其入口被称作 NS 记录，每条这样的记录包含了域或子域的名字，此外还加上作为域或者子域服务器的主机的名字。根服务器能在 linux.com 的 DNS 服务器上找到 linux.com 及其全部子域的信息。

这里举例说明域名解析过程。例如，某用户单击链接 www.linux.com，则其本地 DNS

服务器开始搜索自己的 DNS 数据库信息,如果没有搜索到,就转到上级 DNS 服务器,若上级 DNS 服务器也没有该域名的记录,则继续转上级 DNS 服务器,直到根 DNS 服务器。根 DNS 服务器在其 DNS 数据库里查找 COM 顶级域,然后它用 NS 记录回复该用户 DNS 服务器,指示可以从 linux.com 的 DNS 服务器 ns.linux.com 处查询到 www.linux.com 的信息。于是,经过 DNS 服务器 ns.linux.com 的转换,该用户得到了 www.linux.com 的对应 IP 地址,并且其 DNS 服务器缓存了该 NS 记录。下次如果有用户再需要解析该域名时,相关信息在本地即可获得。

DNS 数据报文一般使用 UDP 协议传输,常用端口号为 53,DNS 数据报文格式如图 3-20 所示。

如图 3-20 所示,DNS 报文首部固定为 12 字节,报文实体长度可变,各字段解释如下。

标识:占 16 位,2 字节,由客户端设置,需要服务器端在应答报文中原样返回,用于客户端确认来自服务器端的应答是否与自己的请求相匹配。

标志:占 16 位,2 字节,结构如图 3-21 所示,其中,QR 表示该报文是查询或者应答报文,当 QR=0 时是查询报文,当 QR=1 时是应答报文。OPCODE 表示报文的查询类型,OPCODE=0 表示标准查询,即根据域名查询 IP 地址;OPCODE=1 表示反向查询,即根据 IP 地址查询域名;OPCODE=2 表示服务器状态查询,即查询 DNS 服务器状态,OPCODE 为其他值表示未用。AA 表示查询结果来源,AA=1 表示结果来源于返回应答报文的服务器,AA=0 表示结果来源于其他服务器。TC 表示该报文是否为被截断报文,TC=1 表示因该报文长度超过 512B 被截断,只返回了前 512B,TC=0 表示该报文未被截断。RD 在请求报文中设置在应答报文中返回,RD=1 表示服务器必须处理这个查询,RD=0 表示服务器返回一个能解答该查询的服务器列表即可。RA=1 表示返回应答报文的服务器支持递归查询,RA=0 表示返回应答报文的服务器不支持递归查询。Reserved 为保留位。RCODE 表示应答报文的类型,RCODE=0 表示无差错,RCODE=1 表示请求报文格式错误,RCODE=2 表示服务器出错,RCODE=3 表示域名不存在,RCODE=4 表示服务器不支持的查询,RCODE=5 表示服务器拒绝回答查询,RCODE 为其他值表示未用。

图 3-20 DNS 数据报文格式

| QR(1位) | OPCODE(4位) | AA(1位) | TC(1位) | RD(1位) | RA(1位) | Reserved(3位) | RCODE(4位) |

图 3-21 DNS 数据报文的标志部分结构

查询数:占 16 位,2 字节,表示报文实体部分查询记录个数。
答案数:占 16 位,2 字节,表示报文实体部分答案记录个数。
权威答案数:占 16 位,2 字节,表示报文实体部分权威答案记录个数。
附加答案数:占 16 位,2 字节,表示报文实体部分附加信息所包括的答案记录个数。
查询部分:包括 0 到多个查询记录,每个查询记录占用的字节数可变,查询记录格式如图 3-22 所示,其中,查询名称部分将要查询的内容按照点分方式分别表示成"长度+内容"

字符串，例如 www.lut.edu.cn 会被表示成 3www3lut3edu2cn0 形式；查询类型值为 1 表示查询 IP 地址，值为 2 表示查询服务器，值为 5 表示查询别名，值为 6 表示查询一个开始授权(Start Of Authority，SOA)，值为 12 表示查询 IPv4 地址，值为 13 表示查询主机信息，值为 15 表示查询邮件交换记录，值为 28 表示查询 IPv6 地址，值为 252 表示请求传送整个授权区域，值为 255 表示请求传送所有记录；查询类的值一般情况下为 1，表示为 Internet 数据。

查询名称(长度可变，0为结束标志)	查询类型(16位)	查询类(16位)

图 3-22　DNS 查询记录格式

答案部分：包括 0 到多个资源记录，资源记录格式如图 3-23 所示，其中，域名与图 3-22 中的查询名称表示方式相同；类型与图 3-22 中的查询类型相同；类与图 3-22 中的查询类相同；存活时间表示资源记录在缓存中保存的时间，以秒为单位，一般缓存 2 天；资源数据长度表示后面的资源数据长度。

域名(长度可变，0为结束标志)	类型(16位)	类(16位)	存活时间(32位)	资源数据长度(16位)
资源数据(0~65 535B)				

图 3-23　DNS 资源记录格式

权威答案部分：同答案部分。
附加信息部分：同答案部分。

3.5.5　SMTP

SMTP(Simple Mail Transfer Protocol)即简单邮件传输协议，用于将邮件从源地址传送到目的地址。

互联网上存在大量的邮件服务器，这些邮件服务器上都创建了许多供用户收发邮件的账号，用户要发送或者接收邮件，必须首先通过账号登录到自己的邮件服务器，然后才能收发邮件，图 3-24 为用户发送一封邮件的过程。

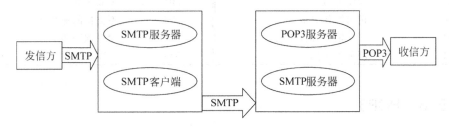

图 3-24　邮件发送过程

如图 3-24 所示，发信方连接自己的邮件服务器，通过账号和密码登录后，通过 SMTP 协议将邮件传送到自己的邮件服务器上。发信方的邮件服务器根据收信方的地址，通过 SMTP 协议将邮件转发到收信方的邮件服务器上。收信方登录自己的邮件服务器，通过 POP3(Post Office Protocol 3)或者其他协议接收邮件。从图 3-24 可知，邮件服务器具有 SMTP 服务器、SMTP 客户端、POP3 服务器等多重功能。SMTP 服务器用于接收来自发信方的邮件或者接收来自其他邮件服务器转发的邮件；SMTP 客户端用于向其他邮件服务器转发邮件；POP3 服务器用于收信方从邮件服务器获取信件。

邮件由邮件头和正文两部分组成，两者之间用空行分开，邮件头以键/值对形式标明发信人、收信人、日期、邮件标识、主题等信息。正文内容是 NVT ASCII 格式的文本，以仅包含一个点号的行结束，也就是以"<CR><LF>.<CR><LF>"为结束标志。正文中的非文本内容需要通过 MIME(Multipurpose Internet Mail Extensions)转换为 NVT ASCII 格式的文本。

SMTP 利用传输层的 TCP 协议传输信件数据，使用端口一般为 25。利用 SMTP 通信的双方通过命令和应答的方式交换文本信息，文本信息以 CRLF 作为结束标志，类似于 FTP 的命令链路，因此，没有定义特定的报文格式。SMTP 常用命令如表 3-6 所示，应答码如表 3-7 所示。

表 3-6 常用 SMTP 命令

命令	功能
HELO domain	启动邮件传输过程，发信方给出自己的域名 domain
MAIL from mail_address	初始化邮件数据传输，并给出发信方的地址，便于返回错误信息
RCPT to mail_address	跟在 MAIL 命令后，给出收信方的地址，可用多个 RCPT 给出多个收信方
DATA	跟在 RCPT 命令后，发送邮件正文，邮件正文结束标志为"<CR><LF>.<CR><LF>"
QUIT	终止客户端与服务器端的连接
RSET	重置客户端与服务器端的连接
VRFY	验证收信方地址是否正确
NOOP	空动作，但服务器会返回命令成功执行的应答

表 3-7 常用 SMTP 应答码

应答码	含义	应答码	含义
200	命令已经被成功执行	452	存储空间不足，操作未被执行
220	服务就绪	500	无效命令
221	关闭连接	501	无效参数
250	请求操作完成	502	不支持的命令
354	开始输入邮件正文	503	命令顺序错
421	服务不可用	554	传输失败

3.5.6 POP3

POP3(Post Office Protocol 3)即邮局协议版本 3，用于收信方从自己的邮件服务器上接收其他用户发给自己的邮件，是常用的邮件接收协议，图 3-24 所示，收信方作为 POP3 的客户端从作为 POP3 服务器的邮件服务器上接收信件。POP3 属于离线式协议，即收信方登录到邮件服务器后，会一次性将所有邮件下载到本地计算机上，服务器上的邮件同时被删除。

POP3 利用传输层的 TCP 协议传输数据，使用端口一般为 110。与 SMTP 类似，使用

POP3 通信的双方通过命令和应答方式交换文本信息,文本信息以 CRLF 作为结束标志,因此,没有定义特定的报文格式。POP3 常用命令如表 3-8 所示,应答比较简单,使用"+OK"表示命令执行成功,"-ERR"表示命令执行失败,后跟简单的文本说明信息。

表 3-8 常用 POP3 命令

命 令	功 能
USER username	指定用户名
PASS password	指定密码
STAT	查询邮箱状态,如邮件总数、占用的总字节数等
LIST [Msg#]	列出邮件索引或者查看单个邮件信息
RETR [Msg#]	获取指定的邮件
DELE [Msg#]	删除指定的邮件,实际是给邮件加上删除标记
NOOP	空操作
RSET	重置所有标记为删除的邮件,用于撤销 DELE 命令
QUIT	断开连接

POP3 属于离线式协议,用户登录到邮箱服务器,会将邮箱服务器中属于自己的邮件一次性下载到本地,同时,邮箱服务器中的邮件被删除,这就给经常变换终端设备处理邮件的用户带来不便。

IMAP(Internet Mail Access Protocol)即互联网邮件操作协议,属于在线式协议,允许用户在线操作邮件,方便用户随时随地利用不同终端设备处理邮件,弥补了 POP3 的不足,是目前最常用的邮件接收协议。

IMAP 利用传输层的 TCP 协议传输数据,使用端口一般为 143,可以看作是对 POP3 的改进。IMAP 与 POP3 主要功能比较如表 3-9 所示。

表 3-9 IMAP 与 POP3 主要功能比较

操作位置	操作内容	IMAP	POP3
收件箱	阅读、标记、移动、删除	客户端与邮箱更新同步	仅在客户端进行
发件箱	保存到"已发送"文件夹	客户端与邮箱更新同步	仅在客户端进行
创建文件夹	新建自定义的文件夹	客户端与邮箱更新同步	仅在客户端进行
草稿	保存到"草稿"文件夹	客户端与邮箱更新同步	仅在客户端进行
垃圾文件夹	接收垃圾邮件并移入垃圾文件夹	客户端与邮箱更新同步	不支持
广告邮件	接收广告邮件并移入广告邮件文件夹	客户端与邮箱更新同步	不支持

3.5.7 DHCP

DHCP(Dynamic Host Configuration Protocol)即动态主机配置协议,是一个简化主机 IP 地址分配管理的协议。用户可以利用 DHCP 服务器管理动态的 IP 地址分配及其他相关的环境配置工作(如 DNS、WINS、Gateway 的设置)。

在基于 TCP/IP 协议的网络上,每一台主机都需要拥有一个唯一的 IP 地址,如果手工给网络中的主机分配 IP 地址,则可能出现 IP 地址数量不够或者 IP 地址冲突的现象。例如,某子网是 C 类网络,最多只能支持 254 台主机,而网络上的主机有 300 多台,但网上同一时间最多有 100 多台主机在运行,此时,如果使用手工分配则无法解决 IP 地址数量不够和 IP 地址冲突的问题。如果采用动态 IP 地址分配的方式,除少数几个 IP 地址预留外,其余的 IP 地址并不固定地分配给联网主机。只要有空闲的 IP 地址,就可以将它分配给申请 IP 地址的主机。当得到 IP 地址的主机退出网络时,就可以将它所使用过的 IP 地址收回,重新分配给其他需要 IP 地址的主机,这样就解决了 IP 地址不足和 IP 地址冲突的问题,同时也简化了 IP 地址的管理,缩短了配置或重新配置网络中主机所花费的时间。

在使用 DHCP 时,网络中需要有一台 DHCP 服务器。其他需要动态获取 IP 地址的主机,要将 IP 地址获取形式设置成自动获取。

当 DHCP 客户端第一次登录网络的时候,本机上没有 IP 地址数据,它会向网络发出一个 DHCP Discover 封包,该封包中包含客户端 MAC 地址信息,以便 DHCP 服务器能够向该客户端返回数据包。因为客户端还不知道自己属于哪一个网络,所以封包的来源地址为 0.0.0.0,同时,客户端也不知道 DHCP 服务器的地址,因此,目的地址为 255.255.255.255,向网络进行广播。

在客户端将第一个 DHCP Discover 封包广播出去之后,如果在设定的时间内没有得到回应信息,就会进行第二次 DHCP Discover 广播。客户端在进行了特定次数(一般为 4 次,时延依次为 2 秒、4 秒、8 秒、16 秒)的广播后,如果还没有得到来自 DHCP 服务器的回应信息,客户端会显示错误信息,宣告获取 IP 地址的失败。

当 DHCP 服务器监听到客户端发出的 DHCP Discover 广播后,它会从那些还没有租出的地址范围内,选择最前面的空置 IP 地址,连同其他 TCP/IP 设定,如 DNS 服务器地址、子网掩码等,形成一个 DHCP Offer 封包,以广播形式返回给客户端。DHCP Offer 封包中包含 IP 地址租约期限的信息。

客户端在接收到来自 DHCP 服务器的 DHCP Offer 封包后,还会向网络发送一个 ARP (Address Resolution Protocol)封包,查询网络上面有没有其他主机使用该 IP 地址;如果发现该 IP 已经被占用,则客户端会送出一个 DHCP Decline 封包给 DHCP 服务器,拒绝接收其 DHCP Offer 封包,并重新发送 DHCP discover 信息。如果客户端发现该 IP 地址空闲,则向 DHCP 服务器发送 DHCP Request 信息,当 DHCP 服务器接收到客户端的 DHCP Request 信息之后,会向客户端发出一个 DHCP ACK 响应,以确认 IP 地址租约的正式生效,也就结束了一个完整的 DHCP 服务工作过程。

客户端成功地获取 IP 地址之后,在该 IP 地址的有效租约期间登录网络时,客户端在使用该 IP 地址之前向 DHCP 服务器发出 DHCP Request 信息,如果该 IP 地址未被其他主机占用,则 DHCP 服务器向客户端发送 DHCP ACK 响应,让客户端继续使用该 IP 地址。

如果该 IP 地址的租约期失效或已经被其他机器占用,那么 DHCP 服务器在收到客户端的 DHCP Request 信息后会响应一个 DHCP NACK 封包给客户端,要求其重新执行 DHCP Discover 以获取另外一个 IP 地址。

DHCP 使用传输层的 UDP 协议传输数据,DHCP 服务器一般使用端口 67,DHCP 客户端一般使用端口 68。DHCP 报文格式沿用了 BOOTP(一种主机通过网络引导的协议)的报文格式,如图 3-25 所示。

操作码(8位)	硬件类型(8位)	硬件地址长度(8位)	跳数(8位)
事务标识(32位)			
秒数(16位)		标志(16位)	
客户IP地址(4B)			
你的IP地址(4B)			
服务器IP地址(4B)			
网关IP地址(4B)			
客户主机硬件地址(16B)			
服务器主机名(64B)			
配置文件名(128B)			
选项(长度可变)			

图 3-25　DHCP 报文格式

如图 3-25 所示，DHCP 报文可以看作只有首部没有实体的报文，各字段解释如下。

操作码：占 8 位，1 字节，表示报文为请求或者应答报文，操作码＝1 为请求报文，操作码＝2 为应答报文。

硬件类型：占 8 位，1 字节，表示主机网络设备的硬件类型，硬件类型＝1 为以太网卡。

硬件地址长度：占 8 位，1 字节，表示主机网络设备的物理地址长度，以太网卡物理地址长度为 6。

跳数：占 8 位，1 字节，表示报文被转发次数，跳数初值为 0，报文每被转发 1 次，跳数加 1。

事务标识：占 32 位，4 字节，由客户端设置，在请求报文中发出，在应答报文中返回，用于检测客户端收到的报文是否为请求报文的应答报文。

秒数：占 16 位，2 字节，由客户端设置，表示客户端获取 IP 地址或者客户端使用指定 IP 地址已经经过的秒数。

标志：占 16 位，2 字节，但只有最高位有意义，其余 15 位未使用，当最高位为 1 时表示广播，当最高位为 0 时表示单播。

客户 IP 地址(4B)：如果客户端知道自己的 IP 地址，则将自己的 IP 地址填入客户 IP 地址字段，否则该字段值为 0。

你的 IP 地址(4B)：在服务器返回给客户端的报文中，该字段应填入要分配给客户端的 IP 地址。

服务器 IP 地址(4B)：在服务器返回给客户端的报文中，该字段应填入自己的 IP 地址。

网关 IP 地址(4B)：如果 DHCP 服务器与客户端不在同一个网段，两者通信需要通过中继代理服务器，则该字段填入中继代理服务器的 IP 地址。

客户主机硬件地址(16B)：客户端的硬件地址，用字符串形式表示，因客户端的硬件地址长度一般小于 16B，不能填满该字段，因此，0 作为客户端硬件地址结束标志。

服务器主机名(64B)：服务器的名称，用字符串形式表示，因名称长度一般小于64B，不能填满该字段，因此，0作为名称结束标志。

配置文件名(128B)：服务器向客户端返回的DHCP配置文件路径和名称，字符串形式，0为结束标志。

选项(长度可变)：该部分由1B的代码字段、1B的选项数据长度字段和数个字节的选项数据组成，具体内容如表3-10所示。

表 3-10 DHCP 选项内容

代 码	长度(字节)	数 据
1	4	子网掩码
3	4B的整数倍	网关IP地址列表
6	4B的整数倍	DNS服务器IP地址列表
15	可变	主DNS服务器名称
44	4B的整数倍	WINS服务器IP地址列表
51	4	有效租约期(s)
53	1	报文类型，1为DHCP Discover，2为DHCP Offer，3为DHCP Request，4为DHCP Decline，5为DHCP ACK，6为DHCP NAK，7为DHCP Release，8为DHCP Inform
58	4	续约时间(s)

3.6 本章小结

本章按照TCP/IP协议簇的层次结构，从底层到高层，依次介绍链路层、网络层、传输层、应用层常用协议，并给出协议报文格式，解释各字段含义和功能，为后续章节编程提供支撑。

习题

1. 链路层数据帧最长为多少字节？最短为多少字节？请给出依据。
2. IPv4理论和实际可用地址分别为多少个？
3. 网络层的数据报文长度最大为65 535B，而链路层数据部分最大为1500B，如何实现通过链路层传输来自网络层大于1500B的数据报文？
4. IPv6数据报文最大长度为多少？
5. 数据接收方返回给数据发送方的TCP报文首部的确认号为5000，窗口为2000，则数据接收方期望数据发送方下次发送的数据序号范围是多少？
6. 将代码3-5第5行修改为"info = psutil.net_io_counters(pernic=True)"，修改其他语句，使得程序能够输出主机各个网卡的统计信息。
7. 查阅资料，解释代码3-6运行结果图3-19内容。

第4章 Socket

4.1 Socket 介绍

网络上的主机间通过 IP 地址与端口号进行通信,称为 Socket 通信,其实,TCP/IP 协议中应用层的 HTTP、FTP、DNS 等都是通过 Socket 通信实现的。在 Socket 通信中,提供服务的一端称为 Socket 服务端,调用 Socket 服务的一端称为 Socket 客户端。Socket 服务端首先用自己的 IP 地址、指定端口号和连接方式创建服务并启动服务,等待来自客户端的连接请求;Socket 客户端向服务端发起连接请求,连接请求被服务端接受后,双方就可以进行通信。代码 4-1 为通过 Socket 获取指定网址内容的实例。

```
1   #代码4-1  socket01.py
2   #!/usr/bin/env python3
3   # coding: utf-8
4   import socket
5   s = socket.socket(socket.AF_INET, socket.SOCK_STREAM)
6   print('s = ', s)
7   s.connect(('www.lzu.edu.cn', 80))
8   print('s = ', s)
9   s.send(b'GET / HTTP/1.1\r\nHost: www.lzu.edu.cn\r\nConnection: close\r\n\r\n')
10  buffer = []
11  while True:
12      d = s.recv(1024)
13      if d:
14          buffer.append(d)
15      else:
16          break
17  s.close()
18  data = b''.join(buffer)
19  header, html = data.split(b'\r\n\r\n', 1)
20  print(header.decode('utf-8'))
21  with open('lzu.html', 'wb') as f:
22      f.write(html)
```

代码 4-1 第 4 行引入 socket 模块。第 5 行构造 socket 对象 s,其中 AF_INET 表示使用 IPv4 地址,SOCK_STREAM 表示使用 TCP 连接。第 7 行连接指定网址,注意 connect()函数只接受一个参数,因此,要连接的网址和端口号用元组表示,其中的网址会通过 DNS 转换为 IP 地址。第 9 行构造了一个只有简单报头的请求报文并发送给服务器。第 11～16 行利用循环接收来自服务器的数据，也就是网页数据，每次最多接收 1KB，数据被存入列表变量 buffer 中。第 18 行通过 join() 函数将列表 buffer 中的多个字符串连接成一个字符串存入变量 data 中。第 19 行通过 split() 函数以空行为分隔符，将字符串 data 分割为 HTTP 报文头部与报文实体字符串，分别保存在变量 header 和 html 中。第 20 行输出 HTTP 报文头部。第 21、22 行将 HTTP 报文实体保存到文件 lzu.html 中。程序运行结果如图 4-1 所示。

```
s = < socket.socket fd = 3, family = AddressFamily.AF_INET, type = SocketKind.SOCK_STREAM,
proto = 0, laddr = ('0.0.0.0', 0)>
s = < socket.socket fd = 3, family = AddressFamily.AF_INET, type = SocketKind.SOCK_STREAM,
proto = 0, laddr = ('192.168.3.4', 56844), raddr = ('202.201.0.216', 80)>
HTTP/1.1 200 OK
Content - Type: text/html
Last - Modified: Fri, 22 Sep 2017 07:38:02 GMT
Accept - Ranges: bytes
ETag: "203b55b87533d31:0"
Server: Microsoft - IIS/7.5
X - Powered - By: ASP.NET
Date: Mon, 25 Sep 2017 08:10:37 GMT
Connection: close
Content - Length: 26984
```

图 4-1　代码 4-1 运行结果

图 4-1 中的 laddr＝('192.168.3.4', 56844) 为发起 Socket 连接的客户端 IP 地址和端口号；raddr＝('202.201.0.216', 80) 为监听 Socket 连接的服务器端 IP 地址和端口号，其中 202.201.0.216 为 DNS 解析域名地址 www.lzu.edu.cn 而来。

如代码 4-1 所示，主机间通过 Socket 通信时，需要通过 socket() 函数构造 socket 对象，socket() 函数格式为 socket(family,type[,protocol])，其中，family 的取值与作用如表 4-1 所示，type 的取值与作用如表 4-2 所示，protocol 表示协议类型，通常缺省或者设置为 0。

表 4-1　socket() 函数的 family 参数

family 参数	作用
socket.AF_UNIX	用于 UNIX 系统进程之间通信
socket.AF_INET	使用 IPv4 地址通信
socket.AF_INET6	使用 IPv6 地址通信
socket.PF_PACKET	链路层套接字
socket.AF_PACKET	链路层套接字

表 4-2　socket() 函数的 type 参数

type 参数	作用
socket.SOCK_STREAM	流式 socket，使用 TCP 传输协议
socket.SOCK_DGRAM	数据报式 socket，使用 UDP 传输协议
socket.SOCK_RAW	原始套接字，可处理 ICMP、IGMP 等网络报文和一些特殊的报文

主机间通过 Socket 通信时，常用的函数如表 4-3 所示。

表 4-3　Socket 通信常用函数

函　　数	功　　能
socket(family,type[,protocol])	构造 socket 对象
s.bind(address)	将 socket 对象 s 绑定到指定地址，地址以元组(host,port)形式表示
s.listen(backlog)	开始监听 TCP 连接，backlog 指定在拒绝连接之前，可以挂起的最大连接数量
s.accept()	接受来自客户端的 TCP 连接请求，并返回元组(conn,address)，其中 conn 是 socket 对象，address 是客户端的地址
s.connect(address)	客户端向服务器发起连接请求，address 为服务器地址与端口组成的元组(hostname,port)，如果连接出错，则返回 socket.error 错误
s.connect_ex(adddress)	功能与 connect(address)相同，但是成功返回 0，失败返回 error 的值
s.recv(bufsize[,flag])	通过 TCP 接收字符串形式的数据，bufsize 指定要接收的最大数据量，flag 指定其他设置
s.send(string[,flag])	通过 TCP 发送 string 中的数据，返回实际发送的数据字节大小
s.sendall(string[,flag])	通过 TCP 尝试发送所有数据，成功返回 None，失败则抛出异常
s.recvfrom(bufsize[,flag])	通过 UDP 接收数据，参数与 recv()类似，返回值为元组(data,address)，其中，data 为接收的字符串数据，address 是发送数据端的地址
s.sendto(string[,flag],address)	通过 UDP 发送数据 string，address 为数据接收端地址元组(host,port)，返回值是发送的字节数
s.getpeername()	返回 socket 连接的另一端地址，返回值为元组(host,port)
s.getsockname()	返回 socket 连接的自己端地址，返回值为元组(host,port)
s.setsockopt(level,optname,value)	设置 socket 连接的选项值
s.getsockopt(level,optname[,buflen])	返回 socket 连接的选项值
s.settimeout(timeout)	设置 socket 操作的超时时间，单位为秒
s.gettimeout()	返回 socket 操作的超时时间，如果没有设置返回 None
s.fileno()	返回 socket 的文件描述符
s.setblocking(flag)	flag=1，将 socket 设为阻塞模式(默认值)；flag=0，将 socket 设为非阻塞模式
s.makefile()	创建一个与 socket 相关联的文件
s.close()	关闭连接
socket.getprotobyname(proto_name)	返回字符串 proto_name 给出的协议编号
socket.gethostname()	返回当前主机名称
socket.gethostbyname(hostname)	根据主机名称返回主机 IP 地址
socket.gethostbyname_ex(hostname)	根据主机名称返回一个 3 元素元组，包括主机名称、可选主机名称列表和可选 IP 地址列表
socket.gethostbyaddr(hostname)	根据主机地址返回一个 3 元素元组，包括主机名称、可选主机名称列表和可选 IP 地址列表
socket.getservbyname(serv,proto)	根据给出的服务名称和协议名称返回所使用的端口号

续表

函 数	功 能
socket.inet_aton(ip_addr)	将字符串类型的 IP 地址转换为 bytes 字节流类型
socket.inet_ntoa(packet)	将 bytes 字节流类型的 IP 地址转换为字符串类型
socket.getfqdn()	返回本机的全域名
socket.getfqdn(hostname)	返回指定主机的全域名
socket.ntohl(number)	将网络顺序的数值 number 转换为主机顺序的 4B 整数类型
socket.ntohs(number)	将网络顺序的数值 number 转换为主机顺序的 2B 整数类型
socket.htonl(number)	将主机顺序的数值 number 转换为网络顺序的 4B 整数类型
socket.htons(number)	将主机顺序的数值 number 转换为网络顺序的 2B 整数类型

4.2 SOCK_STREAM

SOCK_STREAM 为通过 TCP 建立的流式 socket，用于面向连接、可靠的数据传输服务。

4.2.1 字符串转换实例

代码 4-2s 和代码 4-2c 分别为利用 SOCK_STREAM 方式通信的服务器和客户端程序，其中，服务器程序将收到的来自客户端的字符串转换为大写后返回给客户端。

```python
1    #代码 4-2s   socket02s.py
2    #!/usr/bin/env python3
3    # coding:utf-8
4    import socket
5    s = socket.socket(socket.AF_INET, socket.SOCK_STREAM)
6    s.bind(('192.168.3.13', 8088))
7    s.listen(1)
8    print('Wait for connecting...')
9    (conn,addr) = s.accept()
10   print('conn = ',conn)
11   print('addr = ',addr)
12   while True:
13       str1 = conn.recv(1024)
14       str2 = str(str1,encoding = 'utf-8')
15       print('I received a string is: ',str2)
16       str3 = str2.upper()
17       conn.send(str3.encode('utf-8'))
18       if str2 == '.':
19           break
20   conn.close()
21   s.close()
```

代码 4-2s 为运行在服务器的代码。第 4 行引入 socket 模块。第 5 行构造 socket 对象 s。第 6 行调用函数 bind()将对象 s 绑定到元组('192.168.3.13', 8088)表示的地址上，其中'192.168.3.13'为服务器 IP 地址，8088 为端口号。第 7 行调用函数 listen()开始监听来自客户端的连接,参数为 1 表示只接受一个连接。第 9 行调用函数 accept()接受一个来自客户端的连接,返回元组(conn,addr),其中,conn 也是一个 socket 对象,用来与客户端通信,addr 为元组变量,保存客户端的 IP 地址和端口号。第 12~19 行的循环使用 conn 通过函数 recv()和 send()与客户端通信,recv()函数使用参数 1024,表示一次最多接收 1024B 数据。通信双方交换 bytes 字节流数据,因此,第 14 行利用 str()函数将 bytes 字节流数据转换为字符串,也可使用代码 4-1 中的 decode()函数进行转换。第 16 行调用函数 upper()将字符串中小写字母转换为大写字母。第 17 行调用函数 send()发送数据之前,利用函数 encode()将字符串转换为 bytes 字节流后进行发送。第 18 行判断接收到的来自客户端的字符串是否为结束标志".",若收到结束标志,则利用 break 语句退出循环。第 20 行调用函数 close()断开连接,第 21 行调用函数 close()释放对象 s。

代码 4-2s 接收客户端连接,并为客户端提供字符串字母小写转大写服务,程序运行如图 4-2 所示。

```
Wait for connecting...
conn = <socket.socket fd = 4, family = AddressFamily.AF_INET, type = SocketKind.SOCK_STREAM,
proto = 0, laddr = ('192.168.3.13', 8088),
raddr = ('192.168.3.37', 45542)>
addr = ('192.168.3.37', 45542)
I received a string is:    aBch
I received a string is:    f 服务 d
I received a string is:    h7Tq
I received a string is:    .
```

图 4-2 代码 4-2s 运行结果

如图 4-2 所示,对象 conn 中的 laddr 为本机 IP 地址与端口号,raddr 为远端主机 IP 地址与端口号,程序输出了通过循环接收到的字符串。

```
1   #代码 4-2c  socket02c.py
2   #!/usr/bin/env python3
3   # coding: utf - 8
4   import socket
5   s = socket.socket(socket.AF_INET, socket.SOCK_STREAM)
6   s.connect(('192.168.3.13',8088))
7   print('I am connecting the server!')
8   for xx in ['aBch','f 服务 d','h7Tq','.']:
9       s.send(xx.encode('utf - 8'))
10      str1 = s.recv(1024)
11      str2 = str(str1,encoding = 'utf - 8')
12      print('The original string is:',xx,'\tthe processed string is:',str2)
13  s.close()
```

代码 4-2c 为运行在客户端的代码。第 4 行引入 socket 模块。第 5 行构造 socket 对象 s。第 6 行调用函数 connect()连接服务器,服务器的 IP 地址和端口号用元组表示。第 8~12 行的循环向服务器发送要处理的数据和接收处理完毕的数据。与服务器程序类似,传输的数据格式为 bytes 字节流,因此,在数据发送前和接收数据后,需要对数据格式进行转换。

第 13 行调用函数 close()断开与服务器的连接。

代码 4-2c 运行结果如图 4-3 所示。

```
I am connecting the server!
The original string is: aBch        the processed string is: ABCH
The original string is: f 服务 d     the processed string is: F 服务 D
The original string is: h7Tq        the processed string is: H7TQ
The original string is: .           the processed string is: .
```

图 4-3　代码 4-2c 运行结果

4.2.2　文件下载实例

代码 4-3s 和代码 4-3c 分别为利用 SOCK_STREAM 方式通信的服务器和客户端程序，其中，客户端程序请求下载服务器中的文件，若服务器中存在所请求的文件，则发送文件给客户端；否则，提示文件不存在。

```
1    #代码 4-3s    socket03s.py
2    #!/usr/bin/env python3
3    # coding: utf-8
4    import socket
5    import os
6    def sendfile(conn):
7        str1 = conn.recv(1024)
8        filename = str1.decode('utf-8')
9        print('The client requests my file:',filename)
10       if os.path.exists(filename):
11           print('I have %s, begin to download!' % filename)
12           conn.send(b'yes')
13           conn.recv(1024)
14           size = 1024
15           with open(filename,'rb') as f:
16               while True:
17                   data = f.read(size)
18                   conn.send(data)
19                   if len(data)< size:
20                       break
21           print('%s is downloaded successfully!' % filename)
22       else:
23           print('Sorry, I have no %s!' % filename)
24           conn.send(b'no')
25       conn.close()
26   s = socket.socket(socket.AF_INET, socket.SOCK_STREAM)
27   s.bind(('192.168.3.201',8088))
28   s.listen(1)
29   print('Wait for connecting...')
```

```
30    while True:
31        (conn,addr) = s.accept()
32        sendfile(conn)
```

代码 4-3s 为运行在服务器的代码,其中,第 7～25 行为自定义函数 sendfile(),用于处理客户端请求,主要实现向客户端发送文件数据。

主程序中第 4 行引入 socket 模块。第 5 行引入 os 模块,用于在第 10 行判断服务器是否拥有客户端所请求文件。第 26 行构造 socket 对象 s。第 27 行调用函数 bind()将对象 s 绑定到元组('192.168.3.201',8088)表示的地址上,其中'192.168.3.201'为服务器 IP 地址,8088 为端口号。第 28 行调用函数 listen()监听来自客户端的连接,参数为 1 表示只接受一个连接。第 30～32 行是一个无限循环,循环体中调用函数 accept()接受来自客户端的连接,并以两者建立连接的对象 conn 为参数调用自定义函数 sendfile(),处理来自客户端的请求。程序中没有中止无限循环的语句,因此,只能通过其他方法来结束程序的运行,例如通过按下键盘上的 Ctrl+C 键。

自定义函数 sendfile()中第 7 行接收客户端请求的文件名。第 8 行将接收的文件名转换为字符串。第 10 行判断客户端所请求文件是否存在。第 11～21 行执行当客户端请求的文件存在时,向客户端反馈文件存在信息并发送文件数据的功能。第 12 行向客户端发送 bytes 格式的'yes'。第 13 行接收客户端的回应信息,此处服务器接收信息主要是避免出现服务器刚向客户端发送完'yes'信息,接着就发送文件数据,导致客户端收到混杂回应信息与文件内容的数据。读者可以给第 13 行语句加上注释,看看程序运行结果。第 15～21 行实现发送文件数据的功能,使用 with 语句打开文件,文件以二进制只读方式打开。第 15～20 行使用无限循环,每次从文件读出 size 字节内容并发送给客户端,由于文件是以二进制方式打开,从文件中读出的内容就是 bytes 类型,因此,无须进行格式转换,可直接发送。每次数据发送结束,都判断该次数据是否小于 size,如果小于 size,则表示已经到达文件末尾,该次数据为文件最后数据,因此,使用 break 语句中止循环。第 22～24 行执行当客户端请求文件不存在时,输出文件不存在信息,并向客户端发送 bytes 格式的'no'。第 25 行为函数 sendfile()的最后一条语句,调用函数 close()结束与客户端的连接。

代码 4-3s 接收客户端连接,处理客户端发送指定文件请求的运行过程如图 4-4 所示。

```
Wait for connecting...
The client requests my file: /bin/ls
I have /bin/ls, begin to download!
/bin/ls is downloaded successfully!
```

图 4-4　代码 4-3s 运行结果

如图 4-4 所示,服务器拥有客户端请求的文件/bin/ls,并成功将文件数据发送给客户端。

```
1    #代码 4-3c   socket03c.py
2    #!/usr/bin/env python3
3    # coding: utf-8
```

```python
4   import socket
5   s = socket.socket(socket.AF_INET, socket.SOCK_STREAM)
6   s.connect(('192.168.3.201',8088))
7   filename = '/bin/ls'
8   print('I want to get the file %s!' % filename)
9   s.send(filename.encode('utf-8'))
10  str1 = s.recv(1024)
11  str2 = str1.decode('utf-8')
12  if str2 == 'no':
13      print('To get the file %s is failed!' % filename)
14  else:
15      s.send(b'I am ready!')
16      temp = filename.split('/')
17      myname = 'my_' + temp[len(temp)-1]
18      size = 1024
19      with open(myname,'wb') as f:
20          while True:
21              data = s.recv(size)
22              f.write(data)
23              if len(data)< size:
24                  break
25      print('The downloaded file is %s.' % myname)
26  s.close()
```

代码 4-3c 为运行在客户端的代码。第 4 行引入 socket 模块。第 5 行构造 socket 对象 s。第 6 行调用函数 connect() 连接服务器，服务器的 IP 地址和端口号用元组表示。第 7 行 filename 变量保存了要获取文件的文件路径和名称。第 9 行将 filename 转为 bytes 类型后发送给服务器。第 10 行接收来自服务器的消息。第 11 行将消息转换为字符串。第 12 行根据收到的消息判断服务器是否拥有所需文件，如果没有，第 13 行输出文件获取失败信息；否则，通过第 15～25 行下载文件。第 15 行向服务器发送消息。第 16 行将文件路径与名称分开，便于在第 17 行给文件名前加上"my_"前缀。第 18 行定义每次获取的数据大小，此数值可取其他值，不必保持与服务器代码部分的取值相同。第 19 行创建新文件。第 20～24 行利用无限循环接收文件内容数据并写入文件中，其中，第 23 行根据接收的数据量是否小于预设值来判断是否为文件最后一批数据，若是最后一批数据，则执行第 24 行的 break 中止循环。第 26 行调用函数 close() 断开与服务器的连接。

代码 4-3c 运行结果如图 4-5 所示，成功下载服务器文件并给文件名加上前缀后存入当前目录中。

```
I want to get the file /bin/ls!
The downloaded file is my_ls.
```

图 4-5　代码 4-3c 运行结果

对比代码 4-3s 和代码 4-3c 可知，服务器创建的 socket 对象 s，在调用函数 accept() 接受一个连接时会产生另一个 socket 对象 conn，接下来用 conn 与客户端进行通信，而客户端创建的 socket 对象 s 直接用于与服务器通信。这是因为一个服务器需要同时与多个客户端通信,因此,服务器每接受一个连接就会产生一个 conn,每个 conn 负责与一个客户端通信。一个服务器与多个客户端同时通信可以使用多进程或者多线程实现。

4.2.3 扫描主机端口实例

许多服务程序都是以 SOCK_STREAM 方式打开服务器端,等待来自客户端的连接,客户端连接服务器成功后,双方进行通信。许多木马程序也是以这种方式工作的——在用户不知不觉中,在用户的主机上安装并运行服务器程序,然后远程连接到用户主机,获取用户主机信息或者操控用户主机。因为木马程序不可避免地要打开端口,等待连接,因此,可以通过程序扫描主机端口,检查是否有不明程序潜伏在主机中运行,如代码 4-4 所示。

```
1  #代码 4-4    socket04.py
2  #!/usr/bin/env python3
3  # coding: utf-8
4  import socket
5  s = socket.socket(socket.AF_INET, socket.SOCK_STREAM)
6  s.settimeout(0.5)
7  ip = '192.168.3.201'
8  for port in range(5000,9000):
9      result = s.connect_ex((ip, port))
10     if result == 0:
11         print('port %d is openned!' % port)
12 s.close()
```

代码 4-4 第 4 行引入 socket 模块。第 5 行构造 socket 对象 s。第 6 行调用函数 settimeout() 设置 s 操作的超时时间,因为是针对本机操作,速度很快,因此,设置为 0.5s,如果针对远程主机操作,该值应该设为一个较大的值,如设置为 3s。第 7 行用字符串变量保存主机 IP 地址。第 7~11 行使用循环扫描主机的端口,端口范围使用函数 range() 指定。第 9 行调用函数 connect_ex() 连接服务器,服务器的 IP 地址和端口号用变量 ip 和 port 构成的元组表示,结果保存到变量 result 中。第 10 行判断 result 的值是否为 0,若为 0,则表示第 9 行语句连接服务器成功,说明所扫描端口处于打开状态,第 11 行输出打开的端口号。程序运行结果如图 4-6 所示。

```
port 8088 is openned!
port 8089 is openned!
```

图 4-6 代码 4-4 运行结果

4.3 SOCK_DGRAM

SOCK_DGRAM 为通过 UDP 建立的 socket,用于无连接、不可靠的数据传输服务,但 SOCK_DGRAM 具有较高的数据传输效率,经常用于传输小批量的数据。

4.3.1 获取服务器 CPU 使用情况实例

代码 4-5s 和代码 4-5c 分别为利用 SOCK_DGRAM 方式通信的服务器和客户端程序，其中，服务器程序收到客户端请求后，给客户端返回服务器 CPU 使用情况的信息，包括 CPU 利用率和前 10 个进程信息。

```python
1   # 代码 4-5s    socket05s.py
2   #!/usr/bin/env python3
3   # coding: utf-8
4   import socket
5   import psutil
6   def do_cpu():
7       data = str(psutil.cpu_percent(0)) + '%\n'
8       count = 0
9       for process in psutil.process_iter():
10          data = data + process.name()
11          data = data + ',' + str(process.pid)
12          cpu_usage_rate_process = str(process.cpu_percent(0)) + '%'
13          data = data + ',' + cpu_usage_rate_process + '\n'
14          count += 1
15          if count == 10:
16              break
17      return data
18  s = socket.socket(socket.AF_INET, socket.SOCK_DGRAM)
19  s.bind(('192.168.3.201',8090))
20  print('Bind UDP on 8090...')
21  while True:
22      (info,addr) = s.recvfrom(1024)
23      data = do_cpu()
24      s.sendto(data.encode('utf-8'),addr)
25      print('The client is ',addr)
26      print('Sended CPU data is:',data)
```

代码 4-5s 为运行在服务器端的代码，包括一个自定义函数 do_cpu()（第 6~17 行）。

主程序第 4 行引入 socket 模块。第 5 行引入 psutil 模块。第 18 行构造 socket 对象 s，类型为 SOCK_DGRAM。第 19 行调用函数 bind()将对象 s 绑定到元组('192.168.3.201', 8090)表示的地址上，其中'192.168.3.201'为服务器 IP 地址，8090 为端口号。第 21~26 行为无限循环，用于服务器接收来自客户端的请求并进行应答。第 22 行调用函数 recvfrom()接收来自客户端的数据，每次最多 1024B，接收到的 bytes 字节流数据保存在变量 info 中，客户端地址保存在元组变量 addr 中。第 23 行调用函数 do_cpu()获取 CPU 的相关信息，获取的信息保存在变量 data 中，并通过第 24 行转换为 bytes 类型后发送给客户端。第 25 行输出客户端地址元组，第 26 行输出发送的数据。

第 6~17 行的函数 do_cpu()用于获取服务器 CPU 的当前负载信息并返回。第 7 行调用 psutil 模块的 cpu_percent()函数取得 CPU 的利用率，调用 cpu_percent()时的参数为 0 表示取得 CPU 的瞬间利用率，若参数大于 0，则取得以秒为单位的参数指定时间内 CPU 的平均利用率，然后将取得的 float 类型的 CPU 利用率转化为字符串并加上百分号和换行符保存在字符串变量 data 中。第 8 行给 count 赋初值为 0，count 为计数变量，在后面的循环中记录已经取得信息的进程数量。第 9~16 行的循环用于获取服务器前 10 个进程的信息，第 9 行调用 psutil 模块的 process_iter() 函数取得进程的信息并利用 process 变量遍历。第 10 行取得进程名称，连接在字符串变量 data 后面。第 11 行取得进程号，转换为字符串后连接在字符串变量 data 后面。第 12 行通过调用 process.cpu_percent(0) 取得该进程瞬间使用 CPU 的百分比数值，并转换为字符串类型加上百分号保存在变量 cpu_usage_rate_process 中。第 13 行将 cpu_usage_rate_process 的值连接在字符串变量 data 后面，使得单个进程的进程名称、进程号和进程使用 CPU 的百分比等值之间使用逗号分隔，通过在 cpu_usage_rate_process 的值后面加"\n"，单独为一行，便于客户端分离。第 14 行 count 值加 1，第 15 行判断 count 为 10 时，通过第 16 行的 break 退出循环。第 17 行返回字符串变量 data。

代码 4-5s 接收客户端请求，将服务器负载返回给客户端的运行实例如图 4-7 所示。

```
Bind UDP on 8090...
The client is   ('192.168.3.7', 54192)
Sended CPU data is: 11.1%
systemd,1,0.0%
kthreadd,2,0.0%
kworker/0:0H,4,0.0%
kworker/u256:0,5,0.0%
ksoftirqd/0,6,0.2%
rcu_sched,7,0.0%
rcu_bh,8,0.0%
migration/0,9,0.0%
lru-add-drain,10,0.0%
watchdog/0,11,0.0%
```

图 4-7　代码 4-5s 运行实例

如图 4-7 所示，服务器返回给客户端的 CPU 数据用"\n"分为多行，行内数据用","分隔，客户端将根据该格式提取各项数据。

客户端程序如代码 4-5c 所示。

```
1   #代码 4-5c   socket05c.py
2   #!/usr/bin/env python3
3   # coding: utf-8
4   import socket
5   s = socket.socket(socket.AF_INET, socket.SOCK_DGRAM)
6   s_addr = ('192.168.3.201',8090)
7   s.sendto(b'CPU info',s_addr)
8   (data_b,addr) = s.recvfrom(1024)
9   if addr == s_addr:
10      data_s = data_b.decode('utf-8')
11      data_list = data_s.split('\n')
12      print('CPU usage rate is ',data_list[0])
```

```
13      print('Top 10 processes are flowing...')
14      print('%-20s%-5s%-10s' % ('NAME','PID','CPU usage'))
15      data_list = data_list[1:-1]
16      for xx in data_list:
17          yy = xx.split(',')
18          print('%-20s%-5s%-10s' % (yy[0],yy[1],yy[2]))
19  s.close()
```

代码 4-5c 为运行在客户端的代码，第 4 行引入 socket 模块。第 5 行构造 socket 对象 s，类型为 SOCK_DGRAM。第 6 行用元组变量 s_addr 保存服务器 IP 地址和端口号。第 7 行通过函数 sendto() 向服务器发送 bytes 类型的数据 "CPU info"。第 8 行通过函数 recvfrom() 接收服务器的回应信息。第 9 行判断接收的信息是否来自指定服务器，若是，则利用第 10~18 行处理信息；否则，不予处理。第 10 行通过函数 decode() 将服务器的回应信息转换为字符串类型。第 11 行通过函数 split() 将服务器的回应信息以换行符 "\n" 为分隔符，分割为多个字符串，存入列表变量 data_list 中。第 12 行输出 CPU 利用率信息。第 13 行输出将要显示系统前 10 个进程的信息。第 14 行输出格式化的表头信息。第 15 行舍弃列表变量 data_list 中的第一个字符串和最后一个字符串，其中，第一个字符串为 CPU 利用率信息，已经输出，最后一个字符串为换行符。第 16~18 行利用循环格式化显示进程信息，其中，第 17 行通过函数 split() 将进程信息以 "," 为分隔符，分割为进程名称、进程号和进程占用 CPU 的百分比子串，并存入列表变量 yy 中，供第 18 行进行格式化输出。第 19 行释放 socket 对象 s。

代码 4-5c 运行结果如图 4-8 所示。

```
CPU usage rate is   11.1%
Top 10 processes are flowing...
NAME                PID  CPU usage
systemd             1    0.0%
kthreadd            2    0.0%
kworker/0:0H        4    0.0%
kworker/u256:0      5    0.0%
ksoftirqd/0         6    0.2%
rcu_sched           7    0.0%
rcu_bh              8    0.0%
migration/0         9    0.0%
lru-add-drain       10   0.0%
watchdog/0          11   0.0%
```

图 4-8　代码 4-5c 运行结果

如图 4-8 所示，客户端获取到服务器 CPU 利用率和前 10 个进程的信息，并进行显示。

由代码 4-5s 和代码 4-5c 可知，SOCK_DGRAM 方式中，通信双方无须建立连接，只要知道对方 IP 地址和端口号，直接用函数 sendto() 发送 bytes 类型数据，用函数 recvfrom() 接收信息即可。由于通信双方通信之前没有连接，因此，通过函数 recvfrom() 接收到的信息有可能来自任何主机，此时，就需要比较信息发送方的地址是否为服务器地址，避免信息的张冠李戴。

4.3.2 获取服务器内存使用情况实例

代码 4-6s 和代码 4-6c 分别为利用 SOCK_DGRAM 方式通信的服务器和客户端程序，其中，客户端向服务器请求信息，服务器向客户端返回服务器内存使用情况信息供客户端处理。

```python
1   #代码 4-6s    socket06s.py
2   #!/usr/bin/env python3
3   # coding:utf-8
4   import socket
5   import psutil
6   def do_memory():
7       memory_status = psutil.virtual_memory()
8       data = 'total = ' + str(memory_status.total)
9       data = data + ', available = ' + str(memory_status.available)
10      data = data + ', percent = ' + str(memory_status.percent) + '%'
11      data = data + ', used = ' + str(memory_status.used)
12      data = data + ', free = ' + str(memory_status.free)
13      data = data + ', active = ' + str(memory_status.active)
14      data = data + ', inactive = ' + str(memory_status.inactive)
15      data = data + ', buffers = ' + str(memory_status.buffers)
16      data = data + ', cached = ' + str(memory_status.cached)
17      data = data + ', shared = ' + str(memory_status.shared)
18      return data
19  s = socket.socket(socket.AF_INET, socket.SOCK_DGRAM)
20  s.bind(('192.168.3.201',8091))
21  print('Bind UDP on 8091...')
22  while True:
23      (info,addr) = s.recvfrom(1024)
24      data = do_memory()
25      s.sendto(data.encode('utf-8'),addr)
26      print('The client is ',addr)
27      print('Sended memory data is:\n',data)
```

代码 4-6s 为运行在服务器端的代码，包含一个自定义函数 do_memory()（第 6～18 行）。

主程序第 4 行引入 socket 模块。第 5 行引入 psutil 模块。第 19 行构造 socket 对象 s，类型为 SOCK_DGRAM。第 20 行调用函数 bind()将对象 s 绑定到元组('192.168.3.201',8091)表示的地址上，其中'192.168.3.201'为服务器 IP 地址,8091 为端口号。第 22～27 行为无限循环，用于服务器接收来自客户端的请求并进行应答。第 23 行调用函数 recvfrom()接收来自客户端的数据，每次最多 1024B，接收到的 bytes 字节流数据保存在变量 info 中，客户端地址保存在元组变量 addr 中。第 24 行调用函数 do_memory()获取内存使用情况信息，获取的信息保存在变量 data 中，并通过第 25 行转换为 bytes 类型后发送给客户端。第 26 行输出客户端地址元组，第 27 行输出发送的数据。

第 6~18 行的函数 do_memory() 用于获取服务器内存的使用信息并返回。第 7 行调用 psutil 的 virtual_memory() 函数取得内存的使用情况并保存到对象 memory_status 中。第 8~17 行分别从 memory_status 中提取内存总量、可用容量、使用百分比、已使用容量、空闲容量、活动内存容量、非活动内存容量、缓存容量、高速缓存容量和共享内存容量等数值，转化为字符串类型后保存到字符串变量 data 中，各值之间用逗号分隔，通过第 18 行返回。

代码 4-6s 接收客户端请求，将服务器内存使用情况返回给客户端的运行实例如图 4-9 所示。

```
Bind UDP on 8091...
The client is  ('192.168.3.7', 8888)
Sended memory data is:
total = 2075693056, available = 547053568, percent = 73.6%, used = 1324105728, free = 93945856,
active = 889167872, inactive = 657448960, buffers = 155549696, cached = 502091776, shared =
12124160
```

图 4-9　代码 4-6s 运行实例

如图 4-9 所示，服务器返回给客户端的内存数据只有一行，行内数据用空格分隔，便于客户端对各项数据的提取。

客户端程序如代码 4-6c 所示。

```
1    #代码 4-6c    socket06c.py
2    #!/usr/bin/env python3
3    # coding: utf-8
4    import socket
5    s = socket.socket(socket.AF_INET, socket.SOCK_DGRAM)
6    s_addr = ('192.168.3.201',8091)
7    s.bind(('192.168.3.7',8888))
8    s.sendto(b'memory info', s_addr)
9    (data_b, addr) = s.recvfrom(1024)
10   if addr == s_addr:
11       data_s = data_b.decode('utf-8')
12       print('Memory status is flowing...')
13       data_list = data_s.split(',')
14       for xx in data_list:
15           print(xx)
16   s.close()
```

代码 4-6c 为运行在客户端的代码。第 4 行引入 socket 模块。第 5 行构造 socket 对象 s，类型为 SOCK_DGRAM。第 6 行用元组变量 s_addr 保存服务器 IP 地址和端口号。第 7 行调用函数 bind() 给客户端 socket 对象 s 绑定 IP 地址和端口号。第 8 行通过函数 sendto() 向服务器发送 bytes 类型的数据"memory info"。第 9 行通过函数 recvfrom() 接收服务器的回应信息。第 10 行判断如果接收的信息来自服务器，则利用第 11~15 行处理信息；否则，不予处理。第 11 行通过函数 decode() 将服务器的回应信息转换为字符串类型。第 12 行输出显示内存使用情况的信息。第 13 行通过函数 split() 将服务器的回应信息以","为分隔符,分割为多个子串,存入列表变量 data_list 中。第 14 行和第 15 行利用循环显示内存信息,每项占用一行,通过第 15 行显示。第 16 行关闭 socket 对象 s。

代码 4-6c 运行结果如图 4-10 所示。

```
Memory status is flowing...
total = 2075693056
available = 547053568
percent = 73.6 %
used = 1324105728
free = 93945856
active = 889167872
inactive = 657448960
buffers = 155549696
cached = 502091776
shared = 12124160
```

图 4-10 代码 4-6c 运行结果

如图 4-10 所示,客户端获取到服务器的内存使用信息,并进行显示。在代码 4-6c 中,利用函数 bind() 指定了客户端 SOCK_DGRAM 通信的端口 8888,客户端将使用端口 8888 与服务器通信,否则,客户端会随机选择一个端口与服务器通信,客户端地址信息的显示见服务器程序运行结果,如图 4-7 与图 4-9 所示。

4.4 SOCK_RAW

前面介绍的 SOCK_STREAM 和 SOCK_DGRAM 分别使用传输层的 TCP 和 UDP 处理实现客户端与服务器的通信,用户只需要调用相应的函数指明要执行的操作并提供相关参数即可,通信过程中传输层和数据链路层数据报文由系统自动生成,因此,编程比较简单。

SOCK_RAW 是一种底层的 SOCKET 编程接口,不同于 SOCK_STREAM 和 SOCK_DGRAM,它在系统核心实现,需要用户自行构造数据报文,编程比较复杂,本节以 SOCK_RAW 实现 ping 命令功能为实例,介绍 SOCK_RAW 的应用。

ping 命令利用 ICMP 数据报文探测网络中指定主机是否在线,因此,要实现 ping 命令的功能,需要先了解 ICMP 的工作原理和数据报文格式。

4.4.1 ICMP 报文

ICMP 属于 TCP/IP 的网络层协议,主要用于在主机之间或者主机与路由器之间传递状态信息,例如,数据报文的目标主机不可到达、数据报文因超时被丢弃、路由器通告信息、主机回应信息等。ICMP 报文被封装在 IP 报文中作为 IP 报文的数据部分,如图 4-11 所示。

如图 4-11 所示,ICMP 报文被封装在 IP 报文的数据部分,载有 ICMP 报文的 IP 报文首部协议字段值为 1,表示该 IP 报文数据部分为 ICMP 报文。

ICMP 报文包括 8B 的报文头部和长度可变的报文数据部分,如图 4-12 所示。

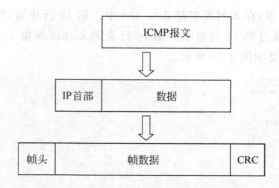

图 4-11 ICMP 报文封装

类型(8位)	代码(8位)	校验和(16位)
选项(32位，依据类型值而定)		
数据部分(长度可变)		

图 4-12 ICMP 报文格式

图 4-12 中 ICMP 报文头部各字段功能如下。

类型：占 8 位，1 字节，用于定义 ICMP 报文的类型，ICMP 报文类型如表 4-4 所示，分为差错报告报文与查询/应答报文。

表 4-4 ICMP 报文类型

类 型 值	报 文 类 型	报文分类
3	Destination unreachable：目的不可达	差错报告报文
4	Source quench：源主机消失	
5	Redirect：重定向	
11	Time exceeded：超时	
12	Parameter problem：参数问题	
8 或 0	Echo request/reply：回应请求/回应应答	查询/应答报文
10 或 9	Router advertisement/solicitations：路由器通告和请求	
13 或 14	Timestamp/timestamp reply：时间戳和时间戳应答	
15 或 16	Information request/reply：信息请求/应答	
17 或 18	Address mask request/reply：地址掩码请求/应答	

代码：占 8 位，1 字节，表示发送该报文的原因。

校验和：占 16 位，2 字节，用来检测数据报文在传输过程中是否出现错误。

选项：占 32 位，4 字节，依类型而定，不同类型对应不同的选项。

数据部分：长度可变，不同类型报文，数据部分也不相同。

用于探测网络中主机是否存在的 ICMP 报文类型值为 8 或 0，类型值为 8 时，表示该报文为探测目标主机是否存在的回应请求报文；类型值为 0 时，表示该报文为回复源主机的回应应答报文。报文类型值为 8 或 0 时，报文头部的选项部分被分为占 16 位的标识符部分和占 16 位的序号部分，其中，标识符部分由源主机设定，目标主机原样返回，用于判断请求报文与应答报文是否成对；序号部分也由源主机设定，目标主机原样返回，表示请求报文发送序号。报文数据部分为 8B 的 bytes 类型的时间。

4.4.2　ICMP 报文校验和计算

ICMP 报文校验和计算方法如算法 4-1 所示。

```
#算法 4-1
Header = ICMP 报文头部
Data = ICMP 报文数据部分
#将 Header 与 Data 转换为 bytes 类型后连接在一起
Packet = bytes(Header) + bytes(Data)
若 Packet 为奇数字节,则 Packet = Packet + '\0'
以 2 字节为单位,对 Packet 进行分割后存入列表 Words 中
Sum = 0
利用循环,将 Words 中的值累加到 Sum 中
将 Sum 的高 16 位与低 16 位相加,存入 Sum1
#加上进位位
将 Sum1 与 Sum1 的高 16 相加,存入 Sum2
对 Sum2 按位取反后,取低 16 位存入 Checksum
返回 16 位校验和 Checksum
```

4.4.3　数据转换为 bytes 格式

在 ICMP 报文校验和计算中，需要将报文头部与报文数据部分转换为 bytes 字节流格式。字符串型与 bytes 型相互转换比较容易，但其他类型与 bytes 型相互转换就比较困难，Python 中的 struct 模块可以实现 bytes 型与其他类型数据的相互转换。

struct 模块中常用的函数为 struct.pack()、struct.unpack() 和 struct.calcsize()，其中，struct.pack() 函数将其他类型数据转换并打包为 bytes 字节流格式数据，struct.unpack() 函数将 bytes 字节流格式数据解包还原为原来类型的数据，struct.calcsize() 计算 struct.pack() 或者 struct.unpack() 中所使用的格式串字节数，也就是包的大小。

struct.pack() 函数格式为 struct.pack(fmt,v1,v2,…)，其中，fmt 为格式串，v1、v2 等为需要打包为 bytes 的数据，例如，xx=struct.unpack('2if', 1, 2, 3.5) 表示将整数 1、2 以及浮点数 3.5 打包成 bytes 字节流数据并保存在变量 xx 中，其中格式串中的 2i 表示 2 个整数，f 表示 1 个浮点数。

struct.unpack() 函数格式为 struct.unpack(fmt, xx)，其中，fmt 为格式串，xx 为需要解包的 bytes 数据，例如，(x1, x2, x3)=struct.pack('2if', xx) 表示将 xx 解包为 2 个整数和 1 个浮点数，分别存入变量 x1、x2 和 x3 中。

struct.calcsize() 函数格式为 struct.calcsize(fmt)，其中，fmt 为格式串，例如，num=struct.calcsize('2if') 表示将 2 个整数和 1 个浮点数打包成 bytes 字节流格式后所占的字节数，并存入变量 num 中。

struct 格式符如表 4-5 所示。

表 4-5 struct 格式符

格式符	数据	字节数	举例
x	填充字符'\0'	1	struct.pack('3x') = b'\x00\x00\x00'
?	布尔型	1	struct.pack('?',1) = b'\x01'
c	字符,表示成 b'x'形式	1	struct.pack('2c',b'x',b'y') = b'xy'
s	字符串型,表示成 b'xyz'形式	1	struct.pack('4s',b'abcd') = b'abcd'
p	字符串型,表示成 b'xyz'形式	1	struct.pack('4p',b'abcd') = b'\x03abc'
b	有符号整型	1	struct.pack('b',1) = b'\x01'
B	无符号整型	1	struct.pack('B',1) = b'\x01'
h	有符号整型	2	struct.pack('h',-1) = b'\xff\xff'
H	无符号整型	2	struct.pack('H',2) = b'\x02\x00'
i	有符号整型	4	struct.pack('i',-2) = b'\xfe\xff\xff\xff'
I	无符号整型	4	struct.pack('I',3) = b'\x03\x00\x00\x00'
l	有符号整型	8	struct.pack('l',-3) = b'\xfd\xff\xff\xff\xff\xff\xff\xff'
L	无符号整型	8	struct.pack('L',3) = b'\x03\x00\x00\x00\x00\x00\x00\x00'
q	有符号整型	8	struct.pack('q',-4) = b'\xfc\xff\xff\xff\xff\xff\xff\xff'
Q	无符号整型	8	struct.pack('Q',4) = b'\x04\x00\x00\x00\x00\x00\x00\x00'
f	浮点型	4	struct.pack('f',1.23) = b'\xa4p\x9d?'
d	浮点型	8	struct.pack('d',1.23) = b'\xaeG\xe1z\x14\xae\xf3?'
P	有符号整型,表示地址值	8	struct.pack('P',8) = b'\x08\x00\x00\x00\x00\x00\x00\x00'
! 或 >	数据以 Big-endian 方式表示		
<	数据以 Little-endian 方式表示		

在表 4-5 中,格式符前面的数字表示格式符的重复次数,例如,"2i"表示有 2 个 4 字节有符号整型数;当格式符为"3x"时,表示填充 3 个"\0";当格式符为"2c"时,表示有 2 个字符,字符以 b'x'、b'y'形式给出,不能以 b'xy'形式给出;当格式符为"4s"时,表示最多由 4 个字符组成的字符串,以 b'abcd'形式给出;当格式符为"4p"时,表示最多由 3 个字符组成的字符串,其中,首字节表示字符个数,首字节之后为 b'abc'形式的字符。

数据默认以 Little-endian 方式表示,即格式符"<",如果指明格式符为"!"或">",则数据将以 Big-endian 方式表示。以 Little-endian 方式表示时低位在前、高位在后;以 Big-endian 方式表示时高位在前、低位在后。例如,struct.pack('<i',1) = b'\x01\x00\x00\x00'和 struct.pack('!i',1) = b'\x00\x00\x00\x01'。两种表示方式的混淆,将使数值产生很大的变化,例如,x=struct.pack('i',1),y=struct.unpack('!i',x),y[0]的值为 16777216,而非 1。

4.4.4 探测主机是否在线实例

代码 4-7 为探测主机是否在线的实例,实现类似 ping 命令的功能。

```python
# 代码 4-7  socket07.py
#!/usr/bin/env python3
# coding: utf-8
import struct
import array
import time
import socket
def checksum(packet):
    if len(packet) & 1:
        packet = packet + '\0'
    words = array.array('h', packet)
    sum = 0
    for word in words:
        sum += (word & 0xffff)
    sum = (sum >> 16) + (sum & 0xffff)
    sum = sum + (sum >> 16)
    return (~sum) & 0xffff
header = struct.pack('bbHHh', 8, 0, 0, 1234, 5)
data = struct.pack('d', time.time())
packet = header + data
chkSum = checksum(packet)
header = struct.pack('bbHHh', 8, 0, chkSum, 1234, 5)
packet = header + data
s = socket.socket(socket.AF_INET, socket.SOCK_RAW, socket.getprotobyname("icmp"))
s.settimeout(3)
ip = input('ip adress is:')
for kk in range(4):
    try:
        t1 = time.time()
        s.sendto(packet, (ip, 0))
        (r_data, r_addr) = s.recvfrom(1024)
        t2 = time.time()
    except Exception as e:
        print('Error is ', e)
        Continue
    print('Receive the respond from %s, data is %d bytes, time is %.2f ms' \
        % (r_addr[0], len(r_data), (t2 - t1) * 1000))
    (h1, h2, h3, h4, h5) = struct.unpack('bbHHh', r_data[20:28])
    print('type = %d, code = %d, chksum = %u, Id = %u, SN = %d' % (h1, h2, h3, h4, h5))
```

程序包含一个自定义函数 checksum()(第 8~17 行)。

主程序第 4 行引入 struct 模块,用于将其他类型数据转换为 bytes 字节流类型。第 5 行引入 array 模块,用于将 bytes 字节流数据转换为 2B 有符号整型数组。第 6 行引入 time

模块,用于获取系统时间。第 7 行引入 socket 模块,用于构造 socket 对象。第 18 行利用 struct 模块的 pack()函数构造 ICMP 报文的首部,其中,类型值为 8,表示该报文为探测目标主机是否存在的回应请求报文,代码为 0,校验和为 0,标识符为 1234,序号为 5。第 19 行利用 struct 模块的 pack()函数构造 ICMP 报文的数据部分,数据部分值取系统当前的时间。第 20 行将 ICMP 报文的首部与数据部分连接起来,形成报文存储在变量 packet 中。第 21 行以 packet 为参数调用函数 checksum,计算 ICMP 报文的校验和,保存在变量 chkSum 中。第 22 行以新的校验和 chkSum 重新生成 ICMP 报文的首部。第 23 行重新生成 ICMP 报文,存储在变量 packet 中。第 24 行构造 socket 对象 s,类型为 SOCK_RAM,其中,socket.getprotobyname("icmp")将 ICMP 协议转换为协议编号作为构造 socket 对象 s 的参数,各协议编号具体见图 3-6,该行语句的执行需要 root 权限。第 25 行设置 socket 对象 s 的超时时间为 3s。第 26 行通过键盘输入要探测的主机 IP 地址,保存在变量 ip 中。第 27~39 行利用循环发送探测主机的 ICMP 数据报文并接收应答报文,第 27 行设置循环次数为 4 次。第 28~35 行利用 try/except 语句探测目标主机,第 29 行将当前时间保存到变量 t1 中。第 30 行通过函数 sendto()向目标主机发送 ICMP 数据报文 packet,其中,目标主机的端口号为 0。第 31 行通过函数 recvfrom()接收来自目标主机的回应报文,其中,回应报文保存在 bytes 类型变量 r_data 中,目标主机地址保存在元组类型变量 r_addr 中,r_data 中保存的报文为 IP 报文,其数据部分为 ICMP 报文。第 32 行将当前时间保存到变量 t2 中,变量 t2 与 t1 的差值即为发送探测报文与收到应答报文所花费的时间。第 33 行捕获接收应答报文的异常,一般为超时异常,表示未收到目标主机的应答报文,此时,利用第 34 行输出异常,利用第 35 行进行下次循环。若收到应答报文,则利用第 36 行和第 37 行输出应答主机 IP 地址,应答报文长度,探测目标主机所花费的毫秒数,其中,第 36 行和第 37 行为 1 条语句,利用第 36 行末的"\"进行续行。第 38 行利用 struct 模块的 unpack()函数从 r_data 保存的 IP 报文中还原出 ICMP 报文首部的 5 个字段,存储在元组(h1,h2,h3,h4,h5)中,其中,r_data[20:28]取 IP 报文序号 20~27 的字节流,这 8 字节的字节流为 ICMP 报文的首部,r_data[0:20]为 IP 报文的首部。第 39 行输出 ICMP 报文首部的 5 个字段值,分别为类型、代码、校验和、标识符和序号。

第 8~17 行的函数 checksum()用于计算 ICMP 报文的校验和,参数 packet 存储报文数据。第 9 行判断报文数据长度是否奇数,若为奇数,则通过第 10 行在报文末尾追加字符"\0"。第 11 行将 bytes 类型的报文数据转换为 2B 有符号的整型数组 words,因为 ICMP 报文的校验和为 16 位(2B)。第 12 行定义变量 sum 来存储计算结果,sum 初值为 0。第 13 和 14 行利用循环将数组 words 中的值累加到变量 sum 中,其中,第 14 行中的"word & 0xffff"运算保证累加到 sum 的值为 word 的低 16 位。第 15 行将 sum 的高 16 位与低 16 位相加存入 sum 中。第 16 行将第 15 行计算所产生的进位位与低 16 位进行相加,结果保存到 sum 中。第 17 行返回将 sum 进行按位取反后与 0xffff 进行与运算的结果,该运算保证返回值的高 16 位为 0,低 16 位为 sum 的反码计算结果。

因代码 4-7 的第 24 行语句的执行需要 root 权限,因此,代码 4-7 需要在命令行下通过命令"sudo python socket07.py"执行,执行时输入百度的 IP 地址,执行结果如图 4-13 所示。

```
user@ubuntu:~ $ sudo python socket07.py
[sudo] user 的密码:
ip adress is:119.75.216.20
Receive the respond from 119.75.216.20, data is 36 bytes, time is 272.70 ms
type = 0, code = 0, chksum = 63416, Id = 1234, SN = 5
Receive the respond from 119.75.216.20, data is 36 bytes, time is 27.59 ms
type = 0, code = 0, chksum = 63416, Id = 1234, SN = 5
Receive the respond from 119.75.216.20, data is 36 bytes, time is 27.60 ms
type = 0, code = 0, chksum = 63416, Id = 1234, SN = 5
Receive the respond from 119.75.216.20, data is 36 bytes, time is 27.41 ms
type = 0, code = 0, chksum = 63416, Id = 1234, SN = 5
```

图 4-13 代码 4-7 运行结果

如图 4-13 所示，在目标主机返回的 ICMP 报文中，首部标识符和序号与源主机发送的 ICMP 报文头部的相同。如果执行时输入的 IP 地址对应的主机未上线，则显示超时错误信息。

4.4.5 网络嗅探实例

网络嗅探就是利用 SOCK_RAW 直接在链路层获取数据报文，然后对报文进行分析，获取主机正在进行的网络通信信息，例如，通信的源主机、目标主机、所使用的协议等。网络嗅探不影响主机的正常通信，Linux 系统中使用 PF_PACKET、Windows 系统中使用 AF_PACKET。代码 4-8 为使用 PF_PACKET 实现的网络嗅探实例。

```
1   #代码4-8  socket08.py
2   #!/usr/bin/env python3
3   # coding: utf-8
4   import socket
5   import struct
6   import binascii
7   s = socket.socket(socket.PF_PACKET, socket.SOCK_RAW, socket.htons(0x0800))
8   for xx in range(10):
9       data = s.recvfrom(2048)
10      print('\nFrame number is %d:' % xx)
11      packet = data[0]
12      frame_header_b = packet[0:14]
13      frame_header_s = struct.unpack("!6s6s2s", frame_header_b)
14      source_MAC_Addr = binascii.hexlify(frame_header_s[0])
15      dest_MAC_Addr = binascii.hexlify(frame_header_s[1])
16      proto_type = binascii.hexlify(frame_header_s[2])
17      print('Souce MAC address is ', source_MAC_Addr)
18      print('Destination MAC address is ', dest_MAC_Addr)
19      print('Protocol type is ', proto_type)
20      ip_header_b = packet[14:34]
21      ip_header_s = struct.unpack("!12s4s4s", ip_header_b)
22      print("Protocol is " , ip_header_s[0][9:10])
23      print("Source IP address is " + socket.inet_ntoa(ip_header_s[1]))
```

```
24        print("Destination IP address is " + socket.inet_ntoa(ip_header_s[2]))
25    s.close()
```

在代码 4-8 中，第 4 行引入 socket 模块，用于构造 socket 对象。第 5 行引入 struct 模块，用于还原 bytes 字节流类型数据为其他类型数据。第 6 行引入 binascii 模块，用于将二进制数据转换为 ASCII 数据。第 7 行构造 socket 对象 s，使用 PF_SOCKET 进行网络嗅探，类型为 SOCK_RAM，其中，socket.htons(0x0800) 将表示 IPv4 的编号 0x0800 由主机顺序转换为 2B 的网络顺序，此行语句执行需要 root 用户权限。第 8～24 行循环 10 次，处理连续 10 个嗅探到的链路层的数据帧。第 9 行利用 socket 函数 recvfrom() 获取链路层数据帧，参数 2048 表示最多接收 2048B 数据，因为数据帧最大为 1518(6+6+2+1500+4)B，因此，设置参数为 2048 可以接收完整的帧数据。第 10 行输出要获取的连续 10 个帧的序号。第 11 行将 data[0] 中的帧数据存储到变量 packet 中，其中，data[1] 存储网卡信息。第 12 行从 packet 中分离出 14B 的帧头部。第 13 行调用 struct 模块的函数 unpack() 将 bytes 类型的帧头部数据还原为字符串类型，其中格式符前面的"!"表示链路层数据以 Big_endian 方式表示。第 14～16 行调用 binascii 模块的函数 hexlify() 将二进制的数据转换为 ASCII 数据。第 17～19 行输出所获取的帧中包含的源主机 MAC 地址、目标主机 MAC 地址和所使用的协议类型。第 20 行从 packet 中分离出 20B 的 IP 报文头部，第 21 行调用 struct 模块的函数 unpack() 将 bytes 类型的 IP 报文头部数据还原为字符串类型，其中格式符前面的"!"表示链路层数据以 Big_endian 方式表示。第 22～24 行输出所获取的帧中包含的 IP 报文头部的协议、源主机 IP 地址和目标主机 IP 地址。第 25 行释放 socket 对象 s。

代码 4-8 的第 7 行语句的执行需要 root 权限，因此，代码 4-8 需要在命令行下通过执行"sudo python socket08.py"命令，访问 news.baidu.com 网页，执行部分结果如图 4-14 所示。

```
user@ubuntu:~ $ sudo python socket08.py
[sudo] user 的密码：

Frame number is 0:
Souce MAC address is   b'000c294be4dd'
Destination MAC address is   b'786a8976e384'
Protocol type is   b'0800'
Protocol is   b'\x11'
Source IP address is 192.168.3.1
Destination IP address is 192.168.3.9

Frame number is 1:
Souce MAC address is   b'000c294be4dd'
Destination MAC address is   b'786a8976e384'
Protocol type is   b'0800'
Protocol is   b'\x06'
Source IP address is 220.181.112.244
Destination IP address is 192.168.3.9
```

图 4-14　代码 4-8 运行的部分结果

如图 4-14 所示，获取的第 0 帧中，源主机 MAC 地址为 000c294be4dd，目标主机 MAC 地址为 786a8976e384，协议类型为 0800，IP 报文首部协议为"\x11"，源主机 IP 地址为 192.168.3.1，目标主机 IP 地址为 192.168.3.9；该帧数据应该为 news.baidu.com 域名解析结果，其中，源主机 MAC 地址为本机 MAC 地址，目标主机 MAC 地址为局域网网关 MAC 地址，协议类型 0800 表示为 IPv4 地址，IP 报文首部协议"\x11"为十进制 17，表示使用 UDP 协议，源主机 IP 地址 192.168.3.1 为网关 IP 地址，目标主机 IP 地址 192.168.3.9 为本机地址。在获取的第 1 帧中，源主机和目标主机 MAC 地址以及协议类型与第 0 帧相同；IP 报文首部协议"\x06"表示使用 TCP 协议，源主机 IP 地址 220.181.112.244 为百度的 IP 地址，目标主机 IP 地址 192.168.3.9 为本机 IP 地址。其余各帧信息与第 0 帧和第 1 帧类似。

在运行该程序前，如果执行 sudo ifconfig eth0 promisc 命令将网卡工作模式设为混杂模式，即网卡可以接收局域网中所有的数据帧，则运行代码 4-8 可以获取局域网中所有的数据帧。

4.5 本章小结

Socket 编程是网络编程的重要内容，本章分 SOCK_STREAM、SOCK_DGRAM 和 SOCK_RAW 介绍 socket 编程。首先，结合前面所学习的网络知识解释原理，然后，利用程序实例示范实现，最后，结合运行结果详细讲解程序编写过程。本章程序实例具有较强的实用性，对其进行修改和扩充后，可应用于实际。

习题

1. 查阅资料，解释代码 4-1 运行结果图 4-1 内容。
2. 参考代码 4-2s 和代码 4-2c，编写一对服务器/客户端程序，服务器为客户端提供数值的阶乘运算服务。
3. 给代码 4-3s 第 13 行语句加上注释，程序运行结果将会是什么？
4. 代码 4-5s 与代码 4-6s 并未对来自客户端的信息内容进行判断处理，请补充完善。
5. 参考代码 4-7，解析出目标主机返回的 IP 报文的 20B 头部字段值。
6. 在代码 4-8 运行结果（见图 4-14）中，为什么目标主机 MAC 地址为局域网网关 MAC 地址而不是远程主机的 MAC 地址？

第 5 章

进程与线程

5.1 进程与线程介绍

进程就是程序运行的实例,程序运行时需要得到所需的系统资源,例如内存、CPU 等,对这些资源的申请需要以进程的身份进行,因此,进程是获得系统资源的基本单位。一个进程的执行过程可以看作是一个任务的执行过程,多个进程的同时执行可以看作是多个任务的同时执行。现代计算机操作系统都是支持多进程同时执行的,多进程的同时执行分为并行、并发以及并行与并发的混合。并行就是不同的进程同时执行在不同 CPU 或者同一个 CPU 的不同核上;并发就是多个进程以一定规则轮流在同一个 CPU 或者核上执行,由于 CPU 执行速度很快,尽管微观上来看是多个进程轮流执行,但宏观上却表现出多个进程同时执行的现象;并行与并发的混合指多个进程执行时既有并行也有并发,是现代多 CPU 或者 CPU 多核计算机运行的常见方式。

进程所承担的任务经常可以分解为多个子任务的执行,每个子任务可以用包含在进程中的线程表示,即进程可以看作是线程的容器,一个进程中可以包含多个线程,这些线程也是以并行、并发或者并行与并发混合的形式执行。属于同一个进程的多个线程之间共享进程所拥有的资源,线程不能够独立申请系统资源,同时,线程也不能脱离进程而独立存在。

多进程和多线程的同时运行,可以大大提高计算机的运行效率。许多任务既可以通过多进程实现,也可以通过多线程实现。利用多进程实现时,由于进程是申请和获得系统资源的基本单位,进程之间界限明显,单个进程的崩溃一般不会影响到其他进程的运行,因此,用多进程方法执行任务可靠性比较高,但是,由于每个进程拥有自己独立的资源,使得多进程方法耗费系统资源较多。利用多线程实现时,由于同一进程的多个线程共享进程所拥有的资源,因此,用多线程方法执行任务资源耗费少,效率比较高,但是,由于多个线程共享相同的资源,单个线程的崩溃会影响到其他线程的运行,使得多线程方法的可靠性下降。实际应用中,到底是使用多进程、多线程还是多进程与多线程的结合,要视具体情况来确定。

代码 5-1 为执行 Linux 命令和获取主机 CPU 核数的实例。

```
1   #代码 5-1   process01.py
2   #!/usr/bin/env python3
3   # coding: utf-8
4   from multiprocessing import cpu_count
5   import subprocess
6   subprocess.call(['pwd'])
```

```
7   subprocess.call(['ls', '-l','/'])
8   num_cores = cpu_count()
9   print('Your computer has %d cores.'% num_cores)
```

在代码 5-1 中，第 4 行从 multiprocessing 中引入 cpu_count 模块。第 5 行引入 subprocess 模块。第 6 行、第 7 行调用 subprocess 模块函数 call() 执行 Linux 命令，命令和命令的参数需要组织成列表形式，Linux 命令以子进程形式执行。第 8 行调用函数 cpu_count() 获取 CPU 核数存入变量 num_cores 中。第 9 行输出主机 CPU 核数的信息。

5.2 多进程编程

在第 4 章的程序实例中，服务器端的程序同时只能为一个客户端服务，这是因为服务器端程序只有一个进程为客户端服务，如果服务器端有多个进程，则可以同时为多个客户端提供服务。

5.2.1 多进程文件下载服务实例

代码 4-3s 利用单进程为客户端提供文件下载服务，代码 5-2s 为利用多进程为客户端提供文件下载服务的实例。

```
1   #代码 5-2s  process02s.py
2   #!/usr/bin/env python3
3   # coding: utf-8
4   from multiprocessing import Process
5   import socket
6   import os
7   def sendfile(conn):
8       str1 = conn.recv(1024)
9       filename = str1.decode('utf-8')
10      print('I am child process, my ID is', os.getpid())
11      print('The client requests my file:',filename)
12      if os.path.exists(filename):
13          print('I have %s, begin to download!' % filename)
14          conn.send(b'yes')
15          conn.recv(1024)
16          size = 1024
17          with open(filename,'rb') as f:
18              while True:
19                  data = f.read(size)
20                  conn.send(data)
21                  if len(data)< size:
22                      break
23          print('%s is downloaded successfully!' % filename)
24      else:
25          print('Sorry, I have no %s!' % filename)
```

```
26            conn.send(b'no')
27        conn.close()
28  s = socket.socket(socket.AF_INET, socket.SOCK_STREAM)
29  s.bind(('192.168.3.201',8088))
30  s.listen(100)
31  print('I am parent process, my ID is', os.getpid())
32  print('Wait for connecting...')
33  while True:
34      (conn,addr) = s.accept()
35      p = Process(target = sendfile, args = (conn,))
36      p.start()
```

代码 5-2 与代码 4-3s 大部分代码相同,不同的地方是第 4 行从 multiprocessing 中引入 Process 模块,以支持多进程。第 10 行调用 os 模块函数 getpid()获取当前进程号,也就是子进程号并输出。第 30 行调用函数 listen()时参数为 100,表示可同时接受最多 100 个客户端的连接。第 31 行与第 10 行功能类似,调用 os 模块函数 getpid()获取当前进程号,也就是父进程号并输出。第 33~36 行的无限循环接收客户端请求,并创建进程进行处理,第 35 行调用函数 Process()创建为客户端服务的子进程,子进程代码为自定义函数 sendfile(),参数为包含连接实例对象 conn 的元组。第 36 行调用函数 start()启动子进程执行。

对代码 4-3c 进行少量修改,使得要下载的文件名称通过函数 input()获得,运行代码 5-2s,然后在不同客户端主机运行代码 4-3c,代码 5-2s 运行结果如图 5-1 所示。

```
user@ubuntu:~ $ python process02s.py
I am parent process, my ID is 6188
Wait for connecting...
I am child process, my ID is 6191
The client requests my file: /bin/ls
I have /bin/ls, begin to download!
/bin/ls is downloaded successfully!
I am child process, my ID is 6195
The client requests my file: /bin/rm
I have /bin/rm, begin to download!
/bin/rm is downloaded successfully!
```

图 5-1　代码 5-2s 运行结果

如图 5-1 所示,代码 5-2s 运行时输出父进程编号、子进程编号和文件下载过程的信息。

5.2.2　进程池扫描主机端口实例

代码 4-4 利用单进程扫描主机端口,如果要扫描的端口范围比较大,则需要耗费比较长的时间。利用多个进程同时扫描不同的端口范围,可以缩短程序运行时间。

进程池技术可以一次创建多个子进程,适合于子进程数量事先预知的情况。代码 5-3 利用进程池一次创建 16 个进程,然后利用这些进程扫描主机所有端口(0~65 535),每个进程扫描 4096 个端口。

```
1   #代码 5-3   process03.py
2   #!/usr/bin/env python3
3   # coding: utf-8
4   from multiprocessing import Pool
5   import os
6   import socket
7   def scan_port(ports):
8       s = socket.socket(socket.AF_INET, socket.SOCK_STREAM)
9       s.settimeout(1)
10      for port in range(ports, ports + 4096):
11          result = s.connect_ex((ip, port))
12          if result == 0:
13              print('I am process %d, port %d is openned!' % (os.getpid(), port))
14      s.close()
15  ip = '192.168.3.1'
16  p = Pool(16)
17  for k in range(16):
18      p.apply_async(scan_port, args = (k * 4096,))
19  p.close()
20  p.join()
21  print('All subprocesses had finished!')
```

在代码 5-3 中，第 7～14 行的自定义函数 scan_port() 为子进程扫描指定范围端口的代码。

主程序第 4 行从 multiprocessing 中引入 Pool 模块，以支持进程池。第 5 行引入 os 模块，第 6 行引入 socket 模块。第 15 行用字符串变量 ip 存储要扫描主机的 IP 地址。第 16 行调用函数 Pool() 创建进程池，参数 16 表示进程池中有 16 个子进程。第 17～18 行的循环依次分配任务给进程池中的子进程，第 18 行调用函数 apply_async() 以非阻塞方式给进程池中的子进程分配任务，scan_port 指明子进程要执行的函数名，args = (k * 4096,) 以命名参数形式给出元组类型的参数，每个子进程要扫描的开始端口是 k * 4096。第 19 行调用函数 close() 停止给进程池中子进程分配任务。第 20 行调用函数 join() 等待进程池中子进程执行结束。第 21 行输出所有子进程执行结束的信息。

函数 scan_port() 中，第 8 行建立 socket 对象 s。第 9 行设置对象 s 超时时间为 1 秒。第 10～13 行循环指明子进程要扫描的端口数量为 4096 个，起始端口由参数 ports 给出。第 11 行调用函数 connect_ex() 测试地址为 ip 的主机，其 port 端口是否处于打开状态，结果存储在变量 result 中。第 12 行判断变量 result 值是否为 0，若为 0 表示所测试的端口处于打开状态，则利用第 13 行输出当前进程号和处于打开状态的端口号。第 14 行调用函数 close() 关闭对象 s。

代码 5-3 执行结果如图 5-2 所示。

```
I am process 6099, port 16 is openned!
I am process 6099, port 81 is openned!
All subprocesses had finished!
```

图 5-2 代码 5-3 运行结果

5.2.3 多进程返回服务器负载情况实例

代码 5-2s 和代码 5-3 对 SOCK_STREAM 实例进行了多进程的改造,代码 5-4s 对 SOCK_DGRAM 的服务器端实例进行多进程改造,使得服务器能够以多进程形式为客户端提供服务器的 CPU 和内存负载情况。

```python
# 代码 5-4s    process04s.py
#!/usr/bin/env python3
# coding: utf-8
import psutil
import socket
from multiprocessing import Process
import os
def do_cpu():
    data = str(psutil.cpu_percent(0)) + '%\n'
    count = 0
    for process in psutil.process_iter():
        data = data + process.name()
        data = data + ',' + str(process.pid)
        cpu_usage_rate_process = str(process.cpu_percent(0)) + '%'
        data = data + ',' + cpu_usage_rate_process + '\n'
        count += 1
        if count == 10:
            break
    return data
def do_memory():
    memory_status = psutil.virtual_memory()
    data = 'total = ' + str(memory_status.total)
    data = data + ',available = ' + str(memory_status.available)
    data = data + ',percent = ' + str(memory_status.percent) + '%'
    data = data + ',used = ' + str(memory_status.used)
    data = data + ',free = ' + str(memory_status.free)
    data = data + ',active = ' + str(memory_status.active)
    data = data + ',inactive = ' + str(memory_status.inactive)
    data = data + ',buffers = ' + str(memory_status.buffers)
    data = data + ',cached = ' + str(memory_status.cached)
    data = data + ',shared = ' + str(memory_status.shared)
    return data
def send_info(info, addr):
    info_s = info.decode('utf-8')
    print('I am child process %d.' % os.getpid())
    if info_s.upper() == 'CPU':
        data = do_cpu()
        s.sendto(data.encode('utf-8'), addr)
        print('The client is ', addr)
        print('Sended CPU data is:', data)
    elif info_s.upper() == 'MEMORY':
        data = do_memory()
```

```
43              s.sendto(data.encode('utf-8'),addr)
44              print('The client is ',addr)
45              print('Sended memory data is:',data)
46          else:
47              data = 'Unkown request!'
48              s.sendto(data.encode('utf-8'),addr)
49              print('The client is ',addr)
50              print('Sended info is:',data)
51  s = socket.socket(socket.AF_INET, socket.SOCK_DGRAM)
52  s.bind(('192.168.3.201',8095))
53  print('I am parent process, my ID is', os.getpid())
54  print('Bind UDP on 8095...')
55  while True:
56      (info,addr) = s.recvfrom(1024)
57      p = Process(target = send_info, args = (info,addr))
58      p.start()
```

代码 5-4s 对代码 4-5s 和代码 4-6s 进行合并,加上多进程的功能,能够同时向客户端提供服务器的 CPU 和内存负载信息。

代码 5-4s 第 8~19 行的自定义函数 do_cpu() 返回 CPU 使用情况;第 20~32 行的自定义函数 do_memory() 返回内存使用情况;第 33~50 行的自定义函数 send_info() 为子进程执行代码,子进程根据客户端请求调用函数 do_cpu() 或者 do_memory() 取得相应信息并返回给客户端。

代码 5-4c 为调用代码 5-4s 获得服务器 CPU 负载信息的实例,第 7 行指明要获取 CPU 负载信息。

```
1   #代码 5-4c   process04c.py
2   #!/usr/bin/env python3
3   # coding:utf-8
4   import socket
5   s = socket.socket(socket.AF_INET, socket.SOCK_DGRAM)
6   s_addr = ('192.168.3.201',8095)
7   s.sendto(b'CPU',s_addr)
8   (data_b,addr) = s.recvfrom(1024)
9   data_s = data_b.decode('utf-8')
10  if addr == s_addr:
11      data_s = data_b.decode('utf-8')
12      data_list = data_s.split('\n')
13      print('CPU usage rate is ',data_list[0])
14      print('Top 10 processes are flowing...')
15      print('%-20s%-5s%-10s' % ('NAME','PID','CPU usage'))
16      data_list = data_list[1:-1]
17      for xx in data_list:
18          yy = xx.split(',')
19          print('%-20s%-5s%-10s' % (yy[0],yy[1],yy[2]))
20  s.close()
```

5.3 多线程编程

5.3.1 多线程文件下载服务实例

利用多线程技术也可以充分发挥多个 CPU 或者多核 CPU 的性能，代码 5-5s 为多线程实现的文件下载服务器端程序实例。

```python
# 代码 5-5s   thread01s.py
#!/usr/bin/env python3
# coding:utf-8
import threading
import socket
import os
def sendfile(conn):
    str1 = conn.recv(1024)
    filename = str1.decode('utf-8')
    print('I am ', threading.current_thread().name)
    print('The client requests my file:',filename)
    if os.path.exists(filename):
        print('I have %s, begin to download!' % filename)
        conn.send(b'yes')
        conn.recv(1024)
        size = 1024
        with open(filename,'rb') as f:
            while True:
                data = f.read(size)
                conn.send(data)
                if len(data)< size:
                    break
        print('%s is downloaded successfully!' % filename)
    else:
        print('Sorry, I have no %s!' % filename)
        conn.send(b'no')
    conn.close()
s = socket.socket(socket.AF_INET, socket.SOCK_STREAM)
s.bind(('192.168.3.201',8088))
s.listen(100)
print('Wait for connecting...')
while True:
    (conn,addr) = s.accept()
    t = threading.Thread(target = sendfile, args = (conn,))
    t.start()
```

代码 5-5s 与代码 5-2s 相似，不同之处为第 4 行引入 threading 模块，以使用多线程。第 34 行调用函数 Thread() 创建线程，命名参数 target 值为函数名 sendfile，指明线程执行代码为自定义函数 sendfile()，命名参数 args 值为包含 socket 连接对象 conn 的元组。第 35 行调用函数 start(),启动线程。在自定义函数 sendfile()中,第 10 行调用函数 current_thread()获取当前线程信息,并通过 name 取得当前线程的名称,其余语句与代码 5-2s 类似。

运行代码 5-5s,然后在不同客户端主机运行代码 4-3c,代码 5-5s 运行结果如图 5-3 所示。

```
user@ubuntu:~ $ python thread01s.py
Wait for connecting...
I am Thread-1
The client requests my file: /bin/ls
I have /bin/ls, begin to download!
/bin/ls is downloaded successfully!
I am Thread-2
The client requests my file: /bin/rm
I have /bin/rm, begin to download!
/bin/rm is downloaded successfully!
I am Thread-4
The client requests my file: /bin/ll
Sorry, I have no /bin/ll!
I am Thread-3
The client requests my file: /mkdir
Sorry, I have no /mkdir!
```

图 5-3   代码 5-5s 运行结果

对比代码 5-2s 和代码 5-5s 可知,多进程编程时用语句"p=Process(target=xxx,args=(yy,zz))"指明子进程要执行的函数及其实参并创建子进程,然后用语句 p.start()启动子进程执行;多线程编程时用语句"t = threading.Thread(target=xxx,args=(yy,zz))"指明线程要执行的函数及其实参并创建线程,然后用语句 t.start()启动线程;两者程序非常相似。

5.3.2   线程池扫描主机端口实例

与进程池技术类似,线程池技术可以一次创建多个线程,代码 5-6 利用线程池一次创建 16 个线程,然后利用这些线程扫描主机所有端口(0~65 535),每个线程扫描 4096 个端口。本例使用的多线程模块需要用命令"pip3 install threadpool"进行安装。

```
1   #代码 5-6   thread02.py
2   #!/usr/bin/env python3
3   # coding: utf-8
4   import threadpool
5   import socket
6   def scan_port(num):
7       s = socket.socket(socket.AF_INET, socket.SOCK_STREAM)
8       s.settimeout(1)
9       ports = num * 4096
```

```
10        thread_name = 'thread' + str(num)
11        for port in range(ports, ports + 4096):
12            result = s.connect_ex((ip, port))
13            if result == 0:
14                print('I am %s, port %d is openned!' % (thread_name, port))
15        s.close()
16    ip = '192.168.3.8'
17    p = threadpool.ThreadPool(16)
18    num_list = list(range(16))
19    tasks = threadpool.makeRequests(scan_port, num_list)
20    for task in tasks:
21        p.putRequest(task)
22    p.wait()
23    print('All threads had finished!')
```

代码 5-6 与代码 5-3 大体相同，不同之处为，第 4 行引入线程池模块。第 17 行调用函数 ThreadPool() 创建线程池，参数 16 表示线程池中包括 16 个线程。第 18 行生成一个列表，用于向线程传递参数。第 19 行调用函数 makeRequests() 指定线程池中线程要执行的代码为自定义函数 scan_port，传递给函数的实参依次从列表 num_list 中获取。第 20 行和第 21 行利用循环逐个添加任务给线程池中的线程，第 22 行等待所有线程执行结束，第 23 行输出所有线程执行结束的信息。

代码 5-6 运行结果如图 5-4 所示。

```
I am thread0, port 5 is openned!
I am thread10, port 40960 is openned!
I am thread5, port 20500 is openned!
I am thread8, port 32770 is openned!
All threads had finished!
```

图 5-4 代码 5-6 运行结果

对比代码 5-3 和代码 5-6 可知，进程池用语句 p = Pool(16) 创建，然后逐个进程用语句"p.apply_async(scan_port, args=(k * 4096,))"指明进程池中子进程要执行的函数及其参数，其中参数以元组形式给出。语句 p.close() 停止给进程池中子进程分配任务，语句 p.join() 等待进程池中子进程执行结束。

线程池用语句 p=threadpool.ThreadPool(16) 创建，用列表依次存储调用每个线程时的实参，例如语句 num_list=list(range(16))。用语句"tasks = threadpool.makeRequests(scan_port, num_list)"指定线程池中线程要执行的代码统一为自定义函数 scan_port()，实参依次从列表 num_list 中取得。在循环中用语句 p.putRequest(task) 逐个添加任务给线程，用语句 p.wait() 等待线程池中所有线程执行结束。

对比进程池和线程池，进程池中不同子进程对应的函数可以不同，但线程池所有线程对应的函数都是同一个函数，这就导致了实参组织方式的不同，进程池每个子进程参数单独指定，而线程池中每个线程的参数从列表中依次取得。

5.4 socketserver

Socket 编程中要实现服务器端同时服务于多个客户端,需要用到多进程或者多线程技术,Python 中的 socketserver 模块内置服务器端多任务处理机制,可用多进程或者多线程实现服务器端多任务的同时执行。

使用 socketserver 编程时,需要经过以下 3 个步骤:

(1)需要用户自定义一个请求处理类,该类继承 socketserver 的 BaseRequestHandler 类或者其子类,并重写 handle()方法。BaseRequestHandler 的子类有 StreamRequestHandler 和 DatagramRequestHandler,其中,StreamRequestHandler 支持 TCP,DatagramRequestHandler 支持 UDP。

(2)实例化 socketserver 的一个服务器类,并将服务器地址和请求处理类作为实参传入。Socketserver 的服务器类包括 BaseServer、TCPServer、UDPServer、UnixStreamServer、UnixDatagramServer、ForkingTCPServer、ForkingUDPServer、ForkingMixIn、ThreadingTCPServer、ThreadingUDPServer、ThreadingUnixDatagramServer、ThreadingUnixStreamServer、ThreadingMixIn,其中,ForkingTCPServer 为多进程 TCP 服务器,ForkingUDPServer 为多进程 UDP 服务器、ThreadingTCPServer 为多线程 TCP 服务器、ThreadingUDPServer 为多线程 UDP 服务器。

(3)调用实例化类的成员函数 handle_request()或者 serve_forever(),其中,handle_request()处理一个请求,serve_forever()以无限循环方式同时处理多个请求。

5.4.1 多进程 TCP 实例

要实现 socketserver 的多进程 TCP 编程,需要调用 socketserver 的 ForkingTCPServer()函数,代码 5-7s 为 socketserver 的多进程 TCP 服务器程序,为客户端提供阶乘运算服务,代码 5-7c 为客户端程序。

```
1   #代码 5-7s  s_server01s.py
2   #!/usr/bin/env python3
3   # coding: utf-8
4   import socketserver
5   def factorial(n):
6       s = 1
7       for x in range(2, n + 1):
8           s = s * x
9       return s
10  class Factorial_server(socketserver.StreamRequestHandler):
11      def handle(self):
12          conn = self.request
13          try:
14              data_b = conn.recv(1024)
15              data_s = data_b.decode('utf-8')
16              data = int(data_s)
```

```
17              if data>1:
18                  fact = factorial(data)
19              else:
20                  fact = 1
21              fact_s = str(fact)
22              fact_b = fact_s.encode('utf-8')
23              conn.send(fact_b)
24              print('factorial(%d) = %s, from %s' % (data, fact_s,self.client_address[0]))
25          except Exception as e:
26              print('Error is ',e)
27   ip = '192.168.3.201'
28   server = socketserver.ForkingTCPServer((ip,8899),Factorial_server)
29   print('Wait for TCP connecting...')
30   server.serve_forever()
```

代码 5-7s 中包括第 5~9 行的计算整数阶乘的自定义函数 factorial()，第 10~26 行的自定义类 Factorial_server。

主程序第 4 行引入 socketserver。第 27 行将服务器 IP 地址存入变量 ip 中。第 28 行调用函数 ForkingTCPServer() 设置程序运行在多进程 TCP 服务方式下，第 1 个实参是表示服务器 IP 地址和端口号的元组，第 2 个实参是需要实例化的自定义服务类名称。第 29 行输出等待连接提示信息，第 30 行调用函数 serve_forever()，以无限循环形式接收并处理请求。

自定义类 Factorial_server 继承了 BaseRequestHandler 类的子类 StreamRequestHandler，并重写了 handle() 方法。第 12 行在 handle() 函数中，将类成员变量 request 表示的与客户端的连接实例对象值赋给对象变量 conn。第 14~24 行语句的执行将利用 try/except 捕获错误，并利用 26 行输出错误信息。第 14 行接收来自客户端的 bytes 类型数据存储到变量 data_b 中。第 15 行将 bytes 类型数据转换为字符串类型。第 16 行将字符串表示的数据转换为整型数值存入变量 data 中。第 17 行判断 data 值是否大于 1，若大于 1，则利用第 18 行调用函数 factorial() 计算 data 的阶乘并存入变量 fact 中；否则，利用第 20 行设置 fact 值为 1。第 21 行将阶乘计算结果转换为字符串类型，再通过第 22 行转换为 bytes 类型。第 23 行调用 send() 函数将阶乘计算结果发送给客户端。第 24 行输出阶乘计算任务和计算结果，以及客户端的 IP 地址，其中，客户端 IP 地址从类成员元组类型变量 client_address 中取得，client_address[1] 为客户端端口号。

与 socket TCP 服务器代码相比，socketserver 类封装了 socket 对象创建、地址与端口绑定、监听连接等过程。

客户端代码如 5-7c 所示。

```
1    #代码 5-7c   s_server01c.py
2    #!/usr/bin/env python3
3    # coding:utf-8
4    import socket
5    ip = '192.168.3.201'
6    s = socket.socket(socket.AF_INET, socket.SOCK_STREAM)
```

```
7    s.connect((ip,8899))
8    xx_s = input('Enter a number:')
9    xx_b = xx_s.encode('utf-8')
10   s.send(xx_b)
11   result_b = s.recv(1024)
12   result_s = result_b.decode('utf-8')
13   print('Factorial(%s) = %s' % (xx_s,result_s))
14   s.close()
```

代码 5-7c 与 socket TCP 客户端代码没有区别。首先运行代码 5-7s,然后在不同客户端运行代码 5-7c,结果如图 5-5 和图 5-6 所示。

```
user@ubuntu:~ $ python s_server01s.py
Wait for TCP connecting...
factorial(5) = 120, from 192.168.3.2
factorial(9) = 362880, from 192.168.3.101
factorial(10) = 3628800, from 192.168.3.66
factorial(12) = 479001600, from 192.168.3.57
```

图 5-5　代码 5-7s 运行结果

```
user@ubuntu:~ $ python s_server01c.py
Enter a number:10
Factorial(10) = 3628800
```

图 5-6　代码 5-7c 运行结果

如图 5-5 所示,运行代码 5-7s 的服务器以无限循环方式接收并处理客户端请求。服务器与客户端之间传输数值时,先将数值转换为字符串,再将字符串转换为 bytes 后传输,实现不同长度数值的传输。

5.4.2　多进程 UDP 实例

要实现 socketserver 的多进程 UDP 编程,需要调用 socketserver 的 ForkingUDPServer() 函数,代码 5-8s 为 socketserver 的多进程 UDP 服务器程序,为客户端提供阶乘运算服务,代码 5-8c 为客户端程序。

```
1    #代码 5-8s   s_server02s.py
2    #!/usr/bin/env python3
3    # coding: utf-8
4    import socketserver
5    def factorial(n):
6        s = 1
7        for x in range(2,n+1):
8            s = s * x
9        return s
10   class Factorial_server(socketserver.DatagramRequestHandler):
11       def handle(self):
```

```
12          try:
13              (data_b, s) = self.request
14              data_s = data_b.decode('utf-8')
15              data = int(data_s)
16              if data > 1:
17                  fact = factorial(data)
18              else:
19                  fact = 1
20              fact_s = str(fact)
21              fact_b = fact_s.encode('utf-8')
22              s.sendto(fact_b, self.client_address)
23              print('factorial(%d) = %s, from %s' % (data, fact_s, self.client_address[0]))
24          except Exception as e:
25              print('Error is ',e)
26  ip = '192.168.3.201'
27  server = socketserver.ForkingUDPServer((ip,8988),Factorial_server)
28  print('Bind UDP on 8988...')
29  server.serve_forever()
```

代码 5-8s 中包括第 5～9 行的计算整数阶乘的函数 factorial()，第 10～25 行的自定义类 Factorial_server。

主程序第 4 行引入 socketserver 模块，第 26 行将服务器 IP 地址存入变量 ip 中，第 27 行调用函数 ForkingUDPServer() 设置程序运行在多进程 UDP 服务方式下，第 1 个元组类型实参表示服务器 IP 地址和端口号，第 2 个自定义类实参是需要实例化的自定义服务类名称。第 28 行输出等待连接提示信息，第 29 行调用函数 serve_forever()，以无限循环形式处理请求。

自定义类 Factorial_server 继承了 BaseRequestHandler 类的子类 DatagramRequestHandler，并重写了 handle() 方法。第 13～23 行语句的执行将利用 try/except 捕获错误，并利用第 25 行输出错误信息。第 13 行将类成员变量 request 中存储的来自客户端的数据以及 socket 对象实例分别保存到变量 data_b 和 s 中。第 14 行将 bytes 类型数据转换为字符串类型。第 15 行将字符串表示的数据转换为整型数值存入变量 data 中。第 16 行判断 data 值是否大于 1，若大于 1，则利用第 17 行调用函数 factorial() 计算 data 的阶乘并存入变量 fact 中；否则，利用第 19 行设置 fact 值为 1。第 20 行将阶乘计算结果转换为字符串类型，再通过第 21 行转换为 bytes 类型。第 22 行调用 sendto() 函数将阶乘计算结果发送给客户端，客户端地址通过类成员 client_address 取得。第 23 行输出阶乘计算任务和计算结果，以及客户端的 IP 地址，其中，客户端 IP 地址从类成员元组类型变量 client_address 中取得，client_address[1] 为客户端端口号。

与 socket UDP 服务器代码相比，socketserver 类封装了 socket 对象创建、地址与端口绑定、接收客户端数据等过程。

代码 5-8c 为客户端程序。

```
1   #代码 5-8c    s_server02c.py
2   #!/usr/bin/env python3
```

```
3    # coding: utf - 8
4    import socket
5    ip = '192.168.3.201'
6    s = socket.socket(socket.AF_INET, socket.SOCK_DGRAM)
7    xx_s = input('Enter a number:')
8    xx_b = xx_s.encode('utf - 8')
9    s.sendto(xx_b,(ip,8988))
10   while True:
11       (result_b, s_addr) = s.recvfrom(1024)
12       if s_addr[0] == ip:
13           result_s = result_b.decode('utf - 8')
14           print('Factorial(%s) = %s' % (xx_s,result_s))
15           break
16   s.close()
```

代码 5-8c 利用循环接收来自其他主机的数据，然后判断接收到的数据是否来自服务器，若来自服务器，则处理数据，输出信息，中止循环，与 socket UDP 客户端代码没有本质区别。首先运行代码 5-8s，然后在不同客户端运行代码 5-8c，结果如图 5-7 和图 5-8 所示。

```
user@ubuntu:~ $ python s_server02s.py
Bind UDP on 8988...
factorial(10) = 3628800, from 192.168.3.27
factorial(6) = 720, from 192.168.3.22
factorial(8) = 40320, from 192.168.3.244
factorial(6) = 720, from 192.168.3.12
factorial(16) = 20922789888000, from 192.168.3.171
factorial(30) = 265252859812191058636308480000000, from 192.168.3.46
```

图 5-7　代码 5-8s 运行结果

```
user@ubuntu:~ $ python s_server02c.py
Enter a number:30
Factorial(30) = 265252859812191058636308480000000
```

图 5-8　代码 5-8c 运行结果

5.4.3　多线程 TCP 与多线程 UDP

要实现 socketserver 的多线程 TCP 编程，服务器代码只需将多进程 TCP 的代码 5-7s 主程序中的函数 ForkingTCPServer() 替换为 ThreadingTCPServer() 即可，其余代码不变，客户端代码直接可以使用代码 5-7c。

同理，要实现 socketserver 的多线程 UDP 编程，服务器代码只需将多进程 UDP 的代码 5-8s 主程序中的函数 ForkingUDPServer() 替换为 ThreadingUDPServer() 即可，其余代码不变，客户端代码直接可以使用代码 5-7c。

对比 socketserver 的多进程与多线程编程，只需更换调用的函数即可。

5.5 GUI 聊天室实例

聊天室是网络上常见的一个应用，多个用户可以通过聊天室进行交流。编写聊天室程序，在客户端需要用到 Python 的 GUI（Graphical User Interface，图形用户界面）进行聊天记录的显示，在服务器端需要用到多进程或者多线程实现对多个客户端的管理。

Python 的 GUI 可以通过 Tkinter、PyQt、wxPython、PySide 等实现。其中，Tkinter 是 Python 的标准 Tk GUI 工具包的接口，实现较为简单。PyQt 是由 Python 语言调用 Qt 图形库实现的一个 Python 模块集，具有 300 多个类，近 6000 个函数和方法，分为 GPL（General Public License）版本和商业版。wxPython 是对跨平台 GUI 库 wxWidgets 进行 Python 封装后以 Python 模块形式提供给用户。PySide 是 PyQt 的 LGPL（Lesser General Public License）版本，提供与 PyQt 类似的功能与 API 函数。这些实现 Python GUI 的模块都可以运行在 UNIX、Linux、Windows、Mac 等主流操作系统之上。

本节选择 Tkinter 实现 Python 的 GUI。

5.5.1 Tkinter

使用 Tkinter 之前需要进行安装，因为软件源的原因，Tkinter 不能像其他模块一样利用命令"pip3 install xxx"进行安装，需要按照下列步骤安装。

（1）依次单击"系统设置"→"软件和更新"图标，在"软件和更新"页面，选择"下载自："选项为"主服务器"。

（2）运行"sudo apt-get update"命令更新系统模块。

（3）运行"sudo apt-get install python3-tk"命令安装 Tkinter 模块，然后就可以在 Python 命令行状态或者程序中通过"import tkinter"引入 Tkinter 模块。

Tkinter 模块包含了常用的 GUI 控件，如表 5-1 所示，其中，Tkinter 模块用语句"import tkinter as tk"引入。

表 5-1　Tkinter 的常用 GUI 控件

控　件	功　能	举　例
Tk	主窗口	root=tk.Tk()　#定义主窗口 root，root 为其他控件的容器 root.title('My test')　#设置 root 的标题为"My Test" root.geometry('300x500')　#设置 root 宽为 300px，高为 500px root.resizable(width=False,height=True)　#设置 root 的宽不可改变，高 　　　　　　　　　　　　　　　　　　　　　　　#可以改变 root.mainloop()　　#显示窗口 root
Button	按钮	bt=tk.Button(root, text='Add', command=add_record)　#在 root 中定 　　#义显示文本为"Add"，事件处理函数为 add_record()的按钮 bt bt.pack()　　#显示按钮 bt
Label	单行标签	lb=tk.Label(root, text='Hello,Python!')　#在 root 中定义显示文本为 　　#"Hello,Python!"的单行标签 lb lb.pack()　　#显示单行标签 lb

续表

控件	功能	举例
Entry	单行编辑框	et=tk.Entry(root,bd=5)　#在root中定义边线为5px的单行编辑框et ss=et.get()　#获取et内容到变量ss中,内容为字符串类型 et.pack()　#显示单行编辑框et
Canvas	画布	cv=tk.Canvas(root,bg='blue',width=100,height=100)　#在root中 #定义背景为蓝色,宽高均为100px的画布cv cv.create_oval(20,20,80,80,fill='red')　#在画布cv中创建左上角坐标 #为(20,20),右下角坐标为(80,80),填充色为红色的椭圆 cv.pack()　#显示画布cv

Checkbutton	复选框	cb_val=tk.IntVar(root,value=1)　#定义要与复选框相连接的变量,初
		#值为1
		cb=tk.Checkbutton(root,text='Music',variable=cb_val)　#在root中
		#定义文本为"Music",与变量cb_val相连的复选框cb,因cb_val初值为
		#1,cb初始态为已选择
		xx=cb_val.get()　#获取cb状态,1为选择,0为未选择
		cb.pack()　#显示复选框cb

Frame	框架容器	fm=tk.Frame(root,width=100,height=100)　#在root中定义宽和高
		　　　　　　　　　　　　　　　　　　　#均为100px的框架fm
		bt0=tk.Button(fm,text='test',command=fm.destroy)　#在fm中定义
		#文本为"test"的按钮bt0,单击bt0会销毁框架fm
		fm.pack()　#显示框架容器fm

Listbox	列表框	lst=tk.Listbox(root,selectmode=BROWSE)　#在root中定义选择模式
		#为BROWSE的列表框lst
		[lst.insert(0,xx) for xx in ['aaa','bbb','ccc']]　#利用内循环向lst中
		#添加条目
		sel_num = lst.curselection()　#获取选中项序号,存储到元组变量sel_
		#num中
		sel_item=lst.index(sel_num[0])　#获取第一个选中项内容,存储到变量
		#sel_item中
		lst.pack()　#显示列表框lst

Menu	下拉菜单	menubar=tk.Menu(root)　#在root中定义下拉菜单menubar
		filemenu=tk.Menu(menubar,tearoff=0)　#给menubar定义子菜单
		#filemenu,tearoff=0表示filemenu不是独立的
		filemenu.add_command(label="Open",command=do_open)
		filemenu.add_command(label="Save",command=do_save)
		#给filemenu添加菜单项,label指出标签,command指出事件处理函数
		filemenu.add_separator()　#给filemenu添加菜单项分隔标志
		filemenu.add_command(label="Exit",command=root.destroy)
		#给filemenu添加退出菜单项
		menubar.add_cascade(label="File",menu=filemenu)　#添加子菜单到
		#菜单menubar中,label指出标签,menu指出子菜单
		root.config(menu=menubar)　#设置menubar为root的下拉菜单
		menubar.pack()　#显示下拉菜单menubar

续表

控件	功能	举例
Message	多行标签	ms_var = StringVar(root)　　#定义要与多行标签相连接的变量 ms_var ms=tk.Message(root, textvariable=ms_var, relief=RAISED) 　#在 root 中定义多行标签 ms，与变量 ms_val 相连，并突出显示 ms_var.set("aaa\nbbb\nccc")　　#设置 ms 要显示的内容 ms.pack()　　#显示多行标签 ms

Radiobutton	单选按钮	rb_var = tk.IntVar(root,value=0)　　#定义要与单选按钮组相连接的变
		　#量 rb_var，连接到相同变量的单选按钮构成单选按钮组
		rb1 = tk.Radiobutton(root, text="Male", variable=rb_var, value=0,
		command=sel)　　#在 root 中定义单选按钮 rb1，文本为"Male"，与变量
		　#rb_val 相连，值为 0，是默认选择，事件处理函数为 sel()
		rb2 = tk.Radiobutton(root, text="Female", variable=rb_var, value=1,
		command=sel)　　#在 root 中定义单选按钮 rb2，文本为"Female"，与变量
		　#rb_val 相连，值为 1，事件处理函数为 sel()
		xx=rb_var.get()　　#从变量 rb_val 获取选择值
		rb1.pack()　　#显示单选按钮 rb1
		rb2.pack()　　#显示单选按钮 rb2

Scrollbar	滚动条	sb=tk.Scrollbar(root)　　#在 root 中定义滚动条 sb lst=tk.Listbox(root, yscrollcommand=sb.set) 　#在 root 中定义列表框 lst，其纵向滚动由 sb 设置 [lst.insert(END, "Number " + str(k)) for k in range(100)] 　#循环给 lst 中添加条目 sb.config(command=lst.yview)　　#设置 lst 纵向浏览为 sb 的事件响应 sb.pack(side=RIGHT, fill=Y)　　#在 root 右边，以充满方式显示 sb lst.pack(side=RIGHT)　　#在 root 右边显示 lst，可以将 lst 与 sb 显示在 　　　　　　　　　　　　#相同位置
Text	多行编辑框	txt=tk.Text(root)　　#在 root 中定义多行编辑框 txt txt.insert(END, "Hello,")　　#在 txt 末尾插入"Hello," txt.insert(END, "\nWorld!")　　#在 txt 末尾添加新行后插入"World!" ss=txt.get(1.0, 1.5)　　#获取 txt 第 1 行第 0 个字符至第 1 行第 4 个字 　#符到字符串变量 ss 中，不包含第 1 行第 5 个字符 txt.pack()　　#显示多行编辑框 txt
Toplevel	独立窗口	top=tk.Toplevel()　　#创建独立窗口 top txt=tk.Text(top)　　#在独立窗口 top 中定义多行编辑框 txt txt.pack()　　#显示多行编辑框 txt top.mainloop()　　#显示独立窗口 top

Spinbox	微调框	spin = tk.Spinbox(root, from_=0, to=10, command=cmd)
		　#在 root 中定义微调框 spin，可选值为 0～10，事件处理函数为 cmd()
		ss=spin.get()　　#获取 spin 值到字符串变量 ss 中
		spin.pack()　　#显示微调框 spin

续表

控 件	功 能	举 例

PanedWindow	窗格	p1 = tk.PanedWindow(root,width=100,height=100,bg='red')
		#在 root 中定义窗格 p1,高宽均为 100px,背景色为红色
		p2 = tk.PanedWindow(root,width=100,height=100,bg='blue')
		#在 root 中定义窗格 p2,高宽均为 100px,背景色为蓝色
		l1 = tk.Label(p1,text="first pane")
		#在 p1 中定义标签 l1,文本为 first pane
		l2 = tk.Label(p2,text="second pane")
		#在 p2 中定义标签 l2,文本为 second pane
		p1.add(l1)　#将标签 l1 添加到窗格 p1
		p2.add(l2)　#将标签 l2 添加到窗格 p2
		p1.pack()　#显示窗格 p1
		p2.pack()　#显示窗格 p2

LabelFrame	标签框架	lf=tk.LabelFrame(root,text="My LabelFrame")
		#在 root 中定义标签框架 lf,标签文本为 My LabelFrame
		lb=tk.Label(lf,text="Inside the LabelFrame")
		#在 lf 中定义标签 lb,标签文本为 Inside the LabelFrame
		bt=tk.Button(lf,text='Quit',command=lf.destroy)
		#在 lf 中定义按钮 bt,按钮文本为 Quit,事件处理函数为销毁标签框架 lf
		lb.pack()　#显示标签 lb
		bt.pack()　#显示按钮 bt
		lf.pack()　#显示标签框架 lf

messagebox	消息框	import tkinter.messagebox as tmb　#引入消息框模块,别名为 tmb
		r1=tmb.askokcancel("OK or Cancel",'Continue?')
		#询问 OK 或 Cancel 的消息框,返回 True 或 False 存储到变量 r1
		r2=tmb.askquestion("Yes or No","Are you a boy?")
		#询问 Yes 或 No 的消息框,返回 yes 或 no 存储到变量 r2
		r3=tmb.askretrycancel("Retry or Cancel","Do it again?")
		#询问 Retry 或 Cancel 的消息框,返回 True 或 False 存储到变量 r3
		r4=tmb.askyesno("Yes or No","Are you a boy?")
		#询问 Yes 或 No 的消息框,返回 True 或 False 存储到变量 r4
		r5=tmb.showerror("Ok","Error!")
		#显示错误的消息框,返回 Ok 存储到变量 r5
		r6=tmb.showinfo("Ok","Finished!")
		#显示提示信息的消息框,返回 Ok 存储到变量 r6
		r7=tmb.showwarning("Ok","Warn!")
		#显示警告信息的消息框,返回 Ok 存储到变量 r7

续表

控件	功能	举例
filedialog	文件对话框	import tkinter.filedialog as tfd　　＃引入文件对话框模块,别名为 tfd file1＝tfd.askdirectory() ＃返回对话框中选中的目录,将目录名称保存到字符串变量 file1 中 file2 = tfd.askopenfile('w+')　　＃以追加写的方式打开对话框中选中的 ＃文件,file2 为打开文件对象,file2.filename 返回文件名,file2.mode 返回 ＃文件打开方式,文件默认打开方式为只读 r file3 = tfd.askopenfilename() ＃返回对话框中选中的文件,将文件名保存到字符串变量 file3 中 file4 = tfd.askopenfilenames()　　＃返回对话框中选中的多个文件的文件 ＃名并保存到元组变量 file4 中,选中多个文件可借助 Shift 和 Ctrl 键 file5 = tfd.asksaveasfilename()　　＃返回输入或者对话框中选中的文件 ＃名,保存到字符串变量 file5 中,选中文件时,需要给出现有文件是否被 ＃覆盖的选择
colorchooser	颜色对话框	import tkinter.colorchooser as tcc　　＃引入颜色对话框模块,别名为 tcc color1＝tcc.askcolor()　　＃返回对话框中选择的颜色,保存到元组变量 color1 中

Tkinter 模块还有一类对字符串型、整型、浮点型和布尔型进行包装而来的对象类型,分别为 StringVar、IntVar、DoubleVar 和 BooleanVar。对象类型变量经常与组件进行连接,实时获取或者改变所连接组件的属性值。对象类型变量可以通过成员函数 set()进行赋值,通过成员函数 get()取得其值,下面以最常用的 StringVar 为例说明对象类型变量的使用。

定义: s_var＝tk.StringVar(value＝'abc'),s_var 为字符串型对象变量,初值为'abc'。

赋值: s_var.set('de'),给 s_var 赋值'de',原值被覆盖。

取值: txt＝s_var.get(),取 s_var 值到字符串变量 txt 中,s_var 原值不变。

s_var 可与具有 textvariable 属性的组件通过语句 textvariable＝s_var 进行连接,通过 s_var.set()设置组件的属性值或者通过 s_var.get()取得组件的属性值。

Tkinter 模块还包括一类由大写字母组成的表示位置、状态和形状的属性,例如 tk.END 值为字符串'end',表示末尾的位置,tk.BROWSE 值为'browse',表示浏览状态等。按字母升序,这些属性为 ACTIVE、ALL、ANCHOR、ARC、BASELINE、BEVEL、BOTH、BOTTOM、BROWSE、BUTT、CASCADE、CENTER、CHAR、CHECKBUTTON、CHORD、COMMAND、CURRENT、DISABLED、DOTBOX、E、END、EW、EXCEPTION、EXTENDED、FALSE、FIRST、FLAT、GROOVE、HIDDEN、HORIZONTAL、INSERT、INSIDE、LAST、LEFT、MITER、MOVETO、MULTIPLE、N、NE、NO、NONE、NORMAL、NS、NSEW、NUMERIC、NW、OFF、ON、OUTSIDE、PAGES、PIESLICE、PROJECTING、RADIOBUTTON、RAISED、READABLE、RIDGE、RIGHT、ROUND、S、SCROLL、SE、SEL、SEL_FIRST、SEL_LAST、SEPARATOR、SINGLE、SOLID、SUNKEN、SW、TOP、TRUE、UNDERLINE、UNITS、VERTICAL、W、WORD、WRITABLE、Y、YES。

5.5.2 服务器端程序

聊天室的服务器端需要同时管理多个客户端,接收客户端消息和向客户端发送消息,因此,需要使用多进程或者多线程实现,每个进程或者线程负责与一个客户端通信,本例使用socketserver 的多线程实现,如代码 5-9s 所示。

```python
# 代码 5-9s  chat_01s.py
#!/usr/bin/env python3
# coding: utf-8
import socketserver
class Chat_server(socketserver.StreamRequestHandler):
    def handle(self):
        conn = self.request
        try:
            while True:
                data_b = conn.recv(1024)
                print('data_b = ',data_b)
                if conns.count(conn) == 0:
                    conns.append(conn)
                    name_s = data_b.decode('utf-8')
                    users.setdefault(conn,name_s)
                    data_s = ''
                    data = 'Welcome ' + name_s + '!'
                else:
                    name_s = users.get(conn)
                    data_s = data_b.decode('utf-8')
                    data = name_s + ': ' + data_s
                print('data = ',data)
                data_b = data.encode('utf-8')
                for cn in conns:
                    cn.send(data_b)
                if data_s.upper()[0:3] == 'BYE':
                    print('%s is exited!' % name_s)
                    conns.remove(conn)
                    del(users[conn])
                    break;
        except Exception as e:
            print('Error is ',e)
conns = []
users = {}
ip = '192.168.3.201'
server = socketserver.ThreadingTCPServer((ip,9988),Chat_server)
print('Wait for TCP connecting...')
server.serve_forever()
```

代码 5-9s 中包括第 5~32 行的自定义类 Chat_server。

主程序第 4 行引入 socketserver 模块。第 33 行定义列表变量 conns,存储与客户端的连接对象 conn。第 34 行定义字典变量 users,存储与客户端的连接对象 conn 和客户端用户名称 name_s，其中，字典的键为 conn，值为 name_s。第 35 行将服务器 IP 地址存入变量 ip 中。第 36 行调用函数 ThreadingTCPServer()设置程序运行在多线程 TCP 服务方式下，第 1 个实参是元组类型表示的服务器 IP 地址和端口号，第 2 个实参是需要实例化的自定义服务类 Chat_server。第 37 行输出等待连接提示信息。第 38 行调用函数 serve_forever()，以无限循环形式处理客户端请求。

自定义类 Chat_server 继承了 BaseRequestHandler 类的子类 StreamRequestHandler，并重写了 handle()方法。第 7 行在 handle()函数中，将类成员变量 request 表示的与客户端的连接实例对象值赋给对象变量 conn。第 9～30 行语句的执行将利用 try/except 捕获错误，并利用第 32 行输出错误信息。第 9～30 行语句是一个无限循环，第 10 行接收来自客户端的 bytes 类型数据存储到变量 data_b 中。第 11 行输出变量 data_b 的值，便于调试和监测程序的运行。第 12 行利用列表类型的 count()函数判断列表 conns 中是否存在当前的连接对象 conn，若不存在，则表示是新接收的客户端，接收的信息为用户名称，需要执行语句第 13～17 行；否则，表示是已经接收的客户端，接收的信息为聊天内容，需要执行语句第 19～21 行。第 13 行将与新接收的客户端连接对象 conn 追加到列表 conns 中。第 14 行将接收到的 bytes 类型数据转换为字符串类型，作为用户名称存入变量 name_s 中。第 15 行调用字典类型函数 setdefault()将由 conn 和 name_s 组成的键/值对追加到字典 users 中。第 16 行设置字符串变量 data_s 值为空，data_s 在第 26 行中用到。第 17 行构造要发送给客户端的字符串并存入变量 data 中。当发送消息的客户端为已存在的客户端时，第 19 行利用键 conn 从字典 users 中取得用户名称。第 20 行将接收到来自客户端的 bytes 类型数据 data_b 转换为字符串存入变量 data_s 中。第 21 行构造要发送给客户端的字符串并存入变量 data 中。第 22 行输出变量 data 的值，便于调试和监测程序的运行。第 23 行将要发送给客户端的字符串 data 转换为字节流 bytes 存入变量 data_b。第 24、25 行利用循环，调用函数 send()，向列表 conns 中存储的所有连接客户端的对象发送数据 data_b。第 26 行判断来自客户端的信息前 3 个字符转换为大写后是否等于'BYE'，若是，则表示客户端要退出聊天室，利用第 27～30 行处理客户端退出事务，第 27 行输出客户端退出聊天室信息。第 28 行将连接客户端的对象 conn 从列表 conns 中删除，服务器将不再给该客户端发送信息。第 29 行在字典 users 中删除以 conn 为键的数据。第 30 行调用语句 break 退出无限循环，表示处理与该客户端通信的线程即将退出。

5.5.3　客户端程序

客户端利用图形界面登录聊天室和发送聊天信息，同时，利用一个线程接收来自客户端的信息，并将接收到的信息进行显示，如代码 5-9c 所示。

```
1    #代码 5-9c   chat_01c.py
2    #!/usr/bin/env python3
3    # coding: utf-8
4    import socket
5    import threading
6    import tkinter as tk
7    def send_msg():
8        txt = bt_txt.get()
```

```
9         if txt == 'Logon':
10            bt_txt.set('Send')
11        msg = et_txt.get()
12        et_txt.set('')
13        print('msg = ',msg)
14        msg_b = msg.encode('utf-8')
15        s.send(msg_b)
16        if msg.upper()[0:3] == 'BYE':
17            chat_send.config(state = tk.DISABLED)
18            s.close()
19  def receive_msg():
20      while True:
21          try:
22              data_b = s.recv(1024)
23              data_s = data_b.decode('utf-8')
24              print('data_s = ',data_s)
25              chat_list.insert(tk.END,data_s)
26              chat_list.see(tk.END)
27          except Exception as e:
28              print('Error is ',e)
29              print('Exit!')
30              break
31  ip = '192.168.3.201'
32  s = socket.socket(socket.AF_INET, socket.SOCK_STREAM)
33  s.connect((ip,9988))
34  t = threading.Thread(target = receive_msg)
35  t.start()
36  root = tk.Tk()
37  root.title('Chatting room')
38  root.geometry('300x350')
39  root.resizable(width = False,height = True)
40  fm = tk.Frame(root,width = 300,height = 300)
41  scrl = tk.Scrollbar(fm)
42  chat_list = tk.Listbox(fm,width = 300,selectmode = tk.BROWSE)
43  chat_list.configure(yscrollcommand = scrl.set)
44  scrl['command'] = chat_list.yview
45  bt_txt = tk.StringVar(value = 'Logon')
46  et_txt = tk.StringVar(value = '')
47  chat_txt = tk.Entry(root,bd = 5,width = 280,textvariable = et_txt)
48  chat_send = tk.Button(root,textvariable = bt_txt,command = send_msg)
49  scrl.pack(side = tk.RIGHT,fill = tk.Y)
50  chat_txt.pack()
51  chat_send.pack()
52  chat_list.pack()
53  fm.pack()
54  root.mainloop()
```

代码5-9c中包括第7～18行的自定义函数send_msg()，该函数为命令按钮的事件响应函数，用于向服务器发送消息。包括第19～30行的自定义函数receive_msg()，该函数为线程执行代码，用于从服务器接收消息并显示。

主程序第 4 行引入 socket 模块，第 5 行引入 threadingt 模块，第 6 行引入 tkinter 模块，引用名为 tk。第 31 行将服务器 IP 地址存入变量 ip 中，第 32 行建立 socket 对象 s，为 SOCK_STREAM 即 TCP 方式。第 33 行调用函数 connect() 连接服务器，服务 IP 地址和端口号以元组形式作为实参。第 34 行创建线程 t，线程执行代码为自定义函数 receive_msg()，该线程负责接收来自服务器的消息并显示。第 35 行启动线程。第 36 行创建窗口 root，第 37 行设置窗口 root 的标题，第 38 行设置窗口 root 宽 300px、高 350px。第 39 行设置窗口 root 宽度不可改变，高度可改变。第 40 行在窗口 root 中定义框架 fm，框架 fm 宽与高均为 300px。第 41 行在框架 fm 中定义滚动条 scrl，框架 fm 宽与高均为 300px。第 42 行在框架 fm 中定义列表框 chat_list，宽度 300px，浏览模式，用于显示聊天内容。第 43 行调用函数 configure() 设置列表框 chat_list 纵向滚动由滚动条 scrl 控制。第 44 行设置滚动条 scrl 的命令响应为列表框 chat_list 的纵向滚动显示。第 45 行定义字符串对象 bt_txt，初值为 'Logon'，将作为命令按钮的文本连接变量。第 46 行定义字符串对象 et_txt，初值为空，将作为单行编辑框的文本连接变量。第 47 行在窗口 root 中定义单行编辑框 chat_txt，边线为 5px，宽度为 280px，与字符串对象 et_txt 连接。第 48 行在窗口 root 中定义按钮 chat_send，与字符串对象 bt_txt 连接，事件处理函数为 send_msg()。第 49 行在滚动条 scrl 所在容器，也就是框架 fm 右侧，以纵向充满方式显示滚动条 scrl，实现与列表框 chat_list 的组合显示。第 50～53 行分别显示单行编辑框 chat_txt、按钮 chat_send、列表框 chat_list、框架 fm。第 54 行显示主窗口 root 并接收操作。

第 7～18 行的自定义函数 send_msg() 为按钮 chat_send 的事件处理函数，无参数，当单击按钮 chat_send 时，该函数将被执行。第 8 行调用 get() 函数从字符串对象 bt_txt 中获取按钮 chat_send 的文本并存入字符串变量 txt 中。第 9 行判断变量 txt 的值是否为 'Logon'，若是，则表示客户端还未登录到聊天室，单击按钮 chat_send 将实现登录功能，登录之后进入聊天状态，利用第 10 行调用 set() 函数将字符串对象 bt_txt 值设置为 'Send'，使得按钮 chat_send 的文本显示为 Send，表示客户端登录聊天室之后进入聊天状态。第 11 行调用 get() 函数从字符串对象 et_txt 中获取单行编辑框 chat_txt 的文本并存入字符串变量 msg 中。第 12 行调用 set() 函数将字符串对象 et_txt 值设置为空，使得单行编辑框 chat_txt 的内容为空，等待用户输入下一条消息。第 13 行输出变量 msg 内容，方便程序调试与运行过程监测。第 14 行将变量 msg 内容转化为 bytes 字节流并存入变量 msg_b 中。第 15 行调用函数 send() 向服务器发送信息 msg_b。第 16 行判断发送给服务器内容的前 3 个字符转化为大写字母后是否为 'BYE'，若是，则表示客户端要退出聊天室，利用第 17 行调用函数 config() 设置按钮 chat_send 状态为 DISABLED，即按钮变为灰色，不再响应鼠标单击，利用第 18 行调用函数 close() 关闭与服务器的 TCP 连接，实现聊天室的退出。

第 19～30 行的自定义函数 receive_msg() 为接收消息线程的执行代码，无参数，利用无限循环接收来自服务器的消息。第 20 行为无限循环，循环体语句包括第 21～30 行，其中，第 22～26 行语句的执行使用 try/except 捕获异常。第 22 行接收来自服务器的消息并存入变量 data_b 中。第 23 行将 bytes 字节流数据 data_b 转换为字符串存入变量 data_s 中。第 24 行输出变量 data_s 值，用于调试和监测程序运行。第 25 行将变量 data_s 的值，也就是来自服务器的信息，插入到列表框 chat_list 的末尾。第 26 行设置列表框 chat_list 显示末尾的数据,也就是使新插入的数据可视。第22~26行语句执行中出现异常时,线程将退出。第28行输出错误信息,第29行输出退出提示信息,第30行执行语句break退出无限循环,线程执行结束。

5.5.4 程序运行结果

在服务器运行代码5-9s,在两个不同客户端运行代码5-9c,服务器以多线程方式为客户端提供聊天室服务,两个客户端通过图形界面进行信息交流,客户端代码5-9c运行结果如图5-9所示,服务器代码5-9s运行结果如图5-10所示。

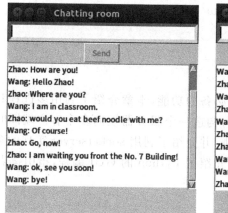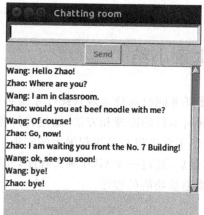

图5-9 代码5-9c运行结果

```
user@ubuntu:~ $ python chat01s.py
Wait for TCP connecting...
data_b = b'Zhao'
data = Welcome Zhao!
data_b = b'Wang'
data = Welcome Wang!
data_b = b'Hello, Wang!'
data = Zhao: Hello, Wang!
data_b = b'How are you!'
data = Zhao: How are you!
data_b = b'Hello Zhao!'
data = Wang: Hello Zhao!
data_b = b'Where are you?'
data = Zhao: Where are you?
data_b = b'I am in classroom.'
data = Wang: I am in classroom.
data_b = b'would you eat beef noodle with me?'
data = Zhao: would you eat beef noodle with me?
data_b = b'Of course!'
data = Wang: Of course!
```

图5-10 代码5-9s运行结果

```
data_b = b'Go, now!'
data = Zhao: Go, now!
data_b = b'I am waiting you front the No. 7 Building!'
data = Zhao: I am waiting you front the No. 7 Building!
data_b = b'ok, see you soon!'
data = Wang: ok, see you soon!
data_b = b'bye!'
Wang is exited!
data_b = b'bye!'
Zhao is exited!
```

图 5-10 （续）

5.6 本章小结

支持多任务同时运行是现代操作系统必备的功能，本章介绍了利用多进程和多线程实现多任务同时运行的原理和方法，通过自行构造一个服务器端向多个客户端同时服务的程序实例，介绍了多进程和多线程编程的实现，并介绍了利用 socketserver 实现的多进程和多线程程序，最后，通过一个 GUI 聊天程序，介绍了 Python 的 GUI 编程，指引读者开发 GUI 的具有网络通信功能的程序。

习题

1. 在代码 5-2s 第 33～36 行的无限循环中，在第 36 行后面添加语句 p.join()，使添加的语句也属于无限循环，同时，添加文件开始下载与下载结束时间戳语句，然后运行代码 5-2s，测试多个客户端同时请求服务器下载文件，观察是否是多进程同时执行，为什么？

2. 修改代码 5-2s，使之输出连接到服务器的客户端 IP 地址和端口号。

3. 修改代码 5-3 中 socket 对象 s 为各进程共享的变量，运行程序并分析结果。

4. 参照代码 5-4c，编写获取服务器内存使用情况的代码。

5. 用多线程改进代码 4-7，使之可以探测并输出指定网段的在线主机。

6. 参照代码 5-4c 编写获取服务器 CPU 与内存负载信息的客户端代码。

7. Python3 的 concurrent.futures 中具有进程池 ProcessPoolExecutor 和线程池 ThreadPoolExecutor，请用进程池 ProcessPoolExecutor 重写代码 5-3，用线程池 ThreadPoolExecutor 重写代码 5-6。

8. 代码 5-7s 与代码 5-7c 中是否可以用 struct 模块的函数 pack() 和 unpack() 实现数据的类型转换？为什么？

9. 用 socketserver 的多线程 TCP 编程，重写代码 5-7s 与代码 5-7c。

10. 用 socketserver 的多线程 UDP 编程，重写代码 5-8s 与代码 5-8c。

11. 修改代码 5-9c，使得用户最新的聊天记录在最前面显示。

第6章 网络应用程序实例

6.1 网页内容获取

互联网上大量的信息以网页形式提供给用户，用户通过浏览器从服务器获得网页数据并经过浏览器解析后，进行网页阅读、内容复制、链接单击等操作。用户与网页服务器的通信是通过 HTTP 或者 HTTPS 实现的，网络浏览器是用户向服务器发送请求数据、接收服务器回应数据、解析并呈现服务器回应数据的客户端软件。

用户不通过浏览器而是通过程序自动获取网页内容，有两种办法：一是当服务器提供 API 方法时，可以调用 API 获取网页数据；二是当服务器没有提供 API 方法时，需要使用爬虫程序从服务器获取网页数据并从中过滤提取所需数据。

6.1.1 通过 API 获取天气数据实例

中国天气网（http://www.weather.com.cn）向用户提供国内各城市天气信息，并提供 API 供程序获取所需的天气数据，返回数据格式为 JSON。API 网址类似 http://www.weather.com.cn/data/cityinfo/101160101.html，其中，101160101 为城市编码。代码 6-1 为在中国天气网获取甘肃省兰州市当天天气预报数据的实例。

```
1   #代码6-1  http01.py
2   #!/usr/bin/env python3
3   # coding: utf-8
4   import urllib.request
5   import json
6   code = '101160101'
7   url = 'http://www.weather.com.cn/data/cityinfo/%s.html' % code
8   print('url = ',url)
9   obj = urllib.request.urlopen(url)
10  print('type(obj) = ',type(obj))
11  data_b = obj.read()
12  print('data_b = ',data_b)
13  data_s = data_b.decode('utf-8')
14  print('data_s = ',data_s)
15  data_dict = json.loads(data_s)
16  print('data_dict = ',data_dict)
```

```
17    rt = data_dict['weatherinfo']
18    print('rt = ',rt)
19    my_rt = ('%s,%s,%s～%s') % (rt['city'],rt['weather'],rt['temp1'],rt['temp2'])
20    print(my_rt)
```

代码 6-1 中，第 4 行引入 urllib 包中的模块 request，第 5 行引入 json 模块。第 6 行给变量 code 赋值甘肃省兰州市编码'101160101'，编码共 9 位，其中前 5 位表示省、自治区或者直辖市，接下来 2 位表示市或者地区，最后 2 位表示城市。第 7 行用字符串变量 url 保存合成的网址，该网址为给定编码城市的当天天气预报。第 8 行输出变量 url 所保存的网址。第 9 行调用函数 urlopen()打开给定的网址，结果返回到对象 obj 中。第 10 行输出 obj 的类型。第 11 行调用函数 read()从对象 obj 中读取内容，保存到变量 data_b 中，变量 data_b 中的内容为 bytes 字节流数据。第 12 行输出变量 data_b 的内容。第 13 行将 data_b 中的 bytes 字节流数据转换为字符串类型保存到变量 data_s 中。第 14 行输出变量 data_s 的内容。第 15 行调用 JSON 的函数 loads()将 data_s 中保存的字符串数据转换为字典型数据，保存到字典型变量 data_dict 中。第 16 行输出变量 data_dict 的内容。第 17 行从字典型变量 data_dict 中取得键为'weatherinfo'的内容，保存到变量 rt 中，rt 仍然为字典型变量。第 18 行输出变量 rt 的内容。第 19 行合成字符串变量 my_rt 的内容，包括城市名称、天气状况、最高温和最低温，这些内容均从字典型变量 rt 中取得，键分别为'city'、'weather'、'temp1'、'temp2'。第 20 行输出变量 my_rt 的内容。

代码 6-1 运行结果如图 6-1 所示。

```
url = http://www.weather.com.cn/data/cityinfo/101160101.html
type(obj) = <class 'http.client.HTTPResponse'>
data_b = b'{"weatherinfo":{"city":"\xe5\x85\xb0\xe5\xb7\x9e","cityid":"101160101",
"temp1":"1\xe2\x84\x83","temp2":"18\xe2\x84\x83","weather":"\xe5\xa4\x9a\xe4\xba\x91\xe8
\xbd\xac\xe6\x99\xb4","img1":"n1.gif","img2":"d0.gif","ptime":"18:00"}}'
data_s = {"weatherinfo":{"city":"兰州","cityid":"101160101","temp1":"1℃","temp2":
"18℃","weather":"多云转晴","img1":"n1.gif","img2":"d0.gif","ptime":"18:00"}}
data_dict = {'weatherinfo': {'city': '兰州', 'cityid': '101160101', 'temp1': '1℃', 'temp2':
'18℃', 'weather': '多云转晴', 'img1': 'n1.gif', 'img2': 'd0.gif', 'ptime': '18:00'}}
rt = {'city': '兰州', 'cityid': '101160101', 'temp1': '1℃', 'temp2': '18℃', 'weather': '多云
转晴', 'img1': 'n1.gif', 'img2': 'd0.gif', 'ptime': '18:00'}
兰州,多云转晴,1℃～18℃
```

图 6-1 代码 6-1 运行结果

从图 6-1 可知，函数 urlopen()的返回值为来自服务器的回应对象，调用其 read()函数可得 bytes 字节流类型的数据，将 bytes 字节流类型的数据转换为字符串类型，即为 JSON 数据。调用 JSON 函数 loads()可将 JSON 数据转换为字典型数据，而中国天气网返回的数据为嵌套 1 层的字典型数据，因此，首先通过 rt=data_dict['weatherinfo']取得城市天气预报信息，其次通过 rt['city']、rt['weather']、rt['temp1']和 rt['temp2']取得具体的数据。

中国天气网还通过类似网址 http://www.weather.com.cn/data/sk/101160101.html 以 API 方式提供各城市的实时天气数据。各城市编码可通过网络搜索取得。

目前，绝大多数网站以动态网页的形式发布信息。所谓动态网页，就是用相同的格式呈现不同的内容。例如，每天访问中国天气网，看到的信息呈现格式是不变的，但天气信息数据是变化的。如果网站没有提供 API 调用的功能，则可以先获取网页数据，然后将网页数据转换为字符串后利用正则表达式提取所需的内容，即所谓的爬虫方式。利用爬虫经常获取的是网页中动态变化的数据，因此，爬虫程序是自动获取网页中动态变化数据的工具。

6.1.2 正则表达式

正则表达式是由特定含义字符序列组成的字符串，能够表示特定的模式。利用正则表达式能够检查字符串是否与指定模式匹配，或者从字符串中提取特定子串。Python3 正则表达式中模式字符及其功能如表 6-1 所示。

表 6-1 Python3 正则表达式中模式字符及其功能

模式字符	功　能	举　例
\d	匹配数字 0～9	x\dy 匹配 x0y、x2y、x5y、x9y 等
\D	匹配非数字字符	x\Dy 匹配 xby、x+y、x*y、x_y 等
\s	匹配空格、\t、\r、\n、\f、\v	x\sy 匹配 x y
\S	匹配非空白字符	x\Sy 匹配 xNy、x9y 等
\w	匹配 a～z、A～Z、0～9 和 _	x\wy 匹配 xay、xWy、x5y、x_y 等
\W	匹配特殊字符	x\Wy 匹配 x+y、x@y、x&y、x^y 等
.	匹配除 \n 之外的任意字符	x.y 匹配 x2y、x@y、xKy、x y 等
*	匹配前 1 个字符任意次	x*y 匹配 xy、xxy、xxxy、xxxxy 等
+	匹配前 1 个字符至少 1 次	x+y 匹配 xxy、xxxy、xxxxy 等
?	匹配前 1 个字符至多 1 次	x?y 匹配 y、xy
{m}	匹配前 1 个字符 m 次	x{3}y 匹配 xxxy
{m,n}	匹配前 1 个字符 m～n 次	x{2,4}y 匹配 xxy、xxxy、xxxxy
[ ]	匹配[ ]中的任意字符 1 次	x[123]y 匹配 x1y、x2y、x3y
|	匹配|左边或者右边的内容	x|y 匹配 x、y
( )	分组匹配( )内的内容	x(\d*)y 匹配 xy、x4y、x56810y 等
\	转义特殊字符	x*y 匹配 x*y
^ 或 \A	匹配开始内容	^a.* 匹配以 a 开头的所有字符串
$ 或 \Z	匹配结束内容	.*b$ 匹配以 b 结束的所有字符串

Python3 中的 re 模块提供操作正则表达式的各种函数，如表 6-2 所示，re 模块使用语句 import re 导入。

表 6-2 Python3 的 re 模块函数

函　数	功　能	举　例
re.compile(pattern,flags=0)	编译正则表达式 pattern，返回 1 个对象，flags 的含义如表 6-3 所示	reg=r"src=(.*? \.jpg)" reg_comp=re.compile(reg)
re.match(pattern,string,flags=0)	用 pattern 匹配 string，返回匹配结果	string="src=1.jpg and 2.jpg" re.match(reg_comp,string)

续表

函　数	功　能	举　例
re.search(pattern,string,flags=0)	在 string 中搜索与 pattern 匹配的第 1 个子串	re.search(reg_comp,string)
re.findall(pattern,string,flags=0)	在 string 中搜索与 pattern 匹配的所有子串	reg_comp=re.compile(r'\d+') reg_comp.findall("a1b12c123")
re.finditer(pattern,string,flags=0)	在 string 中搜索与 pattern 匹配的所有子串,结果以迭代器形式返回	reg_comp=re.compile(r'\d+') iter=reg_comp.finditer("a1b12c123")
re.split(pattern,string[,max])	用与 pattern 匹配的子串分割 string,最多分割 max 次	reg_comp=re.compile(r'\d+') reg_comp.split("a1b12c123")
re.sub(pattern,repl,string,count)	将 string 中与 pattern 匹配的子串替换为 repl,替换 count 次,count 缺省时替换所有	reg_comp=re.compile(r'\d+') reg_comp.sub(" ","a1b12c123")
re.subn(pattern,repl,string,count)	返回包含替换结果与次数的元组	reg_comp=re.compile(r'\d+') reg_comp.subn(" ","a1b12c123")

注:reg_comp.findall("a1b12c123")与 re.findall(reg_comp,string)等价,其余类同。match()与 search()返回对象,其方法 group()返回匹配的字符串,方法 start()返回匹配开始位置,方法 end()返回匹配结束位置,方法 span()返回包含匹配开始与结束位置的元组,方法 group(n)返回第 n 组匹配的字符串,方法 groups()返回包含匹配组号的元组。

表 6-3　flags 的值与含义

标　志	值	含　义
re.S(DOTALL)	16	使.匹配包括\n 在内的所有字符
re.I(IGNORECASE)	2	匹配中对字母的大小写不敏感
re.L(LOCALE)	4	做本地化识别,如识别汉字字符等
re.M(MULTILINE)	8	使得^和$能够进行多行匹配
re.X(VERBOSE)	64	该标志使得正则表达式的书写更为灵活,允许正则表达式中出现空格、注释等有助于更好地理解表达式含义的内容
re.U(UNICODE)	32	根据 Unicode 字符集解析字符
re.DEBUG	128	显示调试信息

正则表达式匹配时,出现在表达式前面的 *、+、? 等都会进行贪婪匹配,也就是尽可能向后匹配,但表达式后面的?会使匹配尽早结束,不再向后扩展。例如 pattern1=r'.+',pattern2=r'.+?',re.match(pattern1,"12345")返回匹配整个字符串"12345"的结果,而 re.match(pattern2,"12345")返回匹配字符串"1"的结果。

6.1.3　通过爬虫获取天气数据实例

中国天气网通过类似网址 http://www.weather.com.cn/weather1d/101160101.shtml 发布各城市当天的天气信息,其中 101160101 为城市编码。该网址不是以 API 提供天气信息而是供用户使用浏览器查看天气信息。如果需要程序从该网址自动获取天气数据,就需要事先通过浏览器查看网页源码,在源码中找到所需的信息,并记住信息的前后标志,利用正则表达式从网页提取所需信息。大多数浏览器提供查看网页源码的功能,方法是在打开的网页上右击,选择"查看网页源代码"命令就可以看到网页的 HTML(Hyper Text Markup Language)源码。观察网址 http://www.weather.com.cn/weather1d/101160101.shtml 源码,发现城市名称可在"< title >【兰州天气】。。</title >"处获取,当天天气信息可在 "< input type="hidden" id="hidden_title" value="11 月 10 日 08 时周五多云转晴 12/3℃" />"处获取。

代码 6-2 为通过爬虫获取指定城市天气信息的实例。

```
1    #代码 6-2   http02.py
2    #!/usr/bin/env python3
3    # coding: utf-8
4    import urllib.request
5    import re
6    codes = ['101160101','101160102','101160103','101160104']
7    reg1 = r'<title>(【.+】)'
8    reg1_comp = re.compile(reg1)
9    reg2 = r'id="hidden_title"\s+value="(.+)"'
10   reg2_comp = re.compile(reg2)
11   for code in codes:
12       url = 'http://www.weather.com.cn/weather1d/%s.shtml' % code
13       print('url = ',url)
14       obj = urllib.request.urlopen(url)
15       data_b = obj.read()
16       data_s = data_b.decode('utf-8')
17       reg1_list = reg1_comp.findall(data_s)
18       rt_str = reg1_list[0]
19       reg2_list = reg2_comp.findall(data_s)
20       rt_str += reg2_list[0]
21       print(rt_str)
```

在代码 6-2 中,第 4 行引入 urllib 包中的模块 request,第 5 行引入 re 模块。第 6 行利用列表变量 codes 保存多个城市的编码。第 7 行定义获取城市名称的正则表达式,城市名称保存在"【】"中,用"()"分组方式获取。第 8 行调用函数 compile()编译正则表达式 reg1,结果保存在对象 reg1_comp 中。第 9 行定义获取天气信息的正则表达式,天气信息位于 value 后的一对双引号中,用"()"分组方式获取。第 10 行调用函数 compile()编译正则表达式 reg2,结果保存在对象 reg2_comp 中。第 11~21 行利用循环获取多个城市的天气信息,第 12 行构造要访问城市天气信息的 URL(Uniform Resources Locators),保存在字符串变量 url 中。第 13 行输出变量 url 的值。第 14 行调用函数 urlopen()打开给定的网址,结果返回到对象 obj 中。第 15 行调用函数 read()从对象 obj 中读取内容,保存到变量 data_b 中,变量 data_b 中的内容为 bytes 字节流数据。第 16 行将 data_b 中的 bytes 字节流数据转换为字符串类型保存到变量 data_s 中。第 17 行调用函数 findall()在 data_s 内容中搜索与正则表达式 reg1 匹配的字串,保存到列表变量 reg_list1 中。第 18 行将列表 reg_list1 的第一个元素值保存到字符串变量 rt_str 中。第 19 行调用函数 findall()在 data_s 内容中搜索与正则表达式 reg2 匹配的字串,保存到列表变量 reg_list2 中。第 20 行将列表 reg_list2 的第一个元素值连接到字符串变量 rt_str 后面。第 21 行输出变量 rt_str 的值。

代码 6-2 运行结果如图 6-2 所示。

```
url = http://www.weather.com.cn/weather1d/101160101.shtml
【兰州天气】11 月 10 日 08 时 周五    多云转晴    12/3℃
url = http://www.weather.com.cn/weather1d/101160102.shtml
【皋兰天气】11 月 10 日 08 时 周五    多云转晴    12/-3℃
url = http://www.weather.com.cn/weather1d/101160103.shtml
【永登天气】11 月 10 日 08 时 周五    多云转晴    7/-1℃
url = http://www.weather.com.cn/weather1d/101160104.shtml
【榆中天气】11 月 10 日 08 时 周五    多云转晴    9/-1℃
```

图 6-2 代码 6-2 运行结果

6.1.4 通过爬虫下载网页中的图片实例

我们浏览的网页中经常包含很多图片，一般情况下，这些图片可以通过右键快捷菜单进行下载，但是，当网页禁止了鼠标的右键菜单或者图片很多时，手工下载图片的工作就显得耗时耗力，此时，可以通过爬虫程序下载网页所包含的图片。

网页 http://www.lzu.edu.cn/V2013/szdw/ys/包含了兰州大学两院院士的照片，分析该网页的源码发现院士姓名前面字符串为"简介">"，院士姓名后面字符串为"</a></tt>"。院士照片以 img src="xxx"形式表示，提取其中的 xxx，附加到 http://www.lzu.edu.cn 后面，就是获取照片的链接。获取网页 http://www.lzu.edu.cn/V2013/szdw/ys/中院士姓名与照片，并以院士姓名为文件名称，将这些照片保存到当前目录的子目录 photos 的程序实例如代码 6-3 所示。

```
1     #代码 6-3   http03.py
2     #!/usr/bin/env python3.6
3     # coding: utf-8
4     import urllib.request
5     import re
6     url = 'http://www.lzu.edu.cn/V2013/szdw/ys/'
7     pre_url = 'http://www.lzu.edu.cn'
8     reg1 = r'简介">(.+?)</a></tt>'
9     reg1_comp = re.compile(reg1)
10    reg2 = r'img src="(.+?)"'
11    reg2_comp = re.compile(reg2)
12    obj = urllib.request.urlopen(url)
13    data_b = obj.read()
14    data_s = data_b.decode('utf-8')
15    reg1_list = reg1_comp.findall(data_s)
16    reg2_list = reg2_comp.findall(data_s)
17    k = 0
18    for name in reg1_list:
19        url_img = pre_url + reg2_list[k]
20        name_photo = './photos/%s.%s' % (name,url_img[-3:])
```

```
21        urllib.request.urlretrieve(url_img,name_photo)
22        print(name_photo,url_img)
23        k = k + 1
```

在代码 6-3 中,第 4 行引入 urllib 包中的模块 request,第 5 行引入 re 模块。第 6 行利用变量 url 保存网页地址,第 7 行利用变量 pre_url 保存网页地址首部,用于后面构造获取照片的地址。第 8 行定义获取院士姓名的正则表达式 reg1,用"()"分组方式获取。第 9 行调用函数 compile()编译正则表达式 reg1,结果保存在对象 reg1_comp 中。第 10 行定义获取院士照片地址的正则表达式 reg2,用"()"分组方式获取。第 11 行调用函数 compile()编译正则表达式 reg2,结果保存在对象 reg2_comp 中。第 12 行调用函数 urlopen()打开给定的网址,结果返回到对象 obj 中。第 13 行调用函数 read()从对象 obj 中读取内容,保存到变量 data_b 中,变量 data_b 中的内容为 bytes 字节流数据。第 14 行将 data_b 中的 bytes 字节流数据转换为字符串类型保存到变量 data_s 中。第 15 行调用函数 findall()在 data_s 内容中搜索与正则表达式 reg1 匹配的字串,也就是院士姓名,保存到列表变量 reg_list1 中。第 16 行调用函数 findall()在 data_s 内容中搜索与正则表达式 reg2 匹配的字串,也就是存放院士照片的相对地址,保存到列表变量 reg_list2 中。第 17 行定义整型变量 k,用于在列表 reg_list2 中取得存放照片的相对地址。第 18~23 行的循环语句,利用保存在列表 reg_list1 中的姓名与保存在列表 reg_list2 中的照片的相对地址,逐个获取照片。第 19 行构造获取第 k 个院士的照片地址,第 20 行构造照片存储路径与文件名,文件名后缀为照片地址的后 3 个字符,以保持与原类型的相同。第 21 行调用函数 urlretrieve()获取照片并保存,其中,照片地址为 url_img,保存路径与文件名为 name_photo。第 22 行输出照片保存路径与文件名、获取照片地址。第 23 行变量 k 值加 1,处理下一个人的信息。

代码 6-3 运行部分结果如图 6-3 所示。

```
./photos/郑国锠.jpg http://www.lzu.edu.cn/F2013/teacher/201305/05-15_173516-27.jpg
./photos/刘有成.jpg http://www.lzu.edu.cn/F2013/img/180x240/lyc.jpg
./photos/李吉均.jpg http://www.lzu.edu.cn/F2013/img/180x240/ljj.jpg
./photos/丑纪范.jpg http://www.lzu.edu.cn/F2013/img/180x240/cjf.jpg
./photos/汤中立.jpg http://www.lzu.edu.cn/F2013/img/180x240/tangzhongli.jpg
./photos/任继周.jpg http://www.lzu.edu.cn/F2013/img/180x240/renjizhou.jpg
./photos/郑晓静.jpg http://www.lzu.edu.cn/F2013/teacher/201305/05-15_173616-27.jpg
```

图 6-3 代码 6-3 运行部分结果

6.1.5 爬虫获取需要验证用户身份的网站信息实例

有一类网站,需要用户登录后才能看到与用户相关的信息。本例以狗耳朵网(http://www.dogear.cn)为例,说明如何通过爬虫自动登录并获取这类网站信息。狗耳朵网汇集与采编了大量的信息,并根据用户的预订,将信息推送到用户的移动设备上。用户使用用户名和密码正确登录狗耳朵网以后,就可以浏览和管理用户预订的各种信息。

通过前面的学习,我们知道 HTTP 以请求/应答方式工作,是一个无状态的连接协议,即客户端与服务器通过 HTTP 通信时,每一次通信都看作是独立的一次信息交换,与双方前面的通信无关。

要实现客户端与服务器之间通过 HTTP 的有状态的连接,即通信双方能够记得已经发生的通信,需要在客户端创建 Session 对象,Session 也称作会话。通过 Session 对象记录双方通信过程中的一些信息,比如用户名、密码、用户是否登录等信息。通过 Session 对象可以实现客户端与服务器的有状态连接。

而 Session 对象是建立在 Cookie 之上的,所谓 Cookie,就是在客户端本地建立一些小文件,用于存储客户端和服务器通信过程的一些信息。用户通过浏览器与服务器进行有状态连接时,浏览器通过 Cookie 创建与服务器交互的 Session,实现有状态的连接。客户端和服务器进行有状态连接时,首次连接会产生一个_xsrf 值标记双方的会话,后续双方的交互会验证_xsrf 值。

要通过爬虫获取需要进行身份验证网站信息时,爬虫需要模仿浏览器在 Cookie 之上建立 Session 对象的过程,使得服务器认为用户是通过浏览器对其进行访问的。Python3 的 http 中的 cookiejar 模块实现在 Cookie 之上建立 Session 对象,并对 Session 对象进行管理的功能。

代码 6-4 为通过爬虫自动登录狗耳朵网站并获取用户预订信息的程序实例。

```
1   #代码6-4  http04.py
2   #!/usr/bin/env python3
3   # coding: utf-8
4   import urllib.request
5   import urllib.parse
6   import gzip
7   import re
8   import http.cookiejar
9   def ungzip(data):
10      print('Decompressing...')
11      try:
12          data = gzip.decompress(data)
13      except:
14          print('Need not decompress!')
15      return data
16  def opener_obj(header_str):
17      cj = http.cookiejar.CookieJar()
18      handler = urllib.request.HTTPCookieProcessor(cj)
19      opener = urllib.request.build_opener(handler)
20      header = []
21      for key, value in header_str.items():
22          elem = (key, value)
23          header.append(elem)
24      opener.addheaders = header
25      return opener
26  host = 'www.dogear.cn'
27  header = {
28      'Connection': 'Keep-Alive',
29      'Accept': 'text/html, application/xhtml+xml, */*',
```

```
30          'Accept - Language': 'en - US,en;q = 0.8,zh - Hans - CN;q = 0.5,zh - Hans;q = 0.3',
31          'User - Agent': 'Mozilla/5.0 (Windows NT 6.3; WOW64; Trident/7.0; rv:11.0) like Gecko',
32          'Accept - Encoding': 'gzip, deflate',
33          'Host': host,
34          'DNT': '1'
35      }
36      url = 'http://' + host
37      opener = opener_obj(header)
38      obj = opener.open(url)
39      print('Status code = ',obj.getcode())
40      print('url = ',obj.geturl())
41      print('info = ',obj.info())
42      reg = r'_xsrf = (. + );\s + Path'
43      ck_info = obj.info()['Set - Cookie']
44      reg_comp = re.compile(reg)
45      xs_list = reg_comp.findall(ck_info)
46      _xsrf = xs_list[0]
47      url += '/u/login'
48      email = '594286500@qq.com'
49      password = 'xxxxxx'
50      login_dict = {'_xsrf':_xsrf,'email': email,'password': password}
51      login_data_s = urllib.parse.urlencode(login_dict)
52      login_data_b = login_data_s.encode('utf - 8')
53      obj = opener.open(url,login_data_b)
54      # print('Status code = ',obj.getcode())
55      # print('url = ',obj.geturl())
56      # print('info = ',obj.info())
57      data_gz = obj.read()
58      data_b = ungzip(data_gz)
59      data_s = data_b.decode('utf - 8')
60      # print(data_s)
61      reg1 = r'< strong >(. + ?).</strong >'
62      n_list = re.findall(reg1,data_s)
63      name = n_list[0]
64      print('\nHello, %s! yours subscription is flowing...' % name)
65      reg2 = r'title = "(. + ?)"\s + class'
66      book_list = re.findall(reg2,data_s)
67      print(book_list)
```

在代码 6-4 中,第 9～15 行的自定义函数 ungzip(),用于对压缩数据进行解压缩;第 16～25 行的自定义函数 opener_obj(),用于构造连接服务器的对象。

主程序第 4 行引入 urllib 包中的模块 request,第 5 行引入 re 模块。第 6 行引入 http 包中的 cookiejar 模块,用于创建 Session。第 7 行引入 urllib 包中的 parse 模块,用于将字典类型的值转换为 HTTP 格式。第 8 行引入 gzip 模块,用于解压缩来自服务器的数据。第 26 行用字符串变量 host 保存狗耳朵网站的域名。第 27～35 行用字典型变量 header 保存客户端向服务器发送请求时请求报文头部所包含的数据,爬虫程序一般使用字典型变量内容来模拟浏览器访问服务器。第 36 行用字符串变量 url 保存访问狗耳朵网站的网址。第

37行调用自定义函数opener_obj()构造连接服务器的对象,实参为字典型变量header,返回结果用对象变量opener保存。第38行调用函数open()访问实参url所指向的网址,返回结果用对象变量obj保存。第39行调用函数getcode()取得访问服务器的返回码并输出。第40行调用函数geturl()取得服务器的网址并输出。第41行调用函数info()取得服务器的信息并输出,其中包括_xsrf的值。第42行根据第41行的输出,构造获取_xsrf值的正则表达式,保存到字符串变量reg中。第43行将键为'Set-Cookie'的服务器信息存储到变量ck_info中。第44行调用函数compile()编译正则表达式reg,结果保存到对象变量reg_comp中。第45行调用函数findall()在ck_info中获取与正则表达式reg相匹配的字符串,保存到列表变量xs_list中。第46行将xs_list的第一个值存储到变量_xsrf中。第47行在服务器网址变量url的后面附加/u/login,形成用户登录的网址,保存在变量url中。第48行和第49行用分别变量email和password保存用户名和密码。第50行用字典变量login_dict保存包含_xsrf、email和password键/值数据,其中,email和password经分析网页http://www.dogear.cn/u/login得出,不同网站表示用户名和密码的标志可能不同。第51行调用函数urlencode()将字典变量login_dict的值转换为HTTP格式,保存到变量login_data_s中。第52行调用函数encode()将变量login_data_s的值转换为bytes字节流类型,保存到变量login_data_b中。第53行以url和login_data_b为实参调用函数open(),其中,url为网址,login_data_b为用户登录信息,结果用对象变量obj保存。第54~56行为注释语句,调试程序时可去掉注释,功能与第39~41行语句相同。第57行调用函数read()获取网页信息,保存到变量data_gz中,所获取信息为gzip压缩格式,可通过第41行语句的输出观察到。第58行调用自定义函数ungzip(),将变量data_gz内容解压缩后存储到变量data_b中。第59行调用函数decode(),将变量data_b内容转化为字符串类型,存储到变量data_s中。第60行为注释语句,调试程序时可去掉注释,输出网页的源码。第61行用字符串变量reg1保存获取用户名的正则表达式,通过观察网页源码得到。第62行调用函数findall()在保存网页源码的变量data_s中,获取与正则表达式reg1相匹配的字符串,保存到列表变量n_list中。第63行将列表变量n_list的第一个值,即用户名称,保存到变量name中。第64行输出提示信息。第65行用字符串变量reg2保存获取用户订阅内容的正则表达式,通过观察网页源码得到。第66行调用函数findall()在保存网页源码的变量data_s中,获取与正则表达式reg2相匹配的字符串,保存到列表变量book_list中。第67行输出包含用户订阅内容的book_list值。

在自定义函数ungzip()中,第10行输出解压缩提示信息。第11~14行用try/except语句捕获数据解压缩中出现的异常,若出现异常,则认为数据没有被压缩,无须解压,通过第14行输出提示信息;否则,通过第12行调用函数decompress()对数据解压缩,结果仍然保存到变量data中。第15行返回数据解压缩结果。

自定义函数opener_obj()中,第17行调用函数CookieJar()创建Cookie并保存到对象变量cj中。第18行调用函数HTTPCookieProcessor()在cj之上创建Session,保存在对象变量handler中。第19行调用函数build_opener()依托handler创建访问网站的对象,保存在对象变量opener中。第20行定义列表变量header,初值为空,用于保存模拟浏览器访问网站时的键/值对。第21~23行利用循环将通过参数传入的字典数据以元组形式保存到列表变量header中,第21行用变量key和value循环从字典键/值对组成的元组中获取数据;

第 22 行用变量 key 和 value 组成元组，存储到变量 elem 中；第 23 行将元组变量 elem 值追加到列表变量 header 中。第 24 行调用函数 addheaders()将列表变量 header 值添加到对象变量 opener 中。第 25 行返回对象变量 opener。

代码 6-4 运行结果如图 6-4 所示。

```
Status code = 200
url = http://www.dogear.cn
info = Content - Encoding: gzip
Content - Type: text/html; charset = UTF - 8
Date: Thu, 16 Nov 2017 00:45:41 GMT
Etag: W/"36e82549546797ad3c24fc8053d492dc923e18a7"
Server: Caddy
Server: TornadoServer/3.2
Set - Cookie: _xsrf = 645088730dc34964a4968ec05dc8e668; Path = /
Connection: close
Transfer - Encoding: chunked

Decompressing...

Hello, 594286500@qq.com! yours subscription is flowing...
['经济观察网', '百度百家', 'FT 中文网_英国《金融时报》(Financial Times)', '爱范儿', '中国日报
21 世纪英文版', '科学松鼠会', '知乎日报', '纽约时报中文网', '拇指博客', '阮一峰的网络日志',
'中国股市 -- 华尔街日报', '艾瑞资讯 - 艾瑞网', '时寒冰', '叶檀的 BLOG', 'VOA Standard English']
```

图 6-4　代码 6-4 运行结果

如图 6-4 所示，程序第一次访问网址 http://www.dogear.cn 得到网站信息，第二次访问网址 http://www.dogear.cn/ulogin 进行登录并获取用户所订阅内容。

有些网站使用查看网页源码的方法可能得不到所需信息，此时，可以借助软件 Fiddler。首先打开 Fiddler，然后用浏览器访问网站，Fiddler 能够捕获客户端与服务器之间通过 http 交互的数据，通过分析这些数据可以得到网站较为详细的信息。

6.1.6　爬虫获取使用 HTTPS 网站信息实例

由于 HTTP 不对数据进行加密而直接传输，安全性较低，因此，有一些网站，尤其是电子商务网站一般使用对数据加密的 HTTPS。爬虫获取 HTTPS 网站信息时，与代码 6-4 类似，也需要利用程序模拟浏览器。

代码 6-5 为获取淘宝网站热搜商品列表的程序实例。

```
1    # 代码 6-5    http05.py
2    #!/usr/bin/env python3
3    # coding: utf - 8
4    import urllib.request
5    import urllib.parse
6    import gzip
7    import re
8    import http.cookiejar
```

```python
9   def ungzip(data):
10      print('Decompressing...')
11      try:
12          data = gzip.decompress(data)
13      except:
14          print('Need not decompress!')
15      return data
16  def opener_obj(header_str):
17      cj = http.cookiejar.CookieJar()
18      handler = urllib.request.HTTPCookieProcessor(cj)
19      opener = urllib.request.build_opener(handler)
20      header = []
21      for key, value in header_str.items():
22          elem = (key, value)
23          header.append(elem)
24      opener.addheaders = header
25      return opener
26  host = 'www.taobao.com'
27  header = {
28      'Connection': 'Keep-Alive',
29      'Accept': 'text/html, application/xhtml+xml, */*',
30      'Accept-Language': 'en-US,en;q=0.8,zh-Hans-CN;q=0.5,zh-Hans;q=0.3',
31      'User-Agent': 'Mozilla/5.0 (Windows NT 6.3; WOW64; Trident/7.0; rv:11.0) like Gecko',
32      'Accept-Encoding': 'gzip, deflate',
33      'Host': host,
34      'DNT': '1',
35  }
36  url = 'https://' + host
37  opener = opener_obj(header)
38  obj = opener.open(url)
39  print('Status code = ',obj.getcode())
40  print('url = ',obj.geturl())
41  print('info = ',obj.info())
42  data_gz = obj.read()
43  data_b = ungzip(data_gz)
44  data_s = data_b.decode('utf-8')
45  #print(data_s)
46  reg = r'&amp;q=(.+?)&amp;.*">(.+?)</a>'
47  rt_list = re.findall(reg,data_s)
48  print('\nHot searching goods are:')
49  for xx in rt_list:
50      print(xx[0])
```

在代码6-5中，第9～15行的自定义函数ungzip()，用于对压缩数据进行解压缩；第16～25行的自定义函数opener_obj()，用于构造连接服务器的对象。

主程序第4行引入urllib包中的模块request，第7行引入re模块。第8行引入http包中的cookiejar模块，用于创建Session。第5行引入urllib包中的parse模块，用于将字典类型的值转换为HTTP格式。第6行引入gzip模块，用于解压缩来自服务器的数据。第

26 行用字符串变量 host 保存淘宝网站的域名。第 27～35 行用字典变量 header 保存客户端向服务器发送请求时请求报文头部所包含的数据,爬虫程序一般使用字典变量内容来模拟浏览器访问服务器。第 36 行用字符串变量 url 保存访问淘宝网站的网址,注意,使用的前缀是 https。第 37 行调用自定义函数 opener_obj() 构造连接服务器的对象,实参为字典型变量 header,返回结果用对象变量 opener 保存。第 38 行调用函数 open() 访问实参 url 所指向的网址,返回结果用对象变量 obj 保存。第 39 行调用函数 getcode() 取得访问服务器的返回码并输出。第 40 行调用函数 geturl() 取得服务器的网址并输出。第 41 行调用函数 info() 取得服务器的信息并输出。第 42 行调用函数 read() 获取网页信息,保存到变量 data_gz 中,所获取信息为 gzip 压缩格式,可通过第 41 行语句输出观察到。第 43 行调用自定义函数 ungzip(),对变量 data_gz 内容解压缩后存储到变量 data_b 中。第 44 行调用函数 decode(),将变量 data_b 内容转化为字符串类型,存储到变量 data_s 中。第 45 行为注释语句,调试程序时可去掉注释,输出网页的源码。第 46 行用字符串变量 reg 保存获取热搜商品名称的正则表达式,其中两处使用(),区别于其他相似格式,通过观察网页源码得到。第 47 行调用函数 findall() 在保存网页源码的变量 data_s 中,获取与正则表达式 reg 相匹配的字符串,保存到列表变量 rt_list 中,rt_list 中的元素为元组类型。第 48 行输出提示信息。第 49 行和第 50 行利用循环输出列表变量 rt_list 中元组第一个字符串内容。

自定义函数 ungzip() 与 opener_obj(),与代码 6-4 中的相同。

代码 6-5 运行结果如图 6-5 所示。

```
Status code = 200
url = https://www.taobao.com
info = Server: Tengine
Date: Thu, 16 Nov 2017 07:32:08 GMT
Content-Type: text/html; charset=utf-8
Transfer-Encoding: chunked
Connection: close
Vary: Accept-Encoding
Vary: Ali-Detector-Type, X-CIP-PT
Cache-Control: max-age=0, s-maxage=90
Via: cache9.l2cm12-1[0,200-0,H], cache47.l2cm12-1[1,0], cache4.cn60[0,200-0,H], cache10.cn60[0,0]
Age: 38
X-Cache: HIT TCP_MEM_HIT dirn:-2:-2 mlen:-1
X-Swift-SaveTime: Thu, 16 Nov 2017 07:31:36 GMT
X-Swift-CacheTime: 84
Timing-Allow-Origin: *
EagleId: 3acddde515108175282686167e
Set-Cookie: thw=cn; Path=/; Domain=.taobao.com; Expires=Fri, 16-Nov-18 07:32:08 GMT;
Strict-Transport-Security: max-age=31536000
Content-Encoding: gzip

Decompressing...
```

图 6-5 代码 6-5 运行结果

```
Hot searching goods are:
连衣裙
四件套
T恤
短裤
半身裙
男士外套
行车记录仪
男鞋
耳机
女包
沙发
```

图 6-5 （续）

6.2 访问 FTP 服务器

6.2.1 搭建 FTP 服务器

Ubuntu 桌面版默认不包含 FTP 服务器软件，需要进行在线安装或者下载安装。FTP 服务器软件有多个版本，例如 vsftp、Proftp 等，本节以常用的 vsftp 为例，说明安装与使用，步骤如下。

（1）安装 vsftp：执行"sudo apt-get install vsftpd"命令在线安装 vsftp 服务器软件。

（2）操作 FTP 服务：执行"sudo service vsftpd start"命令启动 FTP 服务；执行"sudo service vsftpd restart"命令重新启动 FTP 服务；执行"sudo service vsftpd stop"命令停止 FTP 服务；执行"sudo service vsftpd status"命令查看 FTP 服务状态，按 q 键退出查看 FTP 服务状态。

（3）FTP 服务配置文件：文件"/etc/vsftpd.conf"为 FTP 服务的配置文件，通过修改该文件的内容，可修改 FTP 的服务配置，其中，以"#"开头的语句为注释语句；语句"anonymous_enable=NO"表示不允许匿名登录 FTP 服务器；语句"local_enable=YES"表示允许 Linux 系统的本地用户登录 FTP 服务器；语句"write_enable=YES"表示允许用户上传文件到 FTP 服务器；语句"ftpd_banner=Welcome to blah FTP service."为客户端连接 FTP 服务器成功的欢迎信息。配置文件中除了这些常用语句外，还有大量其他语句，所有语句的功能可通过阅读语句上方的注释语句了解。

（4）创建用户：执行"sudo adduser ftpuser"命令创建用户 ftpuser 并设置密码，其家目录为"/home/ftpuser"。

执行"sudo service vsftpd start"命令启动 FTP 服务，使用浏览器以用户 ftpuser 身份登录后，就可以访问 FTP 服务，此时，访问到的目录为用户 ftpuser 的家目录"/home/ftpuser"。

6.2.2 访问 FTP 服务器的常用函数

要通过程序访问 FTP 服务器，需要通过语句"from ftplib import FTP"引入 FTP 类，

FTP 类中包含访问 FTP 服务器的函数,如表 6-4 所示。

表 6-4 访问 FTP 服务器常用函数

函　数	功　能	举　例
FTP()	创建 FTP 对象	ftp=FTP(),ftp 为 FTP 对象变量
ftp.connect("IP","port")	连接 FTP 服务器,其中,IP 为地址,port 为端口号	ftp.connect("192.168.3.18","21")
ftp.login("user","password")	登录 FTP 服务器,其中,user 为用户名,password 为密码	ftp.login("ftpuser","123456")
ftp.retrbinary("RETR "+fname,f.write)	以数据块方式从服务器下载文件 fname,写入 f 指向的本地文件,数据块默认为 8KB	f=open('xx.dat','wb') ftp.retrbinary("RETR "+"a.dat",f.write) #a.dat 为服务器文件,xx.dat 为本地文件
ftp.storbinaly("STOR "+fname,f)	以数据块方式向服务器上传文件 fname,f 指向本地文件,数据块默认为 8KB	f=open('xx.dat','rb') ftp.storbinaly("STOR"+"a.dat",f) #a.dat 为服务器文件,xx.dat 为本地文件
ftp.retrlines("RETR "+fname,f.write)	以字符流方式从服务器下载文件 fname,写入 f 指向的本地文件	f=open('xx.txt','w') ftp.retrlines("RETR "+"a.txt",f.write) #a.txt 为服务器文件,xx.txt 为本地文件
ftp.storlines("STOR "+fname,f)	以字符流方式向服务器上传文件 fname,f 指向本地文件	f=open('xx.txt','r') ftp.storlines("STOR"+"a.txt",f) #a.txt 为服务器文件,xx.txt 为本地文件
ftp.getwelcome()	获取应答码和服务器配置文件中由语句 ftpd_banner 设置的欢迎信息	ftp.getwelcome()
ftp.cwd(path)	进入 path 表示的目录,path 为当前工作目录	ftp.cwd("/")　#进入根目录,根目录为当 　　　　　　　#前工作目录
ftp.dir()	显示当前工作目录的内容	ftp.dir()
ftp.dir(path)	显示目录 path 的内容	ftp.dir("/")
ftp.nlst()	以列表形式返回当前工作目录的内容	f_list=ftp.nlst()
ftp.nlst(path)	以列表形式返回目录 path 的内容	f_list=ftp.nlst("/")
ftp.pwd()	返回当前工作目录名称	c_dir=ftp.pwd()
ftp.mkd(dir)	在服务器新建目录 dir	ftp.mkd("files")　#在当前工作目录下新建 　　　　　　　　#目录 files
ftp.rmd(dir)	删除服务器目录 dir	ftp.rmd("files")　#删除当前工作目录的子 　　　　　　　　#目录 files
ftp.delete(fname)	删除服务器文件 fname	ftp.delete("a.dat")　#删除当前工作目录下 　　　　　　　　　#的文件 a.dat
ftp.rename(old,new)	重命名服务器文件 old 为 new	ftp.rename("a.txt","aaa.txt")
ftp.quit()	断开与 FTP 服务器的连接	ftp.quit()

调用表 6-4 中的 ftp.connect()、ftp.login()、ftp.retrbinary()、ftp.storbinaly()、ftp.retrlines()、ftp.storlines()、ftp.getwelcome()、ftp.cwd()、ftp.mkd()、ftp.rmd()、ftp.delete()、ftp.rename()、ftp.quit()等函数,返回一个包含应答码和文本信息的字符串,应

答码为服务器对客户端请求的应答,见表 3-5。

6.2.3 访问 FTP 服务器程序实例

代码 6-6 为访问 FTP 服务器的程序实例。

```python
1   #代码6-6   ftp01.py
2   #!/usr/bin/env python3
3   # coding: utf-8
4   from ftplib import FTP
5   def ftp_connect(host,username,password):
6       ftp = FTP()
7       ftp.connect(host,21)
8       ftp.login(username, password)
9       return ftp
10  def ftp_download(ftp,remotefile,localfile):
11      f = open(localfile, 'wb')
12      ftp.retrbinary('RETR' + remotefile,f.write)
13      f.close()
14  def ftp_upload(ftp,remotefile, localfile):
15      f = open(localfile, 'rb')
16      ftp.storbinary('STOR' + remotefile,f)
17      f.close()
18  ftp = ftp_connect("192.168.3.18","ftpuser","123456")
19  print(ftp.getwelcome())
20  file_list = ftp.nlst()
21  print(file_list)
22  ftp_download(ftp, "test.txt", "./download/test.txt")
23  ftp_download(ftp, "tt.dat", "./download/tt.dat")
24  ftp_upload(ftp, "ls", "/bin/ls")
25  file_list = ftp.nlst()
26  print(file_list)
27  ftp.quit()
```

在代码 6-6 中,第 5~9 行的自定义函数 ftp_connect(),用于连接和登录 FTP 服务器;第 10~13 行的自定义函数 ftp_download(),用于从 FTP 服务器下载文件;第 14~17 行的自定义函数 ftp_upload(),用于向 FTP 服务器上传文件。

主程序第 4 行引入 ftplib 包中的模块 FTP。第 18 行以 IP 地址、用户名和密码为实参,调用自定义函数 ftp_connect(),连接并登录 FTP 服务器,结果返回到对象变量 ftp 中。第 19 行输出调用函数 getwelcome()的结果。第 20 行调用函数 nlst(),取得服务器当前工作目录的内容,保存到列表变量 file_list 中。第 21 行输出列表变量 file_list 的内容。第 22 行调用自定义函数 ftp_download(),下载 FTP 服务器当前目录中文件 text.txt 到客户端当前目录的子目录 download 中,文件名仍为 test.txt。第 23 行调用自定义函数 ftp_download(),下载 FTP 服务器当前目录中文件 tt.dat 到客户端当前目录的子目录 download 中,文件名仍为 tt.dat。第 24 行调用自定义函数 ftp_upload(),上传客户端文件/bin/ls 到 FTP 服务器当前目录中,文件名为 ls。第 25 行调用函数 nlst(),取得服务器当前工作目录的内容,保存到列表变量 file_list 中。第 26 行输出列表变量 file_list 的内容。第 27 行调用函数 quit()，断开与 FTP 服务器的连接。

自定义函数 ftp_connect() 接收参数 host、username 和 password。第 6 行调用函数 FTP()，创建对象 ftp。第 7 行以主机参数 host 和默认端口号 21 调用函数 connect() 连接服务器。第 8 行以用户名 username 和密码 password 为参数调用函数 login() 登录服务器。第 9 行返回对象 ftp。

自定义函数 ftp_download() 接收参数 ftp、remotefile 和 localfile。第 11 行调用函数 open() 创建二进制只写本地文件 localfile，用于存储从服务器下载的文件 remotefile 的内容，结果保存到文件对象 f 中。第 12 行调用函数 retrbinary()，从服务器下载 remotefile 的内容，然后调用对象 f 的方法 write 将下载的内容写入文件 f 中，其中，RETR 为客户端从服务器下载文件的命令，见表 3-4。第 13 行调用函数 close() 关闭文件 f。

自定义函数 ftp_upload() 接收参数 ftp、remotefile 和 localfile。第 15 行调用函数 open() 打开只读二进制本地文件 localfile，用于读取文件 localfile 的内容，结果保存到文件对象 f 中。第 16 行调用函数 storbinary()，向服务器上传 localfile 内容到 remotefile，localfile 内容通过对象 f 获得，其中，STOR 为客户端向服务器上传文件的命令，见表 3-1。第 17 行调用函数 close() 关闭文件 f。

代码 6-6 运行结果如图 6-6 所示。

```
220 Welcome to blah FTP service.
['examples.desktop', 'test.txt', 'tt.dat']
['examples.desktop', 'ls', 'test.txt', 'tt.dat']
```

图 6-6　代码 6-6 运行结果

如图 6-6 所示，函数 getwelcome() 返回服务器响应码和服务器配置文件中由语句 ftpd_banner 设置的信息，函数 nlst() 获取到文件上传前后服务器当前工作目录的内容，并以列表形式返回。

6.3　访问 DNS

DNS(Domain Name Server) 是互联网中重要的服务器，主要用于将域名转换为 IP 地址，Python 的一些模块，例如 socket、urllib 等，均具备自动调用 DNS 将域名转换为 IP 地址的功能，如果想进一步得到 DNS 提供的更多功能，需要借助模块 dnspython。

6.3.1　DNS 记录类型

DNS 中包含多种类型的记录，常用的类型介绍如下：
- A 记录——DNS 中最常用的记录，用于将域名转换成 IP 地址。
- MX 记录——MX(Mail eXchange) 为邮件交换记录，用于定位邮件地址中的域名所对应的服务器。
- CNAME 记录——别名记录，用于域名间的映射。

- NS 记录——标记区域的域名服务器及授权子域。
- PTR 记录——反向解析记录,用于将 IP 地址转换为主机名。
- SOA 记录——用于标记一个起始授权区。

6.3.2 访问 DNS 程序实例

Python3 默认不包含模块 dnspython,需要通过命令"pip3 install dnspython"进行安装,安装以后就可以通过 import 语句导入相应模块,本例以访问百度 DNS 为例,因此,利用语句"import dns.resolver"导入域名解析模块。

代码 6-7 为访问百度 DNS 的程序实例。

```
1   #代码 6-7    dns01.py
2   #!/usr/bin/env python3
3   # coding: utf-8
4   import dns.resolver
5   def resolver(domain,type):
6       rt_obj = dns.resolver.query(domain, type)
7       ans_list = rt_obj.response.answer
8       print('Type %s records are:' % type)
9       for xx in ans_list:
10          print(xx.to_text())
11  resolver('www.baidu.com','A')
12  resolver('baidu.com','MX')
13  resolver('baidu.com','NS')
14  resolver('www.baidu.com','CNAME')
15  resolver('baidu.com','SOA')
```

在代码 6-7 中,第 5~10 行的自定义函数 resolver(),用于解析通过参数传入的 type 类型的域名 domain。

主程序第 4 行引入 dns 包中的模块 resolver。第 11~15 行调用自定义函数 resolver(),分别解析不同类型的域名。

自定义函数 resolver()用参数 domain 接收要解析的域名,用参数 type 表示类型。第 6 行以 domain 和 type 为实参调用函数 query()解析 type 类型的 domain,结果保存到对象变量 rt_obj 中。第 7 行从 rt_obj 中获取服务器回应的信息保存到列表变量 rt_list。第 8 行输出类型提示信息。第 9 行和第 10 行利用循环输出域名解析详细信息,其中,第 10 行调用了列表变量 rt_list 中的对象元素成员函数 to_text()。

代码 6-7 运行结果如图 6-7 所示。

```
Type A records are:
www.baidu.com. 288 IN CNAME www.a.shifen.com.
www.a.shifen.com. 288 IN A 220.181.111.188
www.a.shifen.com. 288 IN A 220.181.112.244
```

图 6-7 代码 6-7 运行结果

```
Type MX records are:
baidu.com. 2181 IN MX 20 mx1.baidu.com.
baidu.com. 2181 IN MX 10 mx.n.shifen.com.
baidu.com. 2181 IN MX 20 jpmx.baidu.com.
baidu.com. 2181 IN MX 20 mx50.baidu.com.
Type NS records are:
baidu.com. 2248 IN NS ns2.baidu.com.
baidu.com. 2248 IN NS dns.baidu.com.
baidu.com. 2248 IN NS ns4.baidu.com.
baidu.com. 2248 IN NS ns7.baidu.com.
baidu.com. 2248 IN NS ns3.baidu.com.
Type CNAME records are:
www.baidu.com. 288 IN CNAME www.a.shifen.com.
Type SOA records are:
baidu.com. 3753 IN SOA dns.baidu.com. sa.baidu.com. 2012137638 300 300 2592000 7200
```

图 6-7 （续）

从图 6-7 可知，域名 www.baidu.com 是 www.a.shifen.com 的别名，而 www.a.shifen.com 对应两个 IP 地址，分别为 220.181.111.188 和 220.181.112.244，且百度拥有多个邮件服务器和解析服务器。图中类似 288 的数字为记录更新周期，以秒为单位，因此，代码 6-7 在不同时间运行时，得到的结果可能不同。

如果需要对自建的 DNS 进行管理，可以引入 DNS 的其他模块，例如 dns.update，通过程序对自建 DNS 进行管理。

6.4 收发 E-mail

E-mail 即电子邮件，是互联网的一项重要应用，互联网用户之间经常通过 E-mail 进行通信。用户通常通过网络浏览器或者其他 E-mail 客户端程序进行电子邮件的发送和接收工作，但是，如果需要对大量用户发送电子邮件或者需要自动读取电子邮件内容时，程序实现可以节约人力，提高效率。

下面以用户常用的 QQ 邮箱为例，说明通过程序登录邮箱、发送与接收电子邮件的过程。

6.4.1 设置 QQ 邮箱授权码

通过程序登录 QQ 邮箱时，需要以授权码登录。要设置授权码，需要用浏览器登录 QQ 邮箱，依次选择窗口左上角的"设置"→"账户"，然后滚动窗口至"POP3/IMAP/SMTP/Exchange/CardDAV/CalDAV 服务"处，如图 6-8 所示。

单击"POP3/SMTP 服务"后面的"开启"链接，弹出"验证密保"窗口，如图 6-9 所示。

按照提示，利用预留的 QQ 邮箱密保手机，向窗口提示的号码"1069070069"发送内容为"配置邮件客户端"的短信，并单击"我已发送"按钮，稍等片刻，即可看到显示 QQ 邮箱授权码的窗口，如图 6-10 所示。

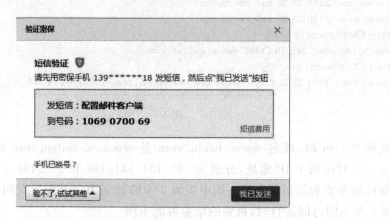

图 6-8　设置 QQ 邮箱授权码界面

图 6-9　"验证密保"窗口

图 6-10　显示 QQ 邮箱授权码窗口

记住图 6-10 中的授权码,在程序登录邮箱时使用。

6.4.2　简单邮件发送实例

代码 6-8 为程序发送简单邮件的实例,简单邮件仅包含文本格式的主题与正文,无附件。

```
1    #代码 6-8    email01.py
2    #!/usr/bin/env python3
3    # coding: utf-8
```

```
4   import smtplib
5   from email.header import Header
6   from email.mime.text import MIMEText
7   host = "smtp.qq.com"
8   port = 587
9   user = "594286500"
10  code = "1234567890123456"
11  sender = '594286500@qq.com'
12  receivers = ['zhaoh@lut.cn', '601400175@qq.com', '1176218460@qq.com']
13  message = MIMEText('My test for Python sending Email ...', 'plain', 'utf-8')
14  message['From'] = Header("Python SMTP", 'utf-8')
15  message['To'] = Header('Receivers ', 'utf-8')
16  message['Subject'] = Header('Python SMTP to receivers', 'utf-8')
17  try:
18      smtp_obj = smtplib.SMTP()
19      smtp_obj.connect(host,port)
20      smtp_obj.ehlo('smtp.qq.com')
21      smtp_obj.starttls()
22      print('logining')
23      smtp_obj.login(user,code)
24      print('logined')
25      smtp_obj.sendmail(sender, receivers, message.as_string())
26      print("Email is sending successfully!")
27  except Exception as e:
28      print("Error is ",e)
29  smtp_obj.quit()
```

在代码6-8中，第4行引入发送邮件的模块smtplib。第5行从包email.header引入构造邮件头部的模块Header。第6行从包email.mime.text引入构造邮件实体的模块MIMEText。第7行用变量host保存发送邮件服务器域名。第8行用变量port保存发送邮件服务器端口号587，也可以为465，因为QQ邮箱采用TLS(Transport Layer Security)对邮件的数据报文加密后传输，因此，该值不是非加密的25。第9行与第10行分别用变量user和code保存登录邮件服务器的用户名和授权码，运行程序前，应设置为有效值。第11行用变量sender保存发送邮件的账号。第12行用列表变量receivers保存接收邮件的账号，可以保存多个账号，同时向多个账号发送邮件。第13行调用函数MIMEText()构造邮件数据报文实体部分，保存到对象变量message中，其中，第一个实参为邮件数据报文实体内容；第二个实参为邮件报文实体的格式，plain表示普通文本格式；第三个实参为邮件报文实体的编码格式，为通用的utf-8。第14行调用函数Header()构造邮件数据报文头部的From，也就是发信人的昵称，采用utf-8编码，存入对象message的From部分。第15行调用函数Header()构造邮件数据报文头部的To，也就是收信人的昵称，采用utf-8编码，存入对象message的To部分。第16行调用函数Header()构造邮件数据报文头部的Subject，也就是邮件标题，采用utf-8编码，存入对象message的Subject部分。第17~28行使用try/except进行邮件的发送，并捕获发送过程中出现的错误，利用第28行输出错误。第18行调用函数SMTP()构造发送邮件的对象smtp_obj。第19行以host和port为实参调用函数connect()，连接发送邮件的服务器，返回值如表3-7所示的应答码与文本描述，其余调用对象 smtp_obj 成员函数语句的返回值与此类似。第 20 行以发送邮件服务器的域名为实参调用函数 ehlo()，向服务器发送域名信息，该语句功能实现表 3-6 中的命令 HELO。第 21 行调用函数 starttls()，表示邮件数据报文用 TLS 加密。第 23 行以 user 和 code 为实参调用函数 login()，登录发送邮件的服务器。第 22 行和第 24 行输出登录邮件服务器之前和之后的提示信息，便于观察登录是否成功。第 25 行以 sender、receivers 和 message.as_string() 为实参调用函数 sendmail() 发送邮件，其中，message.as_string() 为邮件数据报文。第 26 行输出邮件发送成功的提示信息。第 29 行调用函数 quit() 断开与邮件服务器的连接。

用有效的账号信息更新代码 6-8 中的 user、code 和 sender 值后运行代码，检查接收邮箱，会看到通过程序发送的简单邮件。

由于采用这种形式发送邮件极易形成大量的垃圾邮件，因此，QQ 邮箱采取垃圾邮件拦截，多次运行该程序，会触发 QQ 邮箱的垃圾邮件拦截机制，虽然程序运行结果显示邮件发送成功，但接收邮箱未收到邮件，此时，可通过网页登录 QQ 邮箱，查看被拦截的邮件。

代码 6-9 为利用兰州理工大学邮件服务器发送简单邮件的程序实例，该例中邮件报文数据在传输时未采用加密措施。

```
1   # 代码 6-9   email02.py
2   #!/usr/bin/env python3
3   # coding: utf-8
4   import smtplib
5   from email.mime.text import MIMEText
6   from email.header import Header
7   host = "mail.lut.cn"
8   port = 25
9   user = "zhaoh"
10  password = "xxxxxx"
11  sender = 'zhaoh@lut.cn'
12  receivers = ['594286500@qq.com','601400175@qq.com','1176218460@qq.com']
13  message = MIMEText('This is a test!', 'plain', 'utf-8')
14  message['From'] = Header("Python SMTP", 'utf-8')
15  message['To'] = Header('Receivers', 'utf-8')
16  message['Subject'] = Header('Python SMTP to receivers', 'utf-8')
17  try:
18      smtp_obj = smtplib.SMTP()
19      smtp_obj.connect(host,port)
20      smtp_obj.ehlo('mail.lut.cn')
21      print('logining')
22      smtp_obj.login(user,password)
23      print('logined')
24      smtp_obj.sendmail(sender,receivers, message.as_string())
25      print("Email is sending successfully!")
26  except Exception as e:
27      print("Error is ",e)
28  smtp_obj.quit()
```

代码 6-9 与代码 6-8 基本相同，不同点是代码 6-9 中端口号 port 为 25，登录邮件服务器和发送邮件之前无须调用 starttls() 函数，登录邮件服务器使用用户名和密码等。

6.4.3 HTML 格式邮件发送实例

邮件数据报文实体部分为 HTML 格式的邮件称为 HTML 格式邮件,通过浏览器阅读这种邮件时,浏览器将邮件内容以网页形式呈现,内容与形式都比简单邮件丰富许多,因此,HTML 格式的邮件逐渐成为主流。

代码 6-10 为发送 HTML 格式邮件的程序实例。

```python
# 代码 6-10  email03.py
#!/usr/bin/env python3
# coding: utf-8
import smtplib
from email.mime.text import MIMEText
from email.header import Header
host = "mail.lut.cn"
port = 25
user = "zhaoh"
password = "xxxxxx"
sender = 'zhaoh@lut.cn'
receivers = ['594286500@qq.com','601400175@qq.com','1176218460@qq.com']
msg = """
<p>Python SMTP for HTML</p>
<p><a href = "http://www.lut.edu.cn">Welcome to LUT!</a></p>
"""
message = MIMEText(msg, 'html', 'utf-8')
message['From'] = Header("Python SMTP", 'utf-8')
message['To'] = Header('Receivers', 'utf-8')
message['Subject'] = Header('Python SMTP to receivers', 'utf-8')
try:
    smtp_obj = smtplib.SMTP()
    smtp_obj.connect(host,port)
    smtp_obj.ehlo('mail.lut.cn')
    print('logining')
    smtp_obj.login(user,password)
    print('logined')
    smtp_obj.sendmail(sender,receivers, message.as_string())
    print("Email is sending successfully!")
except Exception as e:
    print("Error is ",e)
smtp_obj.quit()
```

代码 6-10 与代码 6-9 基本相同,不同点是代码 6-9 中用第 13～16 行保存 HTML 格式的内容到字符串变量 msg 中,其中,href 给出单击文字"Welcome to LUT!"的链接。第 17 行在调用函数 MIMEText()构造邮件数据报文实体部分时指出数据格式为 HTML。

执行代码 6-10,然后查看接收邮箱,将会看到 HTML 格式邮件中惯用的链接。

6.4.4　带附件的邮件发送实例

部分邮件带有附件,发送具有附件的邮件时,需要引入 MIMEMultipart 模块,利用 MIMEMultipart 模块生成邮件对象,然后将邮件报文实体与附件附加到邮件对象中,进行发送。

代码 6-11 为发送带附件邮件的程序实例。

```
1   #代码6-11  email04.py
2   #!/usr/bin/env python3
3   # coding: utf-8
4   import smtplib
5   from email.mime.text import MIMEText
6   from email.header import Header
7   from email.mime.multipart import MIMEMultipart
8   host = "mail.lut.cn"
9   port = 25
10  user = "zhaoh"
11  password = "xxxxxx"
12  sender = 'zhaoh@lut.cn'
13  receivers = ['594286500@qq.com','601400175@qq.com','1176218460@qq.com']
14  msg = """
15  <p>Python SMTP for HTML</p>
16  <p><a href = "http://www.lut.edu.cn"> Welcome to LUT!</a></p>
17  """
18  msgtxt = MIMEText(msg, 'html', 'utf-8')
19  message = MIMEMultipart()
20  message.attach(msgtxt)
21  message['From'] = Header("Python SMTP", 'utf-8')
22  message['To'] = Header('Receivers', 'utf-8')
23  message['Subject'] = Header('Python SMTP to receivers', 'utf-8')
24  att = MIMEText(open('test.dat','rb').read(), 'base64', 'utf-8')
25  att["Content-Type"] = 'application/octet-stream'
26  att["Content-Disposition"] = 'attachment; filename = "test.dat"'
27  message.attach(att)
28  try:
29      smtp_obj = smtplib.SMTP()
30      smtp_obj.connect(host,port)
31      smtp_obj.ehlo('mail.lut.cn')
32      print('logining')
33      smtp_obj.login(user,password)
34      print('logined')
35      smtp_obj.sendmail(sender,receivers, message.as_string())
36      print("Email is sending successfully!")
37  except Exception as e:
38      print("Error is ",e)
39  smtp_obj.quit()
```

代码 6-11 第 7 行引入包 email.mime.multipart 中的 MIMEMultipart 模块。第 19 行调用函数 MIMEMultipart() 构造对象 message。第 20 行调用函数 attach() 将第 18 行构造的邮件报文实体 msgtxt 附加到对象 message 中。第 24 行调用函数 MIMEText() 构造邮件附件对象 att，att 中包含了从本地文件 test.dat 中以二进制形式读出的内容，并以 base64 形式进行简易加密，采用 utf-8 格式。第 25 行设置 att 的 Content-Type 属性，第 26 行设置 att 的 Content-Disposition 属性。第 27 行调用函数 attach() 将邮件附件对象 att 附加到对象 message 中。其余语句与代码 6-10 相似。

执行代码 6-11，然后查看接收邮箱，将会看到带有附件的邮件。参照代码 6-11 第 24～27 行，可以给邮件附加多个附件。

6.4.5 带图片的邮件发送实例

如果需要在邮件正文显示图片，达到图文并茂的效果，可以通过在 HTML 格式邮件内容中附加图片数据的方法实现。发送带有图片的邮件时，需要引入 MIMEImage 模块，利用 MIMEMultipart 模块生成邮件对象，然后将邮件报文实体与图片数据附加到邮件对象中，进行发送。

代码 6-12 为发送带有图片邮件的程序实例。

```
1   #代码6-12  email05.py
2   #!/usr/bin/env python3
3   # coding: utf-8
4   import smtplib
5   from email.mime.text import MIMEText
6   from email.header import Header
7   from email.mime.multipart import MIMEMultipart
8   from email.mime.image import MIMEImage
9   host = "mail.lut.cn"
10  port = 25
11  user = "zhaoh"
12  password = "xxxxxx"
13  sender = 'zhaoh@lut.cn'
14  receivers = ['594286500@qq.com','601400175@qq.com','1176218460@qq.com']
15  msg = """
16  <p>Python SMTP for HTML</p>
17  <p><a href="http://www.lut.edu.cn">
18  <img src="cid:image" alt="Welcome to LUT" title='LUT'/>
19  </a></p>
20  """
21  msgtxt = MIMEText(msg, 'html', 'utf-8')
22  message = MIMEMultipart()
23  message.attach(msgtxt)
24  message['From'] = Header("Python SMTP", 'utf-8')
25  message['To'] = Header('Receivers', 'utf-8')
26  message['Subject'] = Header('Python SMTP to receivers', 'utf-8')
27  img = MIMEImage(open('test.png','rb').read())
28  img['Content-ID'] = 'image'
```

```
29      message.attach(img)
30  try:
31      smtp_obj = smtplib.SMTP()
32      smtp_obj.connect(host,port)
33      smtp_obj.ehlo('mail.lut.cn')
34      print('logining')
35      smtp_obj.login(user,password)
36      print('logined')
37      smtp_obj.sendmail(sender,receivers, message.as_string())
38      print("Email is sending successfully!")
39  except Exception as e:
40      print("Error is ",e)
41  smtp_obj.quit()
```

代码 6-12 第 8 行引入包 email.mime.image 中的 MIMEImage 模块。第 15~20 行保存 HTML 格式的内容到字符串变量 msg 中,其中,href 给出单击图片时的链接,src 给出图片的源,此处为附加到邮件数据报文实体部分,标记为 image 的数据,alt 给出当图片无效时显示的文字,title 为鼠标悬停在图片上时显示的信息。第 22 行调用函数 MIMEMultipart() 构造对象 message。第 23 行调用函数 attach()将第 21 行构造的邮件报文实体 msgtxt 附加到对象 message 中。第 27 行调用函数 MIMEImage()构造邮件图片对象 img,img 中保存从本地图片文件 test.png 中读出的内容。第 28 行设置 img 的 Content-ID 属性为 image,与存储在 msg 中的 HTML 内容相一致。第 29 行调用函数 attach()将图片对象 img 附加到对象 message 中。其余语句与代码 6-11 相似。

执行代码 6-12,然后查看接收邮箱,将会看到带有图片的邮件。参照代码 6-12 第 15~20 行的 HTML 格式内容和第 27~28 行对图片文件的操作,可以给邮件附加多个图片。

6.4.6 邮件接收实例

邮件分为邮件头部和邮件正文,其中,邮件头部构成邮件报文首部的内容,邮件正文构成邮件报文的实体部分。

邮件首部内容比较简单,主要包括邮件发送方、邮件接收方和邮件主题等内容。但邮件正文比较复杂,既可以是简单文本格式,也可以是 HTML 格式;可以包含多张图片,也可以包含多个附件,其中还存在编码问题,因此,接收邮件的程序要对邮件正文的各个部分进行识别并处理。

代码 6-13 为接收 QQ 邮箱邮件的程序实例。

```
1  # 代码 6-13   email06.py
2  #!/usr/bin/env python3
3  # coding:utf-8
4  import poplib
5  from email.parser import Parser
6  from email.header import decode_header
7  from email.utils import parseaddr
8  def decode_str(s):
```

```
9        (value, charset) = decode_header(s)[0]
10       if charset:
11           value = value.decode(charset)
12       return value
13   def guess_charset(msg):
14       charset = msg.get_charset()
15       if charset is None:
16           content_type = msg.get('Content-Type', '').lower()
17           pos = content_type.find('charset=')
18           if pos >= 0:
19               charset = content_type[pos + 8:].strip()
20       return charset
21   def show_header(msg):
22       for header in ['From', 'To', 'Subject']:
23           value = msg.get(header, '')
24           if value:
25               if header == 'Subject':
26                   value = decode_str(value)
27               else:
28                   (hdr, addr) = parseaddr(value)
29                   name = decode_str(hdr)
30                   addr = decode_str(addr)
31                   value = u'%s <%s>' % (name, addr)
32           print('%s: %s' % (header, value))
33   def show_body(msg):
34       if (msg.is_multipart()):
35           parts = msg.get_payload()
36           for part in parts:
37               show_body(part)
38       else:
39           content_type = msg.get_content_type()
40           print('content_type = ', content_type)
41           type_pre = content_type.split('/')[0]
42           if type_pre == 'text':
43               content = msg.get_payload(decode = True)
44               charset = guess_charset(msg)
45               if charset:
46                   content = content.decode(charset)
47               print(content)
48           elif type_pre == 'image':
49               fname = msg['Content-ID'] + '.' + content_type.split('/')[1]
50               p_file = open(fname, 'wb')
51               data = msg.get_payload(decode = True)
52               p_file.write(data)
53               p_file.close()
54               print('A picture is downloaded to', fname)
55           else:
```

```
56                fname = msg.get_filename()
57                fname = decode_str(fname)
58                att_file = open(fname, 'wb')
59                data = msg.get_payload(decode = True)
60                att_file.write(data)
61                att_file.close()
62                print('The attachment is downloaded to ',fname)
63  host = "pop.qq.com"
64  user = "594286500"
65  code = "1234567890123456"
66  pop_obj = poplib.POP3_SSL(host)
67  print(pop_obj.getwelcome())
68  pop_obj.user(user)
69  pop_obj.pass_(code)
70  print('Messages: %s, Size: %s' % pop_obj.stat())
71  (resp,mails,octets) = pop_obj.list()
72  index = len(mails)
73  print('index = ',index)
74  (resp,lines,octets) = pop_obj.retr(index)
75  lines_str = []
76  for xx in lines:
77      lines_str.append(xx.decode('utf-8'))
78  msg_content = '\n'.join(lines_str)
79  msg = Parser().parsestr(msg_content)
80  show_header(msg)
81  show_body(msg)
82  pop_obj.quit()
```

代码6-13包括第8～12行的自定义函数decode_str()，用于解码字符串。第13～20行的自定义函数guess_charset()，用于提取对象内容的编码。第21～32行的自定义函数show_header()，用于提取邮件头部信息。第33～62行的自定义函数show_body()，用于识别并处理邮件正文内容。

主程序第4行引入poplib模块，第5行引入包email.parser中的Parser模块，第6行引入包email.header中的decode_header模块，第7行引入包email.utils中的parseaddr模块。第63行用变量host存储QQ接收邮件服务器的域名。第64行用变量user存储QQ邮箱用户名，第65行用变量code存储QQ邮箱授权码。运行程序前需要将变量user和code的值替换为有效值。第66行调用函数POP3_SSL()连接QQ接收邮件服务器，结果保存到对象变量pop_obj中，函数POP3_SSL()使用SSL(Secure Socket Layer)连接，端口号为995，如果调用函数POP3()连接，端口号为默认的110。第67行输出QQ接收邮件服务器的欢迎信息。第68行和第69行使用变量user和code值登录QQ接收邮件服务器。第70行输出通过函数stat()取得的user账号收件箱信件数量与占用的字节数，函数stat()返回一个包括信件数量与占用字节数的元组。第71行调用函数list()取得收件箱中信件信息，函数list()返回一个包含3个元素的元组(resp,mails,octets)，其中，resp为bytes格式的服务器回应信息，mails以列表形式存储每封邮件的编号和大小，octets为收件箱邮件所占空间大小。第 72 行将编号最大，也就是收件箱中最新邮件的编号存储到变量 index 中。第 73 行输出最新邮件的编号。第 74 行以 index 为实参调用函数 retr() 获取最新邮件，返回一个包含 3 个元素的元组(resp,lines,octets)，其中，resp 为 bytes 格式的服务器回应信息，lines 以列表形式按行保存了 bytes 格式的邮件内容，octets 为邮件所占空间大小。第 75 行定义列表变量 lines_str，用于存放解码为字符串类型的邮件内容。第 76 行和第 77 行利用循环将存储在列表 lines 中的 bytes 格式数据解码为字符串类型并存储到列表 lines_str 中。第 78 行调用函数 join() 将存储在列表 lines_str 中的内容合并存储到变量 msg_content，其中，行与行之间加 '\n' 进行分隔。第 79 行以 msg_content 为实参调用函数 parsestr() 解析邮件内容，结果保存到对象 msg 中。第 80 行以 msg 为实参调用自定义函数 show_header()，提取并输出邮件头部信息。第 81 行以 msg 为实参调用自定义函数 show_body()，识别并输出邮件实体部分内容。第 82 行调用函数 quit()，断开与邮件服务器的连接。

自定义函数 decode_str() 用参数 s 接收要解码的字符串，第 9 行调用函数 decode_header() 提取 s 中包含的键/值数据，并将首个键/值数据存储到元组(value, charset)中。第 10 行判断 charset 是否有值，若有值，则通过第 11 行以 charset 为实参，调用函数 decode() 解码 value 的值，结果保存到 value 中。第 12 行返回 value 值。

自定义函数 guess_charset() 用参数 msg 接收邮件对象，第 14 行调用函数 get_charset() 从 msg 中获取编码，结果保存到变量 charset 中。第 15 行判断变量 charset 的值是否为空，若为空，则通过第 16~19 行从 Content-Type 的内容中提取。第 16 行调用函数 get() 从 msg 中获取 Content-Type 的内容，转换为小写字母后保存到变量 content_type 中。第 17 行调用函数 find() 定位字符串 'charset=' 在 Content-Type 的位置，保存到变量 pos 中。第 18 行判断 pos 值是否大于等于 0，若大于等于 0，则通过第 19 行提取 charset 的值，该值为从 Content-Type 的 pos+8 处，也就是从 'charset=' 的后面直到末尾，并去掉前后空格保存到变量 charset 中。第 20 行返回 charset 值。

自定义函数 show_header() 用参数 msg 接收邮件对象，利用第 22~32 行的循环，从对象 msg 中提取 From、To 和 Subject 的内容，也就是发件人、收件人和邮件主题的内容并输出。第 23 行调用函数 get() 从 msg 中获取 header 的内容，存入变量 value 中。第 24 行判断 value 值是否非空，若非空，通过第 25 行进一步判断是否为 Subject 的值，若为 Subject 的值，则通过第 26 行调用函数 decode_str() 对 value 值进行解码，结果仍然保存到 value 中；若不是 Subject 的值，则为 From 或者 To 的值，这两个值中包含邮箱地址，需要解析。第 28 行调用函数 parseaddr() 解析 value 值，返回元组(hdr, addr)。第 29 行调用函数 decode_str() 对 hdr 解码得到发件人或者收件人名称，存入变量 name 中。第 30 行调用函数 decode_str() 对 addr 解码得到邮箱地址，仍然存入变量 addr 中。第 31 行将 name 和 addr 的值进行合并，保存到变量 value 中。第 32 行输出 header 和 value 的值。

自定义函数 show_body() 用参数 msg 接收邮件对象，由于邮件实体可能以对象嵌套方式包括多个内容，因此，使用递归方法处理这些对象。第 34 行调用函数 is_multipart() 判断 msg 是否包含多个内容，如果包含多个内容，通过第 35~37 行以递归方式处理 msg 所包含的内容，否则，通过第 39~62 行解析 msg 的内容。第 35 行调用函数 get_payload() 取得 msg 所包含的内容，存入列表变量 parts 中。第 36 行和第 37 行使用循环，以递归形式处理 msg 所包含的内容。第 39 行调用函数 get_content_type() 取得 msg 内容的类型，存入变量

content_type 中。第 40 行输出 content_type 的值，也就是 msg 内容的类型。第 41 行调用函数 split() 以 "/" 为分隔符对 content_type 值进行分隔，并取最前面的子串存入变量 type_pre 中，由于 content_type 的值是以类似 "text/plain" 表示的 "主类型/子类型" 形式，因此，type_pre 中存储 msg 的主类型。第 42 行判断 msg 的主类型如果为 'text'，则通过第 43～47 行进行处理。第 43 行调用函数 get_payload() 取得 msg 的内容至变量 content 中。第 44 行调用函数 guess_charset() 取得 msg 内容编码至变量 charset 中。第 45 行判断若 charset 不为空，则通过第 46 行以 charset 为实参对 content 进行解码，结果仍然保存到 content 中。第 47 行输出 content 的值。第 48 行判断 msg 的主类型如果为 'image'，则通过第 49～54 行进行处理。第 49 行以 msg 属性 Content-ID 为主文件名，以 msg 子类型为后缀，组成存储图片的文件名，存储在变量 fname 中。第 50 行调用函数 open() 以二进制写的方式打开文件 fname，文件对象为 p_file。第 51 行调用函数 get_payload() 取得 msg 也就是图片的数据保存至变量 data 中。第 52 行调用函数 write() 将数据 data 写入文件对象 p_file 中。第 53 行调用函数 close() 关闭文件对象。第 54 行输出图片保存到文件的信息。第 55～62 行处理 msg 主类型既不是 text 又不是 image 的情况，此时，msg 为附件。第 56 行调用函数 get_filename() 取得附件文件名，保存至变量 fname 中。第 57 行调用函数 decode_str() 对 fname 值进行解码，结果仍然保存至变量 fname 中。第 58 行调用函数 open() 以二进制写的方式打开文件 fname，文件对象为 att_file。第 59 行调用函数 get_payload() 取得 msg 也就是附件的数据保存至变量 data 中。第 60 行调用函数 write() 将数据 data 写入文件对象 att_file 中。第 61 行调用函数 close() 关闭文件对象。第 62 行输出附件保存到文件的信息。

当测试代码 6-13 功能的 QQ 邮箱账号收件箱中最新邮件是一封包含正文文字、图片和附件的邮件时，运行代码 6-13，运行结果如图 6-11 所示。

```
b' + OK QQMail POP3 Server v1.0 Service Ready(QQMail v2.0)'
Messages: 135. Size: 41678025
index = 135
From: 赵宏 <zhaoh@lut.edu.cn>
To:  <594286500@qq.com>
Subject: 问候

content_type = text/html
<p>最近好吗?请下载并阅读附件.</p>
<p><a href = "http://www.lut.edu.cn">
<img src = "cid:image" alt = "Welcome to LUT" title = 'LUT'/>
</a></p>


content_type = image/png
A picture is downloaded to image.png
content_type = application/msword
The attachment is downloaded to  大纲.doc
content_type = application/vnd.ms-excel
The attachment is downloaded to  训练计划.xls
```

图 6-11 代码 6-13 运行结果

如图 6-11 所示，代码 6-13 将邮件的头部信息输出后，根据邮件实体所包含的内容，输出类型为 text 的正文，正文如果为 HTML 格式，则格式符也一并输出。用图像文件保存邮件中的图片，文件名取自图像数据标识和图像类型。用附件的原文件名保存附件。邮件内容各部分的处理顺序与创建邮件时的相同。

对代码 6-13 做少许改动，可实现读取其他邮箱邮件的功能。

6.5 获取 DHCP 信息

网络中的 DHCP 服务器为其他主机动态分配 IP 地址，提供子网掩码、网关、DNS 等信息，是网络中重要的一类服务器。

要探测网络中的 DHCP 服务器并获取相关信息，需要安装第三方库 Scapy。

6.5.1 Scapy 简介及安装

Scapy 功能强大，可以获取和构造网络各层协议的数据报文，是获取网络信息、探测网络运行实时状态的常用工具。

运行"pip3 install scapy-python3"命令安装 Scapy 库。

6.5.2 获取 DHCP 信息程序实例

代码 6-14 为获取 DHCP 信息的程序实例。

```
1  #代码 6-14   dhcp01.py
2  #!/usr/bin/env python3
3  # coding: utf-8
4  from scapy.all import conf, dhcp_request
5  conf.checkIPaddr = 0
6  info = dhcp_request()
7  print('summary is:\n', info.summary())
8  option_dhcp = info.sprintf("%DHCP.options%")
9  print('Options of DHCP is: \n', option_dhcp)
```

代码 6-14 第 4 行通过 scapy.all 引入 conf 和 dhcp_request 模块，其中，conf 用于一些参数的设置，dhcp_request 用于获取 DHCP 信息。第 5 行设置 conf 的参数 checkIPaddr 值为 0，方便 DHCP 信息的获取，checkIPaddr 的值为 1 时，获取不到 DHCP 信息，checkIPaddr 的默认值为 1。第 6 行调用函数 dhcp_request()，获取 DHCP 信息，保存到对象变量 info 中。第 7 行输出调用函数 summary() 的结果。第 8 行调用函数 sprintf() 获取对象 info 的 DHCP 域中 options 的内容，保存到变量 option_dhcp 中。第 9 行输出变量 option_dhcp 的内容。

以 root 身份运行代码 6-14，结果如图 6-12 所示。

```
user@ubuntu:~ $ sudo python dhcp01.py
WARNING: No route found for IPv6 destination :: (no default route?). This affects only IPv6
Begin emission:
Finished to send 1 packets.
.*
Received 2 packets, got 1 answers, remaining 0 packets
summary is:
Ether / IP / UDP 192.168.3.1:bootps > 255.255.255.255:bootpc / BOOTP / DHCP
Options of DHCP is:
[message - type = offer server_id = 192.168.3.1 lease_time = 86400 renewal_time = 43200
rebinding_time = 75600 subnet_mask = 255.255.255.0 router = 192.168.3.1 domain = b'home' name_
server = 192.168.3.1,192.168.3.1 end]
```

图 6-12　代码 6-14 运行结果

如图 6-12 所示，以 root 用户身份运行代码 6-14，程序未探测到网络中存在 IPv6 路由器，给出警告信息，这是执行语句 from scapy.all import conf, dhcp_request 给出的信息。接着，提示发出 1 个数据包，收到 2 个数据包和 1 个应答的信息，这是执行语句 info=dhcp_request() 给出的信息。函数 summary() 输出中提示 info 中包含 Ether 链路层信息、IP 网络层信息、UDP 传输层信息、BOOTP 和 DHCP 应用层信息。DHCP 的 options 中 server_id=192.168.3.1 为 DHCP 服务器 IP 地址，lease_time=86400 为以秒为单位的地址租用时间，renewal_time=43200 为以秒为单位的地址续租时间，rebinding_time=75600 为以秒为单位的地址重新绑定时间，subnet_mask=255.255.255.0 为子网掩码，router=192.168.3.1 为网关地址，domain=b'home' name_server=192.168.3.1,192.168.3.1 end 为主 DNS 和辅助 DNS 地址。

代码 6-15 为获取子网中 IP 地址与网卡物理地址对应关系的程序实例。

```
1    #代码 6-15    dhcp02.py
2    #!/usr/bin/env python3
3    # coding:utf-8
4    from scapy.all import srp, Ether, ARP
5    subnet = '192.168.3.0/24'
6    ether = Ether(dst = "FF:FF:FF:FF:FF:FF")
7    arp = ARP(pdst = subnet)
8    (ans,unans) = srp(ether/arp, timeout = 2)
9    for (send, rcv) in ans:
10       addr_info = rcv.sprintf("%ARP.psrc% --- %Ether.src%")
11       print(addr_info)
```

代码 6-15 第 4 行通过 scapy.all 引入 srp、Ether 和 ARP 模块，其中，srp 用于发送请求 ARP 数据报文和接收回应的 ARP 数据报文，Ether 用于构造链路层数据报文对象，ARP 用于构造 ARP 数据报文对象。第 5 行用变量 subnet 存储子网地址。第 6 行以 "FF:FF:FF:FF:FF:FF" 为参数 dst 的值调用函数 Ether() 创建链路层数据报文对象 ether。第 7 行以 subnet 为参数 pdst 的值调用函数 ARP() 创建 ARP 数据报文对象 arp。第 8 行调用函数

srp()发送请求 ARP 数据报文和接收回应的 ARP 数据报文,请求 ARP 数据报文由对象 ether 和 arp 组合而成,timeout=2 设置超时为 2s,请求 ARP 数据报文以广播形式发送给子网中的所有主机,报文数量为 256(包括地址为全 0 和全 1 的两个主机),2s 之内回应的 ARP 数据报文存储到对象 ans 中,对象 unans 中存储未收到回应的报文数据。第 9 行利用循环从 ans 中提取并输出子网中 IP 地址与网卡物理地址,由于 ans 中以元组形式保存请求与回应 ARP 报文数据,因此,第 9 行以元组(send,rcv)形式从 ans 提取数据。第 10 行调用函数 sprintf()获取对象 rcv 的 ARP 域中 psrc 的内容和 Ether 域中 src 的内容,保存到变量 addr_info 中。第 11 行输出 addr_info 的内容。

以 root 身份运行代码 6-15,结果如图 6-13 所示。

```
user@ubuntu:~ $ sudo python dhcp02.py
WARNING: No route found for IPv6 destination :: (no default route?). This affects only IPv6
Begin emission:
** Finished to send 256 packets.
*********
Received 11 packets, got 11 answers, remaining 245 packets
192.168.3.21 --- 3c:46:d8:64:82:f3
192.168.3.1 --- 78:6a:89:76:e3:84
192.168.3.20 --- 6c:3b:e5:8c:5b:f9
192.168.3.28 --- 54:ee:75:d3:3e:66
192.168.3.35 --- c8:5b:76:f7:cc:98
192.168.3.6 --- 10:2a:b3:78:05:54
192.168.3.7 --- dc:f0:90:86:da:a0
192.168.3.12 --- 7c:04:d0:7f:e0:4b
192.168.3.3 --- 00:ec:0a:79:30:e8
192.168.3.15 --- d4:50:3f:5d:a8:df
192.168.3.17 --- ac:ed:5c:72:07:9a
```

图 6-13 代码 6-15 运行结果

与代码 6-14 相似,以 root 身份运行代码 6-15,程序未探测到网络中存在 IPv6 路由器,给出警告信息,这是执行语句"from scapy.all import srp,Ether,ARP"给出的信息。接着,提示发出 256 个数据报文,收到 11 个数据报文,有 245 个数据报文未收到回应,这是执行语句(ans,unans)=srp(ether/arp,timeout=2)给出的信息。接下来就是获取的子网中主机 IP 地址与对应的网卡物理地址信息。

6.6 本章小结

本章介绍网页内容获取、访问 FTP 服务器、访问 DNS、收发 E-mail 和获取 DHCP 信息等常用功能的程序实例,结合前述知识对程序代码进行详细讲解,并着重对最常用的网页内容获取和收发 E-mail 等两部分功能用多个实例进行演示,加深读者对该部分内容的理解和掌握,引导读者开发解决实际问题的程序。

习题

1. 编程通过网址 http://www.weather.com.cn/data/sk/101160101.html 取得甘肃省兰州市的实时天气数据。
2. 在网络中搜索中国天气网所使用的各城市编码，用 GUI 实现实时显示选中城市天气信息的程序。
3. 选择具有图片墙的网页，修改代码 6-3，下载图片。
4. 在自己的计算机上安装 FTP 服务器软件，并通过程序进行访问。
5. 许多公司对外发布的域名都是别名，这样便于增删服务器的数量和更改服务器的 IP 地址。请修改代码 6-7，取得腾讯公司 DNS 各种类型记录，并判断 www.qq.com 是否为别名。
6. 修改代码 6-11，实现一份邮件附带多个附件的功能。
7. 修改代码 6-12，实现一份邮件附带多个图片的功能。
8. 修改代码 6-13，读取 163、新浪或者您所在单位邮箱的邮件。
9. 代码 6-14 中语句 info=dhcp_request()会获取大量信息，请参照程序输出链路层、网络层和传输层的信息。
10. 为什么代码 6-15 运行结果中，IP 地址与网卡物理地址信息是乱序输出的？

第7章 Web应用程序开发

Web 程序以 B/S(Browser/Server)形式运行,程序和数据部署在服务器上,服务器运行 Web 服务监听来自客户端的请求,客户端利用浏览器向服务器发出请求,并利用浏览器接收并呈现来自服务器的回应。服务器和客户端之间利用 HTTP 或者 HTTPS 交换 HTML 格式的数据,达到双方交互的目的。

7.1 WSGI

Python 自带的 WSGI(Web Server Gateway Interface)具有启动 Web 服务,监听并处理来自客户端 HTTP 请求的功能。

利用 WSGI 实现 Web 服务器很简单。首先,定义一个处理并回应客户端 HTTP 请求的函数;其次,创建一个服务器对象;最后,启动服务器对象。

代码 7-1 是用 WSGI 实现的简单 Web 服务器实例。

```
1   #代码7-1   server01.py
2   #!/usr/bin/env python3
3   # coding: utf-8
4   from wsgiref import simple_server
5   def response_hello(env, response):
6   #      for key in env:
7   #          print(key," = ",env[key])
8       response('200 OK', [('Content-Type', 'text/html')])
9       body1 = '<h1>Hello, web!</h1>'
10      body2 = '<h2>I am a tester!</h2>'
11      body_list = [body1.encode('utf-8'), body2.encode('utf-8')]
12      return body_list
13  host = '192.168.3.13'
14  port = 80
15  httpd = simple_server.make_server(host, port, response_hello)
16  print('Serving HTTP on port 80...')
17  httpd.serve_forever()
```

在代码 7-1 中,第 5~12 行的自定义函数 response_hello()用于处理并回应来自客户端的 HTTP 请求。

主程序第 4 行从包 wsgiref 中引入 simple_server 模块。第 13 行用变量 host 保存服器 IP 地址。第 14 行用变量 port 保存服务器监听端口。第 15 行以 host、port 和 response_hello 为实参,调用函数 make_server()创建服务器对象 httpd,其中,host 为服务器 IP 地址,port 为服务器监听端口,response_hello 为处理并回应客户端 HTTP 请求的函数。第 16 行输出服务器启动信息。第 17 行调用函数 serve_forever()启动服务器,使得服务器以无限循环方式监听并处理来自客户端的 HTTP 请求。

自定义函数 response_hello()具有参数 env 和 response,其中,env 以字典形式存储环境变量值,env 由 WSGI 自动赋值;response 为构造 HTTP 报文头部的函数,函数名称用户可以自行定义,此处定义为 response,也可以定义为 my_response,函数已由 WSGI 实现,语句对用户不可见。第 6 行和第 7 行为注释语句,去掉注释可实现利用循环输出 env 内容的功能。第 8 行调用函数 response()构造回应客户端请求的 HTTP 报文头部,第 1 个参数为 HTTP 应答码和字符串,第 2 个参数以列表形式保存元组类型的数据,元组类型的数据为 HTTP 报文头部中的键/值对数据。第 9 行和第 10 行分别用变量 body1 和 body2 保存 HTML 格式的字符串内容。第 11 行用列表变量 body_list 保存已转换为 byte 类型的 body1 和 body2 的值。第 12 行返回 body_list 的值作为 HTTP 报文的实体。WSGI 会将函数 response_hello()中构造的 HTTP 报文头部和实体进行组合后返回给客户端。

修改代码 7-1 中的 host 值为用户主机实际 IP 地址,以 root 身份运行代码 7-1,并使用浏览器连接服务器,浏览器界面如图 7-1 所示,服务器端结果如图 7-2 所示。

图 7-1　运行代码 7-1 浏览器访问服务器界面

```
user@ubuntu:~ $ sudo python server01.py
[sudo] user 的密码:
Serving HTTP on port 80...
192.168.3.21 - - [06/Dec/2017 18:10:27] "GET / HTTP/1.1" 200 43
192.168.3.21 - - [06/Dec/2017 18:10:27] "GET /favicon.ico HTTP/1.1" 200 43
```

图 7-2　运行代码 7-1 服务器端结果

如图 7-1 所示,可以通过浏览器访问 WSGI 创建的 Web 服务器,代码 7-1 中变量 body1 和 body2 的值作为 HTTP 回应报文实体,被客户端浏览器接收并呈现。

如图 7-2 所示,服务器运行时,WSGI 会显示访问服务器的客户端 IP 地址(192.168.3.21)、时间(06/Dec/2017 18:10:27)、方法(GET)和协议(HTTP/1.1)以及收到的应答码(200)和 HTTP 报文实体部分字节数(43),其中,favicon.ico 为网页缩略图标,未指定时使用缺省图标。访问一次页面返回两条记录:第 1 条记录表示内容成功发送给客户端,第 2 条记录表示图标成功发送给客户端。这些记录也是 Web 服务器运行时的日志记录。

要停止服务器程序,需要按 Ctrl+C 键。

实际的 Web 程序要负责实现客户端与服务器的多次交互,而代码 7-1 只实现了一次交互。

代码 7-2 通过 WSGI 实现了客户端与服务器的两次交互:第一次交互,服务器向客户端返回超级链接形式的选项;第二次交互,服务器向客户端返回客户端单击的连接名称。

```python
1   #代码 7-2   server02.py
2   #!/usr/bin/env python3
3   # coding: utf-8
4   from wsgiref import simple_server
5   def response_hello(env, response):
6   #     for key in env:
7   #         print(key," = ",env[key])
8       path_info = env['PATH_INFO'][1:]
9       print('path_info = ',path_info)
10      response('200 OK', [('Content-Type', 'text/html')])
11      body1 = '<h1>Hello, web!</h1>'
12      if path_info == '':
13          body2 = '<p><a href="http://%s/option1">option1</a></p>' % host
14          body2 = body2 + '<p><a href="http://%s/option2">option2</a></p>' % host
15      else:
16          body2 = '<h2>Your choice is %s.</h2>' % path_info
17      body_list = [body1.encode('utf-8'), body2.encode('utf-8')]
18      return body_list
19  host = '192.168.3.13'
20  port = 80
21  httpd = simple_server.make_server(host, port, response_hello)
22  print('Serving HTTP on port 80...')
23  httpd.serve_forever()
```

代码 7-2 与代码 7-1 类似,不同之处在于代码 7-2 的自定义函数 response_hello() 中增加了从环境变量 env 中提取键 PATH_INFO 值,并根据 PATH_INFO 值向客户端返回不同内容的 HTML 语句。客户端的选项信息附加在服务器 IP 地址的后面,在服务器端通过键 PATH_INFO 进行提取。

我们平时上网所浏览器的网页要比代码 7-1 和代码 7-2 中显示的复杂许多,包括文字、图片、动画、音乐、视频等内容,大多数网页中还包括从数据库中动态提取的内容,因此,代码 7-1 和代码 7-2 只能作为 WSGI 功能的简单演示,很难作为实际的应用系统。

7.2 Django

Django 基于 WSGI,用 Python 开发而成,是开放源代码的 Web 应用框架。所谓应用框架,就是为了提高应用系统开发效率,将构成系统的各要素分布在不同文件中,在配置文件的指引下用适当的目录结构存储与管理这些文件,其中部分文件的内容由程序自动生成,用户只需填写或者补充与要实现业务相关的文件即可。应用框架适合多人分工协作,共同开发一个系统,每个人根据分工,填写或者补充与自己相关的文件内容,而不像前面例子中,将所有代码集中到一个文件中。

Django 采用参照 MVC(Model View Controller)架构的 MTV(Model Template View)架构实现。MVC 由模型、视图和控制器组成,其中,模型对应数据,视图对应界面,控制器对应业务逻辑。MVC 架构将应用系统中的数据、界面和业务逻辑分开编码,形成低耦合的组件,降低应用系统开发与维护的难度。MTV 由模型、模板和视图组成,其中,模型对应数据,模板对应数据展现风格,视图对应数据的展示。MTV 将 MVC 中的视图分解为模板与视图,而 MVC 中的控制器由框架实现,简化了编程,降低了应用系统开发与维护的难度。

Django 可以使用大量的第三方插件,具有很强的可扩展性。

7.2.1 Django 安装与配置

运行 pip3 install Django 命令,即可在线安装 Django。Django 安装结束后,运行 python 命令进入 Python 环境,使用语句 import django 引入 Django 后,执行语句 django.get_version()查看所安装的 Django 版本号,如果看到 Django 版本号表示安装成功,本书安装的 Django 版本号为 2.0。

安装 Django 后,在用户家目录的.local/bin 子目录中会产生文件 django-admin.py,利用该文件可以创建 Django 工程、创建应用、检查工程完整性、生成数据库操作脚本、同步数据库、导入导出数据等。

运行 python ~/.local/bin/django-admin.py startproject HelloWorld 命令创建 Django 工程 HelloWorld,会在当前目录下产生子目录 HelloWorld,其内容如图 7-3 所示。

```
├── HelloWorld
│   ├── __init__.py
│   ├── settings.py
│   ├── urls.py
│   └── wsgi.py
└── manage.py
```

图 7-3 HelloWorld 工程目录结构

如图 7-3 所示,目前 HelloWorld 工程什么功能都没有,但已经具备文件 manage.py 和一个包含 4 个文件的子目录 HelloWorld,其中,manage.py 可以启动服务器、创建管理员用户、清除 Session、同步数据等;HelloWorld/__init__.py 表示该文件所在目录是一个包,该文件中可以包含一些包初始化语句;HelloWorld/settings.py 为项目配置文件;HelloWorld/urls.py 为 URL 映射文件,能够将来自用户的 URL 请求映射到相应的处理模块。HelloWorld/wsgi.py 为 Web 服务器入口,通过 manage.py 启动服务器时,其实调用了 HelloWorld/wsgi.py。

运行"sudo python manage.py runserver 192.168.3.13:80"命令启动服务器,其中,sudo 表示服务器需要以 root 用户的身份启动,runserver 表示启动服务器,192.168.3.13 需要替换为实际地址,80 表示服务器监听端口。该命令运行时,会有项目没有同步的警告信息但服务器启动成功。通过浏览器访问该服务器,给出提示该服务器未被许可的提示信息,此时,需要修改配置文件 HelloWorld/settings.py 第 28 行附近的语句"ALLOWED_HOSTS = [ ]"为"ALLOWED_HOSTS = [' * ']",许可 IP 地址为任意的主机,存盘后无须重启服务,再次通过浏览器访问服务器,得到服务正常的测试页面信息。配置文件 HelloWorld/settings.py 第 26 行附近的语句"DEBUG = True"使服务器以调试模式运行,出现异常时会显示较为详细的信息。在项目正式运行时,建议将该语句修改为"DEBUG = False",避免信息泄露。

服务器启动后,会以无限循环形式监听并处理来自客户端的请求,要停止服务,需要按 Ctrl+C 键。

按 Ctrl+C 键停止服务,此时在项目子目录下产生一个字节数为 0 的文件 db.sqlite3,这是 SQLite3 的数据库文件,在启动服务器时产生的。运行"sudo python manage.py makemigrations"命令同步项目内容,运行"sudo python manage.py migrate"命令在数据库 db.sqlite3 中创建项目管理所需的表,再次启动服务器时,警告信息消失,服务正常启动。

项目中所使用的时间为 UTC(Universal Time Code),比中国所使用的时间晚 8 个小时,修改配置文件 HelloWorld/settings.py 第 108 行附近的语句"TIME_ZONE = 'UTC'"为"TIME_ZONE = 'Asia/Shanghai'",存盘后,项目将使用中国所在时区时间。

MTV 架构中的模型对应数据,而数据存储在数据库中。Django 默认使用 SQLite3 数据库,在配置文件 HelloWorld/settings.py 第 76 行附近有数据库的设置,如图 7-4 所示。

```
DATABASES = {
    'default': {
        'ENGINE': 'django.db.backends.sqlite3',
        'NAME': os.path.join(BASE_DIR, 'db.sqlite3'),
    }
}
```

图 7-4　Django 默认数据库设置

如图 7-4 所示,数据库设置部分的 ENGINE 指定项目所使用数据库类型,NAME 指定数据库文件存储位置和文件名。

如果项目中要使用 Oracle 或者 MySQL 等大型数据库,需要修改配置文件 HelloWorld/settings.py 中有关数据库的设置语句并运行"pip3 install cx_oracle"命令安装 Oracle 的驱动。图 7-5 为设置 Oracle 为 Django 默认数据库实例。

```
DATABASES = {
    'default': {
        'ENGINE': 'd django.db.backends.oracle',
        'NAME': 'test',
        'USER': 'db_user',
        'PASSWORD': 'test123456',
        'HOST':'192.168.3.201',
        'PORT':'1521',
    }
}
```

图 7-5　设置 Oracle 为 Django 默认数据库

7.2.2 SQLite3 数据库

SQLite 是一款无须配置即可使用的轻量关系型数据库，遵守 ACID（Atomicity，Consistency，Isolation，Durability，即原子性、一致性、隔离性和持久性）规范，广泛应用在嵌入式系统中，SQLite3 为 2015 年发布的最新版本，Django 将 SQLite3 作为默认数据库使用。

代码 7-3 为 Python 操作 SQLite3 的简单实例。

```python
1   #代码 7-3  sqlite01.py
2   #!/usr/bin/env python3
3   # coding: utf-8
4   import sqlite3
5   def create_table():
6       exist = False
7       conn = sqlite3.connect('db/sqlite3.db')
8       print("Opened database successfully")
9       c = conn.cursor()
10      rt = c.execute('SELECT name FROM sqlite_master WHERE type = "table"')
11      for row in rt:
12          if row[0].lower() == 'table1':
13              exist = True
14              break
15      if not exist:
16          c.execute('CREATE TABLE table1(name TEXT NOT NULL, \
17              age INT NOT NULL, height REAL)')
18          conn.commit()
19          print("Table created successfully!")
20      else:
21          print('Table is existed!')
22      conn.close()
23  def insert_record():
24      conn = sqlite3.connect('db/sqlite3.db')
25      c = conn.cursor()
26      c.execute("INSERT INTO table1(name,age,height) \
27          VALUES('Zhao', 16, 1.77 )");
28      c.execute("INSERT INTO table1(name,age,height) \
29          VALUES('Qian', 17, 1.78 )");
30      c.execute("INSERT INTO table1(name,age,height) \
31          VALUES('Sun', 18, 1.79 )");
32      c.execute("INSERT INTO table1(name,age,height) \
33          VALUES ('Li', 19, 1.8 )");
34      conn.commit()
35      conn.close()
36      print("Records created successfully!")
37  def select_record():
38      conn = sqlite3.connect('db/sqlite3.db')
39      c = conn.cursor()
```

```
40      cursors = c.execute("SELECT name, age, height  from table1")
41      for row in cursors:
42          print("NAME = ", row[0],"AGE = ", row[1], "HEIGHT = ", row[2])
43      print("Select operation successfully!")
44      conn.close()
45  def update_record():
46      conn = sqlite3.connect('db/sqlite3.db')
47      c = conn.cursor()
48      c.execute("UPDATE table1 set height = 1.82 where name = 'Zhao'")
49      conn.commit()
50      conn.close()
51      print("Update record successfully!")
52  def delete_record():
53      conn = sqlite3.connect('db/sqlite3.db')
54      c = conn.cursor()
55      c.execute("DELETE from table1 where name = 'Sun'")
56      conn.commit()
57      conn.close()
58      print("Delete record successfully!")
59  create_table()
60  insert_record()
61  select_record()
62  update_record()
63  select_record()
64  delete_record()
65  select_record()
```

在代码7-3中，第5～22行的自定义函数create_table()，用于判断数据库中是否存在表table1，若不存在则创建。第23～36行的自定义函数insert_record()，用于给表table1插入记录。第37～44行的自定义函数select_record()，用于查询表table1中的记录。第45～51行的自定义函数update_record()，用于修改表table1中的记录。第52～58行的自定义函数delete_record()，用于删除表table1中的记录。

主程序第4行引入sqlite3模块。第59行调用函数create_table()，判断数据库中是否存在表table1，若不存在则创建。第60行调用函数insert_record()，给表table1中插入4条记录。第61行调用函数select_record()，查询并显示表table1中的记录。第62行调用函数update_record()，根据条件修改表table1中记录。第63行调用函数select_record()，查询并显示表table1中的记录。第64行调用函数delete_record()，根据条件删除表table1中记录。第65行调用函数select_record()，查询并显示表table1中的记录。

自定义函数create_table()中，第6行给变量exist赋值False，假设表table1不存在。第7行调用函数connect()打开子目录db下的数据库文件sqlite3.db，若文件sqlite3.db不存在，则自动创建，结果存储在对象conn中。第8行输出数据库打开成功的信息。第9行调用函数cursor()创建对数据库操作的游标对象c。第10行调用函数execute()，利用SQL的SELECT语句在表sqlite_master中查找数据库所包含的表，结果保存到对象rt中。第11～14行，利用循环在rt中查找是否包含表名table1，表名存储在对象rt的元素row的首个元素中。第12行判断rt中是否包含表名table1，若包含，则利用第13行给变量exist赋值 True；利用第 14 行，中止循环。第 15 行判断变量 exist 的值如果为 False，则表不存在需要创建。第 16 行和第 17 行调用函数 execute()利用 SQL 语句 CREATE TABLE 创建数据表 table1，其包含文本类型字段 name、整数型字段 age、实数型字段 height，其中，name 和 age 字段不能为空。第 18 行调用函数 commit()向数据库提交操作，更新数据库文件内容。第 19 行输出表创建成功信息。若表 table1 已经存在，则利用第 21 行语句输出表已经存在信息。第 22 行调用函数 close()关闭数据库。

自定义函数 insert_record()中，第 24 行调用函数 connect()打开子目录 db 下的数据库文件 sqlite3.db。第 25 行调用函数 cursor()创建对数据库操作的游标对象 c。第 26 行和第 27 行调用函数 execute()，利用 SQL 的 INSERT 语句在表 table1 中插入 1 条记录。接下来的第 28 行和第 29 行、第 30 行和第 31 行、第 32 行和第 33 行在表 table1 中各插入 1 条记录，共插入 4 条记录。第 34 行调用函数 commit()向数据库提交操作，更新数据库文件内容。第 35 行调用函数 close()关闭数据库。第 36 行输出记录创建成功信息。

在自定义函数 select_record()中，第 38 行调用函数 connect()打开子目录 db 下的数据库文件 sqlite3.db。第 39 行调用函数 cursor()创建对数据库操作的游标对象 c。第 40 行调用函数 execute()，利用 SQL 的 SELECT 语句查询表 table1 中的所有记录，保存到对象 cursors 中。第 41 行和第 42 行利用循环，输出从 table1 中查询到的记录，其中，字段 name、age 和 height 的值依次保存在 cursors 的元素 row 中的 0、1 和 2 的位置处。第 43 行输出查询记录成功的信息。第 44 行调用函数 close()关闭数据库。

在自定义函数 update_record()中，第 46 行调用函数 connect()打开子目录 db 下的数据库文件 sqlite3.db。第 47 行调用函数 cursor()创建对数据库操作的游标对象 c。第 48 行调用函数 execute()，利用 SQL 的 UPDATE 语句修改表 table1 中的记录。第 49 行调用函数 commit()向数据库提交操作，更新数据库文件内容。第 50 行调用函数 close()关闭数据库。第 51 行输出记录修改成功信息。

在自定义函数 delete_record()中，第 53 行调用函数 connect()打开子目录 db 下的数据库文件 sqlite3.db。第 54 行调用函数 cursor()创建对数据库操作的游标对象 c。第 55 行调用函数 execute()，利用 SQL 的 DELETE 语句删除表 table1 中的记录。第 56 行调用函数 commit()向数据库提交操作，更新数据库文件内容。第 57 行调用函数 close()关闭数据库。第 58 行输出记录删除成功信息。

执行代码 7-3，运行结果如图 7-6 所示。

```
Opened database successfully
Table created successfully!
Records created successfully!
NAME = Zhao AGE = 16 HEIGHT = 1.77
NAME = Qian AGE = 17 HEIGHT = 1.78
NAME = Sun AGE = 18 HEIGHT = 1.79
NAME = Li AGE = 19 HEIGHT = 1.8
Select operation successfully!
Update record successfully!
NAME = Zhao AGE = 16 HEIGHT = 1.82
```

图 7-6　代码 7-3 运行结果

```
NAME = Qian AGE = 17 HEIGHT = 1.78
NAME = Sun AGE = 18 HEIGHT = 1.79
NAME = Li AGE = 19 HEIGHT = 1.8
Select operation successfully!
Delete record successfully!
NAME = Zhao AGE = 16 HEIGHT = 1.82
NAME = Qian AGE = 17 HEIGHT = 1.78
NAME = Li AGE = 19 HEIGHT = 1.8
Select operation successfully!
```

图 7-6 （续）

如图 7-6 所示，代码 7-3 运行时，依次进行了创建表、在表中插入 4 条记录、查询表中记录、修改表中记录、查询表中记录、删除表中记录、查询表中记录等操作。

第二次运行代码 7-3，由于表 table1 已经存在且表中已有记录，运行结果会与首次运行结果不同。

代码 7-3 仅是对单个数据表操作的简单演示，在实际项目中，数据分布存储在多个数据表中，数据表中还经常通过设置主键来唯一标识一条记录，通过设置外键建立表之间的关系。

7.2.3 向客户端回应简单信息

前面创建的 HelloWorld 工程，目前仅能在客户端显示服务启动正常的信息。如果要向客户端回应信息，首先需要在 HelloWorld 工程目录下创建文件 HelloWorld/view.py，该文件与 settings.py、urls.py、wsgi.py 处于同一目录。该文件负责向客户端回应信息。

假设客户端通过浏览器访问服务器的 URL 为 http://192.168.3.13/page1，服务器要向客户端回应"Hello, I am page1"，设置步骤如下：

（1）在 HelloWorld/view.py 文件中引入 HttpResponse，并构造函数 page1()，通过函数 page1() 向客户端返回指定信息，如代码 7-4 所示。

```
1   #代码 7-4  HelloWorld/view.py
2   from django.http import HttpResponse
3   def page1(request):
4       print('request = ',request)
5       return HttpResponse("< h1 > Hello, I am page1!</h1 >")
```

在代码 7-4 中，第 2 行通过 django.http 引入 HttpResponse。第 3~5 行定义函数 page1()，其中，参数 request 为来自客户端的请求，由系统自动赋值。第 4 行输出参数 request 内容，当客户端访问服务器的 URL 为 http://192.168.3.13/page1 时，参数 request 的内容在服务器端输出。第 5 行通过函数 HttpResponse 向客户端返回指定信息。

（2）在 HelloWorld/urls.py 文件中引入 view.py，并在 urlpatterns 列表中加入 page1 与 view.py 中函数 page1() 的映射，使得客户端访问服务器的 URL 为 http://192.168.3.13/page1 时，由 view.py 中函数 page1() 给客户端返回信息，如代码 7-5 所示。

```
1   #代码 7-5    HelloWorld/urls.py
    ...
16  from django.contrib import admin
17  from django.urls import path
18  from . import view
19  urlpatterns = [
20      path('admin/', admin.site.urls),
21      path('page1/', view.page1),
22  ]
```

在代码 7-5 中,第 18 行和第 21 行是新增语句,其余语句由框架自动生成。第 16 行通过 django.contrib 引入 admin,用于实现第 20 行的映射。第 17 行通过 django.urls 引入 path,通过函数 path() 实现 URL 中参数与回应函数之间的映射。第 18 行在当前目录引入 view,用于实现第 21 行的映射。第 19~22 行定义列表变量 urlpatterns,其元素为实现映射后的对象。

按照代码 7-4 和代码 7-5 分别修改文件 HelloWorld/view.py 和 HelloWorld/urls.py 并存盘,在服务启动情况下,客户端访问 http://192.168.3.13/page1,即可得到来自服务器的回应信息。在服务启动情况下,对文件 HelloWorld/view.py 和 HelloWorld/urls.py 的修改存盘后即可生效,无须重启服务。

7.2.4 向客户端回应 HTML 文件

大多数情况下,服务器向客户端回应的是部分内容被替换过的 HTML 文件,即通过模板生成的 HTML 文件,而不是通过程序生成的 HTML 信息,前者容易实现且符合 MTV 规范,后者要生成较多信息时,程序将变得复杂且容易出错。

这些 HTML 模板文件一般保存在工程目录下的 templates 子目录中,文件中具有标签标志的部分需要用实际值进行替换。

假设客户端通过浏览器访问服务器的 URL 为 http://192.168.3.13/page2,服务器要向客户端回应 HTML 文件 page2.html,设置步骤如下:

(1) 在工程目录下创建子目录 templates。
(2) 在 templates 目录下创建 HTML 文件 page2.html,如代码 7-6 所示。

```
1   <!-- 代码 7-6   templates/page2.html -->
2   <title>{{ name_title }}</title>
3   <h1>Hello, I am {{ name_context }}!</h1>
```

代码 7-6 为 HTML 格式语句,第 1 行为 HTML 注释语句。第 2 行利用 <title></title> 设置网页标题,其中,标签 {{ name_title }} 将用参数 name_title 的值进行替换。第 3 行与第 2 行类似,将用参数 name_context 的值替换标签 {{ name_context }}。

(3) 修改 HelloWorld/settings.py 中语句 " 'DIRS': [], " 为 " 'DIRS': [BASE_DIR + '/templates'], ",使得 HelloWorld/view.py 中的函数可以从项目目录的子目录 templates 中取得 HTML 文件。

(4) 在 HelloWorld/view.py 文件中引入 render,并构造函数 page2(),通过函数 page2()

向客户端返回标签被替换后的 page2.html 内容,如代码 7-7 所示。

```
1    #代码7-7  HelloWorld/view.py
2    from django.http import HttpResponse
3    from django.shortcuts import render
4    def page1(request):
5        print('request = ',request)
6        return HttpResponse("<h1>Hello, I am page1!</h1>")
7    def page2(request):
8        print('request = ',request)
9        context = {}
10       context['name_title'] = 'page2.html'
11       context['name_context'] = 'page2'
12       return render(request, 'page2.html', context)
```

在代码 7-7 中,第 3 行通过 django.shortcuts 引入 render,用于替换 HTML 文件中的标签后向客户端返回。第 7~12 行的函数 page2()用于构造字典变量,然后用字典变量替换 page2.html 中的标签后向客户端返回。

在函数 page2()中,第 8 行输出参数 request 的内容。第 9 行定义字典类变量 context。第 10 行设置 context 键 name_title 的值为 page2.html。第 11 行设置 context 键 name_context 的值为 page2。第 12 行调用函数 render()用字典变量 context 的内容替换 page2.html 中的标签{{ name_title }}和{{ name_context }}后返回给客户端。

(5) 在 HelloWorld/urls.py 文件的 urlpatterns 列表中加入 page2 与 view.py 中函数 page2()的映射"path('page2/', view.page2),",使得客户端访问服务器的 URL 为 http://192.168.3.13/page2 时,由 view.py 中函数 page2()给客户端返回回应信息。

完成上述步骤后,在服务启动情况下,客户端访问 http://192.168.3.13/page2,即可得到标题为 page2.html,内容为"Hello,I am page2!"的网页,其中,标题为替换 templates/page2.html 文件中的标签{{ name_title }}而来,内容为替换标签{{ name_context }}而来。

如果需要用 Atom 编辑 HTML 文件,参照本书 2.2.4 节的介绍安装 Atom 插件,搜索并安装有关 HTML 插件,例如 autocomplete-html-entities、language-html、autoclose-html、ide-html 等。

7.2.5 模板标签

Django 的 HTML 文件中可包含多种标签,利用带标签的 HTML 文件形成模板,从而将视图和模型,也就是系统界面和数据进行分离。

Django 的模板标签用{}括起来,常用标签如下。

1. 变量标签{{ var_name }}

代码 7-6 中的标签即为变量标签,这类标签将用变量值进行替换。替换标签前,经常用字典变量存储变量名和变量值形成的键/值对,如代码 7-7 所示。

2. if/else 标签

if/else 标签用于判断条件，根据条件向客户端返回不同的 HTML 内容，if/else 标签格式如下。

```
{% if 条件 1 %}
    语句块 1
{% elif 条件 2 %}
    语句块 2
…
{% else %}
    语句块 n+1
{% endif %}
```

假设客户端通过浏览器访问服务器的 URL 为 http://192.168.3.13/page3，服务器要向客户端回应 HTML 文件 page3.html，显示当前时间和时间段。page3.html 如代码 7-8 所示。

```
1    <!-- 代码 7-8   templates/page3.html -->
2    <h1> HTML model example </h1>
3    <h2> if/else </h2>
4    <h3> Now time is {{ time }}. </h3>
5    {% if clock >= 22 %}
6        <h3> The time is night! </h3>
7    {% elif clock >= 18 %}
8        <h3> The time is evening! </h3>
9    {% elif clock >= 6 %}
10       <h3> The time is daytime! </h3>
11   {% else %}
12       <h3> The time is dawn! </h3>
13   {% endif %}
```

代码 7-8 中的 if/else 标签判断变量 clock 的值，根据 clock 的值返回不同的语句块。if/else 标签中的 elif 和 else 可以没有。

在 HelloWorld/view.py 中加入函数 page3()，如代码 7-9 所示。

```
1    #代码 7-9   HelloWorld/view.py
2    from django.http import HttpResponse
3    from django.shortcuts import render
4    import time
5    def page1(request):
6        print('request = ',request,type(request))
7        return HttpResponse("<h1> Hello, I am page1!</h1>")
8    def page2(request):
9        print('request = ',request,type(request))
10       context = {}
11       context['name_title'] = 'page2.html'
```

```
12      context['name_context'] = 'page2'
13      return render(request, 'page2.html', context)
14  def page3(request):
15      print('request = ',request)
16      context = {}
17      context['time'] = time.strftime("%H:%M:%S",time.localtime())
18      context['clock'] = time.localtime().tm_hour
19      return render(request, 'page3.html', context)
```

在代码 7-9 中,第 3 行引入 time 模块,用于获取时间。第 14~19 行为函数 page3()。第 17 行取得当前时间并格式化为"时:分:秒"形式,作为键 time 的值;第 18 行从当前时间中提取时的值,作为键 clock 的值,time 和 clock 的值将用于处理 page3.html 中的标签。

在 HelloWorld/urls.py 文件的 urlpatterns 列表中加入 page3 与 view.py 中函数 page3() 的映射"path('page3/', view.page3)"后,在客户端访问 http://192.168.3.13/page3,可以看到 if/else 标签处理结果。

3. for 标签

for 标签与循环类似,循环产生 HTML 语句块,for 标签格式如下:

```
{% for xx in var_list %}
    语句块
{% endfor %}
```

假设客户端通过浏览器访问服务器的 URL 为 http://192.168.3.13/page4,服务器要向客户端回应 HTML 文件 page4.html,显示列表值。page4.html 如代码 7-10 所示。

```
1   <!-- 代码7-10   templates/page4.html -->
2   <h1> HTML model example </h1>
3   <h2> for </h2>
4   <h3> Members are:
5   {% for xx in name_list %}
6   <p>{{ xx }}</p>
7   {% endfor %}
8   </h3>
```

代码 7-10 中的 for 标签实现循环提取列表变量成员并分行呈现。

在 HelloWorld/view.py 中加入函数 page4(),如代码 7-11 所示。

```
1   #代码7-11   HelloWorld/view.py
…
20  def page4(request):
21      print('request = ',request)
22      context = {}
23      context['name_list'] = ['Zhao','Qian','Sun','Li']
24      return render(request, 'page4.html', context)
```

代码 7-11 中,第 20~24 行为函数 page4()。第 23 行将列表作为键 name_list 的值。

在 HelloWorld/urls.py 文件的 urlpatterns 列表中加入 page4 与 view.py 中函数 page4() 的映射"path('page4/', view.page4)"后,在客户端访问 http://192.168.3.13/page4,可以看到 for 标签处理结果。

4. 注释标签

注释标签标识 Django 的注释,不返回给客户端。注释标签格式如下:

```
{# 注释内容 #}
```

5. include 标签

include 标签能够将另一个 HTML 文件的内容包括进来,include 标签格式如下:

```
{% include "page.html" %}
```

利用 include 标签能够将现成的 HTML 文件内容包括进来,方便 HTML 文件内容分成不同模块,便于快速构建 HTML 文件内容。

6. 继承标签

继承标签能够使一个 HTML 文件作为其他许多 HTML 文件的模板,使得这些继承而来的 HTML 文件以相同格式展示不同内容。标签{% block block_name %}{% endblock %}标注不同内容,其中,block 为关键字,block_name 为标签名。标签{% extends "base_name.html" %}用于从模板文件继承内容,其中,base_name.html 为模板文件名。

例如文件 page.html 为模板,内容如代码 7-12 所示。

```
1  <!-- 代码 7-12  templates/page.html -->
2  <title>
3    {% block b1 %} {% endblock %}
4  </title>
5  <body>
6  <h1> HTML model example </h1>
7  <h2>
8    {% block b2 %}{% endblock %}
9  </body>
```

在代码 7-12 中,第 3 行有一个名称为 b1 的内容标签。第 8 行有一个名称为 b2 的内容标签。

假设文件 page5.html 要继承 page.html,page5.html 内容如代码 7-13 所示。

```
1  <!-- 代码 7-13  templates/page5.html -->
2  {% extends "page.html" %}
3  {% block b1 %}
4    I am page5.html
```

```
5    { % endblock % }
6    { % block b2 % }
7       I am page5.html
8    { % endblock % }
```

在代码 7-13 中,第 2 行指出本文件继承 page.html 的内容。第 3~5 行对应 page.html 的 b1 标签,第 6~8 行对应 page.html 的 b2 标签。客户端访问 page5.html,得到的内容为用 page5.html 中的 b1、b2 替换 page.html 中 b1、b2 以后的内容。

7.2.6 框架实例

模型在 MTV 架构中对应数据,而数据一般保存在数据库中。本节以 HelloWorld 工程中使用的 SQLite3 数据库为例,说明 Django 中模型的配置与使用。

1. 创建模型

在 HelloWorld 工程目录下,运行"python ~/.local/bin/django-admin.py startapp HelloModel"命令,创建模型 HelloModel,会在当前目录下产生子目录 HelloModel,其内容如图 7-7 所示,这些文件会在后面用到。

```
├── admin.py
├── apps.py
├── __init__.py
├── migrations
│   └── __init__.py
├── models.py
├── tests.py
└── views.py
```

图 7-7 模型 HelloModel 目录结构

在 HelloWorld/settings.py 的 INSTALLED_APPS 列表中加入模型 HelloModel,大约在第 33 行附近,如图 7-8 所示。

```
INSTALLED_APPS = [
    'django.contrib.admin',
    'django.contrib.auth',
    'django.contrib.contenttypes',
    'django.contrib.sessions',
    'django.contrib.messages',
    'django.contrib.staticfiles',
    'HelloModel',
]
```

图 7-8 在列表 INSTALLED_APPS 中加入模型 HelloModel

在 HelloModel/models.py 中创建类 Table1,如代码 7-14 所示,类 Table1 对应数据库中的表 Table1。

```python
1   # 代码7-14  HelloModel/models.py
2   from django.db import models
3   class Table1(models.Model):
4       name = models.CharField(max_length = 20)
5       age = models.IntegerField()
6       height = models.FloatField()
```

在代码7-14中,第2行通过django.db引入models。第3~6行创建类Table1,类Table1继承models.Model,第4~6行分别定义类成员变量name、age和height,其实就是表Table1中的3个字段。其中,name的类型为函数CharField()的返回值,也就是文本型,max_length=20表示最大长度为20;age的类型为函数IntegerField()的返回值,也就是整型;height的类型为函数FloatField()的返回值,也就是实数型。

运行"sudo python manage.py makemigrations HelloModel"命令同步项目内容,运行"sudo python manage.py migrate HelloModel"命令在数据库db.sqlite3中创建表Table1。

从上述操作可知,数据库中的表与HelloModel/models.py中的类一一对应,利用Django的模型,创建数据表时不再需要用户自己构建SQL语句,所需SQL语句由Django根据HelloModel/models.py中的类,自动生成。

2. 添加记录

创建能够输入记录和提交数据的网页文件templates/inser_record.html,如代码7-15所示。

```html
1    <!-- 代码7-15  templates/insert_record.html -->
2    <head>
3    <meta charset = "utf-8">
4    <title>Insert_record</title>
5    </head>
6    <body>
7        <form action = "/add-data/" method = "post">
8            {% csrf_token %}
9            <p>name:    <input type = "text" name = "name"></p>
10           <p>age:     <input type = "text" name = "age"></p>
11           <p>height: <input type = "text" name = "height"></p>
12           <p><input type = "submit" value = "Add_record"></p>
13       </form>
14       <p>Operation result is : {{ result }}</p>
15   </body>
```

在代码7-15中,第3行指定网页使用utf-8编码。第7行中的action指定提交数据的URL地址后缀为/add-data/,指定method为post,post既可以从服务器获取数据,也能够提交数据给服务器。第8行的csrf_token可以防止CSRF(Cross Site Request Forgery,跨站域请求伪造)攻击,是网络安全保障的一种手段。第9~11行提供输入name、age和height值的界面。第12行通过Add_record按钮向服务器提交数据。第14行显示变量

result 的值，变量 result 保存数据提交结果。

在 HelloWorld/view.py 中加入函数 add_data()，如代码 7-16 所示。

```
1   #代码7-16   HelloWorld/view.py
2   from HelloModel.models import Table1
    ...
27  def add_data(request):
28      print('request = ',request)
29      context = {}
30      if request.POST:
31          try:
32              name_v = request.POST['name']
33              age_v = int(request.POST['age'])
34              height_v = float(request.POST['height'])
35              conn = Table1(name = name_v,age = age_v,height = height_v)
36              conn.save()
37              response = 'Data is added successfully!'
38          except Exception as e:
39              response = '%s' % e
40          context['result'] = response
41      return render(request, "insert_record.html", context)
```

在代码 7-16 中，第 2 行通过 HelloModel.models 引入数据表 Table1 的构造函数，用于对数据表的操作。第 27～41 行的自定义函数 add_data()用于向数据表插入记录。第 28 行输出参数 request 的值。第 29 行定义字典变量 context。第 30～40 行的语句，当 request 中的方法为 POST 时，也就是客户端单击了网页中的按钮时需要执行的语句。第 31～39 行的 try/except 操作数据并捕获错误。第 32 行获取 post 方法提交的网页上变量 name 的值，保存到变量 name_v 中。第 33 行获取 post 方法提交的网页上变量 age 的值并转换为整型后，保存到变量 age_v 中。第 34 行获取 post 方法提交的网页上变量 height 的值并转换为整型后，保存到变量 height_v 中。第 35 行调用表 Table1 构造函数 Table1()，插入记录，记录的各字段值为变量 name_v、age_v 和 height_v 的值。第 36 行调用函数 save()向数据库提交操作。第 37 行给变量 response 赋值操作成功的字符串。第 32～37 行语句执行中如果发生错误，第 39 行会将错误的原因赋值给变量 response。第 40 行给字典变量 context 的键 result 赋值 response 的值。第 41 行调用函数 render()用字典变量 context 的内容替换 insert_record.html 中的标签{{ result }}后返回给客户端。

在 HelloWorld/urls.py 文件的 urlpatterns 列表中加入 add-data 与 view.py 中函数 add_data()的映射"path('add-data/', view.add_data,)"后，在客户端访问 http://192.168.3.13/add-data，可以通过网页输入记录值，并提交服务器处理，处理结果在网页中显示。

3．查询记录

创建能够提交查询数据请求和显示查询结果的网页文件 templates/select_record.html，如代码 7-17 所示。

```html
1    <!-- 代码7-17  templates/select_record.html -->
2    <head>
3    <meta charset="utf-8">
4    <title>Select_record</title>
5    </head>
6    <body>
7        <form action="/query-data/" method="post">
8            {% csrf_token %}
9            <p><input type="submit" value="Select_record"></p>
10       </form>
11       <p>Select results are : </p>
12       {% for xx in result %}
13           <p>{{ xx }}</p>
14       {% endfor %}
15   </body>
```

在代码7-17中，第3行指定网页使用utf-8编码。第7行中的action指定提交数据的URL后缀为/query-data/，指定method为post。第8行的csrf_token可以防止CSRF攻击。第9行定义查询按钮Select_record。第12～14行利用循环提取变量result的元素并显示。

在HelloWorld/view.py中加入函数query_data()，如代码7-18所示。

```python
1    #代码7-18  HelloWorld/view.py
…
42   def query_data(request):
43       print('request = ', request)
44       context = {}
45       data_list = []
46       if request.POST:
47           records = Table1.objects.all()
48           for r in records:
49               data_list.append([r.name, r.age, r.height])
50           context['result'] = data_list
51       return render(request, "select_record.html", context)
```

在代码7-18中，第42～51行的自定义函数query_data()用于从数据表查询记录。第43行输出参数request的值。第44行定义字典变量context。第45行定义列表变量data_list。第46～50行的语句，当request中的方法为POST时，也就是客户端单击了网页中的按钮时需要执行的语句。第47行调用all()函数，获取Table1中所有记录到对象records中。第48行和第49行利用循环将对象records中的记录转换为列表类型，追加到列表变量data_list中。第50行给字典变量context的键result赋值data_list的值。第51行调用函数render()用字典变量context的内容替换select_record.html中的标签{{ result }}后返回给客户端。

在HelloWorld/urls.py文件的urlpatterns列表中加入query-data与view.py中函数query_data()的映射"path('query-data/', view.query_data),"后，在客户端访问http://

192.168.3.13/query-data,单击 Select_record 按钮,可以看到表 Table1 中的记录。

4．过滤记录

创建能够提交年龄过滤条件和显示结果的网页文件 templates/filter_by_age.html,如代码 7-19 所示。

```html
1   <!-- 代码7-19   templates/filter_by_age.html -->
2   <head>
3   <meta charset="utf-8">
4   <title>filter_by_age</title>
5   </head>
6   <body>
7       <form action="/filter-data/" method="post">
8           {% csrf_token %}
9           <p>age:<input type="text" name="age"></p>
10          <p><input type="submit" value="Query_record"></p>
11      </form>
12      <p>Query results are : </p>
13      {% for xx in result %}
14          <p>{{ xx }}</p>
15      {% endfor %}
16  </body>
```

在代码 7-19 中,第 3 行指定网页使用 utf-8 编码。第 7 行中的 action 指定提交数据的 URL 后缀为/filter-data/,指定 method 为 post。第 8 行的 csrf_token 可以防止 CSRF 攻击。第 9 行提供输入 age 的文本框,age 的值将用作过滤条件。第 10 行定义过滤按钮 Query_record。第 13~15 行利用循环提取变量 result 的元素并显示。

在 HelloWorld/view.py 中加入函数 filter_data(),如代码 7-20 所示。

```python
2   #代码7-20   HelloWorld/view.py
...
52  def filter_data(request):
53      print('request = ',request)
54      context = {}
55      data_list = []
56      if request.POST:
57          age_v = int(request.POST['age'])
58          records = Table1.objects.filter(age=age_v)
59          for r in records:
60              data_list.append([r.name,r.age,r.height])
61          context['result'] = data_list
62      return render(request, "filter_by_age.html", context)
```

在代码 7-20 中,第 52~61 行的自定义函数 filter_data()用于从数据表查询满足条件的记录。第 53 行输出参数 request 的值。第 54 行定义字典变量 context。第 55 行定义列表变量 data_list。第 56~61 行的语句,当 request 中的方法为 POST 时,也就是客户端单击了网页中的按钮时需要执行的语句。第 57 行获取网页中输入的 age 值,转换为整型后保存到变量 age_v 中。第 58 行调用 filter() 函数，获取 Table1 中 age 等于 age_v 的记录，保存到对象 records 中，大于条件为 age__gt=age_v，小于为 age__lt=age_v，大于或等于为 age__gte=age_v，小于或等于为 age__lte=age_v。第 59 行和第 60 行利用循环将对象 records 中的记录转换为列表类型，追加到列表变量 data_list 中。第 61 行给字典变量 context 的键 result 赋值 data_list 的值。第 62 行调用函数 render() 用字典变量 context 的内容替换 filter_by_age.html 中的标签{{ result }}后返回给客户端。

在 HelloWorld/urls.py 文件的 urlpatterns 列表中加入 filter-data 与 view.py 中函数 filter_data() 的映射"path('filter-data/', view.filter_data),"后，在客户端访问 http://192.168.3.13/filter-data，输入年龄，单击 Query_record 按钮，可以看到表 Table1 中满足条件的记录。

5. 删除记录

创建能够提交以姓名条件删除记录的网页文件 templates/delete_by_name.html，如代码 7-21 所示。

```
1   <!-- 代码 7-21   templates/delete_by_name.html -->
2   <head>
3   <meta charset="utf-8">
4   <title>delete_by_name</title>
5   </head>
6   <body>
7       <form action="/delete-data/" method="post">
8           {% csrf_token %}
9           <p>name:<input type="text" name="name"></p>
10          <p><input type="submit" value="Delete_record"></p>
11      </form>
12      <p>{{ result }}</p>
13  </body>
```

在代码 7-21 中，第 3 行指定网页使用 utf-8 编码。第 7 行中的 action 指定提交数据的 URL 后缀为/delete-data/，指定 method 为 post。第 8 行的 csrf_token 可以防止 CSRF 攻击。第 9 行提供输入 name 的文本框，name 的值将用作删除条件。第 10 行定义删除按钮 Delete_record。第 12 行显示保存在变量 result 中的删除结果。

在 HelloWorld/view.py 中加入函数 delete_data()，如代码 7-22 所示。

```
1   # 代码 7-22   HelloWorld/view.py
    …
63  def delete_data(request):
64      print('request = ', request)
65      context = {}
66      if request.POST:
67          name_v = request.POST['name']
68          try:
69              Table1.objects.filter(name=name_v).delete()
70              context['result'] = 'Record is deleted successfully!'
```

```
71              except Exception as e:
72                  context['result'] = e
73          return render(request, "delete_by_name.html", context)
```

在代码7-22中,第63~73行的自定义函数delete_data()用于删除数据表中满足条件的记录。第64行输出参数request的值。第65行定义字典变量context。第66~72行,当request中的方法为POST时,也就是客户端单击了网页中的按钮时需要执行的语句。第67行获取网页中输入的name值,保存到变量name_v中。第68~72行用try/except语句进行记录删除与异常捕获,第69行调用filter()函数,获取满足条件纪录后用函数delete()进行删除。第70行给字典变量context的键result赋值记录删除成功的信息。语句执行中出现异常,利用第72行将异常信息作为字典变量context键result的值,返回给客户端。第73行调用函数render()用字典变量context的内容替换delete_by_name.html中的标签{{ result }}后返回给客户端。

在HelloWorld/urls.py文件的urlpatterns列表中加入delete-data与view.py中函数delete_data()的映射"path('delete-data/', view.delete_data),"后,在客户端访问http://192.168.3.13/delete-data,输入姓名,单击Delete_record按钮,可以看到删除表Table1中记录的结果。

6. 修改记录

创建能够提交以姓名条件修改记录的网页文件templates/update_by_name.html,如代码7-23所示。

```
1   <!-- 代码7-23  templates/update_by_name.html -->
2   <head>
3       <meta charset = "utf-8">
4       <title>update_by_name</title>
5   </head>
6   <body>
7       <form action = "/update-data/" method = "post">
8           {% csrf_token %}
9           <p>name:<input type = "text" name = "name"></p>
10          <p>height:<input type = "text" name = "height"></p>
11          <p><input type = "submit" value = "Update_record"></p>
12      </form>
13      <p>{{ result }}</p>
14  </body>
```

在代码7-23中,第3行指定网页使用utf-8编码。第7行中的action指定提交数据的URL后缀为/update-data/,指定method为post。第8行的csrf_token可以防止CSRF攻击。第9行提供输入name的文本框,name的值将用作更新记录条件。第10行提供输入height的文本框,height的值将用作更新满足条件记录的值。第11行定义更新按钮Update_record。第13行显示保存在变量result中的更新结果。

在HelloWorld/view.py中加入函数update_data(),如代码7-24所示。

```
1   #代码7-24  HelloWorld/view.py
…
74  def update_data(request):
75      print('request = ',request)
76      context = {}
77      if request.POST:
78          name_v = request.POST['name']
79          height_v = float(request.POST['height'])
80          try:
81              Table1.objects.filter(name = name_v).update(height = height_v)
82              context['result'] = 'Record is updated successfully!'
83          except Exception as e:
84              context['result'] = e
85      return render(request, "update_by_name.html", context)
```

在代码7-24中，第74～85行的自定义函数update_data()用于更新数据表中满足姓名条件记录的height值。第75行输出参数request的值。第76行定义字典变量context。第77～84行，当request中的方法为POST时，也就是客户端单击了网页中的按钮时需要执行的语句。第78行获取网页中输入的name值，保存到变量name_v中。第79行获取网页中输入的height值，转换为实型后保存到变量height_v中。第80～84行用try/except语句进行记录更新与异常捕获，第81行调用filter()函数，获取满足条件的记录后用函数update()更新height的值。第82行给字典变量context的键result赋值记录更新成功的信息。语句执行中出现异常，利用第84行将异常信息作为字典变量context键result的值，返回给客户端。第85行调用函数render()用字典变量context的内容替换update_by_name.html中的标签{{ result }}后返回给客户端。

在HelloWorld/urls.py文件的urlpatterns列表中加入update-data与view.py中函数update_data()的映射"path('update-data/', view.update_data),"后，在客户端访问http://192.168.3.13/update-data，输入姓名和身高值，单击Update_record按钮，可以看到表Table1中记录更新的结果。

7. 模型管理工具

Django自带模型管理工具，通过管理工具可以对数据库进行维护。文件HelloWorld/urls.py中，列表变量urlpatterns默认元素"path('admin/', admin.site.urls),"就是用来建立模型管理工具URL地址与实现映射的。

执行"sudo python manage.py createsuperuser"命令，创建模型管理工具用户，输入用户名、E-mail账号和密码等信息，创建模型管理用户。

修改文件HelloModel/admin.py内容如代码7-25所示。

```
1   #代码7-25  HelloModel/admin.py
2   from django.contrib import admin
3   from HelloModel.models import Table1
4   admin.site.register(Table1)
```

在代码 7-25 中,第 2 行默认存在,从 django.contrib 引入模块 admin。第 3 行从 HelloModel.models 引入表 Table1。第 4 行调用函数 register() 向模型管理工具注册表 Table1。

启动服务器,在客户端浏览器中输入地址 http://192.168.3.23/admin/,输入用户名和密码后,出现如图 7-9 所示界面。

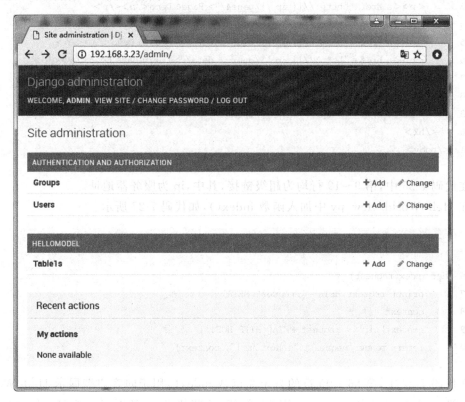

图 7-9　模型管理工具界面

在图 7-9 中,Groups 和 Users 分别用于维护组和用户,HELLOMODEL 为模型,下面显示经过注册的表 Table1s。通过管理工具可以维护模型。

8. 添加首页

HelloWorld 项目现在具备几个较为简单的功能,下面为 HelloWorld 项目添加首页,通过首页的导引,快速访问项目的不同功能。

代码 7-26 为 HelloWorld 项目的首页 index.html。

```
1  <!-- 代码 7-26 templates/index.html -->
2  <head>
3  <meta charset = "utf-8">
4  <title>HelloWorld</title>
5  </head>
6  <body>
7    <h1>Welcom to HelloWorld!</h1>
```

```
8       <h2>
9       <p><a href = "http://{{ ip }}/admin/"> Manage model </a></p>
10      <p><a href = "http://{{ ip }}/page1/"> Page1 Demo </a></p>
11      <p><a href = "http://{{ ip }}/page2/"> Page2 Demo </a></p>
12      <p><a href = "http://{{ ip }}/page3/"> Page3 Demo </a></p>
13      <p><a href = "http://{{ ip }}/page4/"> Page4 Demo </a></p>
14      <p><a href = "http://{{ ip }}/page5/"> Page5 Demo </a></p>
15      <p><a href = "http://{{ ip }}/add-data/"> Add data Demo </a></p>
16      <p><a href = "http://{{ ip }}/query-data/"> Query data Demo </a></p>
17      <p><a href = "http://{{ ip }}/filter-data/"> Filter data Demo </a></p>
18      <p><a href = "http://{{ ip }}/delete-data/"> Delete data Demo </a></p>
19      <p><a href = "http://{{ ip }}/update-data/"> Update data Demo </a></p>
20      </h2>
21      </body>
```

在代码 7-26 中，第 9～19 行均为超级链接，其中，ip 为服务器地址。

在 HelloWorld/view.py 中加入函数 index()，如代码 7-27 所示。

```
1   #代码 7-27   HelloWorld/view.py
…
86  def index(request):
87      print('request.META = ', request.META)
88      context = {}
89      context['ip'] = request.META['HTTP_HOST']
90      return render(request, "index.html", context)
```

在代码 7-27 中，第 86～90 行的自定义函数 index()用于向客户端展示 HelloWorld 的首页。第 87 行输出参数 request.META 的值，这些值以键/值对形式存储。第 88 行定义字典变量 context。第 89 行将 request.META 键 HTTP_HOST 的值赋给字典变量 context 的键 ip。第 90 行调用函数 render()用字典变量 context 的内容替换 index.html 中的标签{{ ip }}后返回给客户端。

在 HelloWorld/urls.py 文件的 urlpatterns 列表中加入首页与 view.py 中函数 index() 的映射"path('', view.index),"后，在客户端访问 http://192.168.3.13/，可以看到首页显示效果。

7.3 本章小结

本章介绍了 Python 自带的 WSGI(Web Server Gateway Interface)功能和简单应用，着重介绍了基于 WSGI 实现的 Web 程序开发框架 Django，利用实例介绍了 Django 安装与配置、数据库连接、接收客户端请求并回应、模板标签、框架实例等内容，引导读者利用 Django 开发 Web 应用程序。

习题

1. 将代码 7-1 中的应答码由 200 修改为 201,观察服务器运行时服务器端的输出,说明应答码的作用。

2. 请结合 Django 项目配置文件 settings.py 的内容说明,在默认情况下,为什么首次启动服务器会在项目目录下自动生成文件 db.sqlite3?

3. 写出代码 7-3 的第 2 次运行结果和第 3 次运行结果。

4. 补充和配置 HelloWorld 项目内容,使之能够显示 page5.html。

参 考 文 献

[1] 谢希仁. 计算机网络[M]. 7版. 北京：电子工业出版社，2017.
[2] 赵宏，曹洁，贾科军. Linux系统应用教程[M]. 北京：清华大学出版社，2013.
[3] 余洪春. 构建高可用Linux服务器[M]. 北京：机械工业出版社，2012.
[4] 刘忆智. Linux从入门到精通[M]. 北京：清华大学出版社，2010.
[5] Eric Matthes，Python编程从入门到实践[M]. 袁国忠，译. 北京：人民邮电出版社，2016.
[6] 赵宏，王小牛，任学惠. 嵌入式系统应用教程[M]. 北京：人民邮电出版社，2010.
[7] James F. Kurose，Keith W. Rose. 计算机网络：自顶向下方法[M]. 陈鸣，译. 北京：机械工业出版社，2014.
[8] 王晓明，李海庆，杨世纪. TCP/IP实践教程[M]. 北京：清华大学出版社，2016.
[9] Richard Lawson. 用Python写网络爬虫[M]. 李斌，译. 北京：人民邮电出版社，2016.
[10] 张小进. Linux系统应用基础教程[M]. 北京：机械工业出版社，2009.
[11] http://www.xxlinux.com.
[12] http://www.redhat.com.
[13] http://www.linux-ren.org.
[14] http://www.runoob.com/python/python-email.html.
[15] https://www.cnblogs.com/itogo/p/5910681.html.
[16] https://jingyan.baidu.com/article/4b07be3cb2f74148b380f3e4.html.
[17] http://blog.csdn.net/acingdreamer/article/details/52789094.
[18] http://blog.csdn.net/zzyandzzzy/article/details/72236388.
[19] https://github.com.
[20] https://www.python.org.
[21] https://www.djangoproject.com.
[22] https://www.ubuntu.com.

图书资源支持

感谢您一直以来对清华版图书的支持和爱护。为了配合本书的使用,本书提供配套的资源,有需求的读者请扫描下方的"书圈"微信公众号二维码,在图书专区下载,也可以拨打电话或发送电子邮件咨询。

如果您在使用本书的过程中遇到了什么问题,或者有相关图书出版计划,也请您发邮件告诉我们,以便我们更好地为您服务。

我们的联系方式:

地　　址:北京市海淀区双清路学研大厦 A 座 714

邮　　编:100084

电　　话:010-83470236　　010-83470237

客服邮箱:2301891038@qq.com

QQ:2301891038(请写明您的单位和姓名)

资源下载: 关注公众号"书圈"下载配套资源。

书圈

获取最新书目

观看课程直播